Think Human: Kundenzentriertes UX-Design

John Whalen hat einen PhD in Kognitionswissenschaft und über 15 Jahre Erfahrung im human-centered Design. Als CXO bei 10Pearls berät und unterstützt er namhafte Unternehmen wie PayPal und CocaCola in den Bereichen Innovation, Strategie und UX-Design, wobei er Psychologie mit Design Thinking und Lean-Startup-Techniken verbindet.

Zu diesem Buch – sowie zu vielen weiteren dpunkt.büchern – können Sie auch das entsprechende E-Book im PDF-Format herunterladen. Werden Sie dazu einfach Mitglied bei dpunkt.plus⁺:

www.dpunkt.plus

John Whalen

Think Human: Kundenzentriertes UX-Design

Mit kognitiver Psychologie zu besseren Produkten

John Whalen

Übersetzung: Isolde Kommer und Christoph Kommer
Lektorat: Sandra Bollenbacher
Copy-Editing: Petra Heubach-Erdmann, Düsseldorf
Satz: Tilly Mersin und Isolde Kommer, Großerlach, www.mersinkommer.de
Herstellung: Stefanie Weidner
Umschlaggestaltung: Helmut Kraus, www.exclam.de
Druck und Bindung: mediaprint solutions GmbH, 33100 Paderborn

Bibliografische Information der Deutschen Nationalbibliothek
Die Deutsche Nationalbibliothek verzeichnet diese Publikation in der Deutschen National-
bibliografie; detaillierte bibliografische Daten sind im Internet über http://dnb.d-nb.de
abrufbar.

ISBN:
Print   978-3-86490-715-9
PDF   978-3-96088-854-3
ePub   978-3-96088-855-0
mobi   978-3-96088-856-7

1. Auflage 2020
Translation Copyright für die deutschsprachige Ausgabe © 2020 dpunkt.verlag GmbH
Wieblinger Weg 17
69123 Heidelberg

Authorized German translation of the English edition of titled Design for How People
Think ISBN 9781491985458 © 2019 John Whalen
This translation is published and sold by permission of O'Reilly Media, Inc., which owns or
controls all rights to publish and sell the same.
German language edition published by dpunkt.verlag GmbH, Copyright © 2020

Hinweis:
Dieses Buch wurde auf PEFC-zertifiziertem Papier aus nachhaltiger
Waldwirtschaft gedruckt. Der Umwelt zuliebe verzichten wir zusätz-
lich auf die Einschweißfolie.

Schreiben Sie uns:
Falls Sie Anregungen, Wünsche und Kommentare haben, lassen Sie es uns wissen:
hallo@dpunkt.de.

Die vorliegende Publikation ist urheberrechtlich geschützt. Alle Rechte vorbehalten. Die
Verwendung der Texte und Abbildungen, auch auszugsweise, ist ohne die schriftliche Zu-
stimmung des Verlags urheberrechtswidrig und daher strafbar. Dies gilt insbesondere für
die Vervielfältigung, Übersetzung oder die Verwendung in elektronischen Systemen.
Es wird darauf hingewiesen, dass die im Buch verwendeten Soft- und Hardware-Bezeich-
nungen sowie Markennamen und Produktbezeichnungen der jeweiligen Firmen im Allgemeinen warenzeichen-, marken- oder patentrechtlichem Schutz unterliegen.
Alle Angaben und Programme in diesem Buch wurden mit größter Sorgfalt kontrolliert.
Weder Autor noch Verlag noch Übersetzer können jedoch für Schäden haftbar gemacht
werden, die in Zusammenhang mit der Verwendung dieses Buches stehen.

5 4 3 2 1 0

Leserstimmen

»Dieses Buch basiert auf Johns jahrelanger Forschung und Praxis und präsentiert sie leicht verständlich, praxisnah und unterhaltsam mit einem spielerischen Sinn für Humor. Egal welche Rolle Sie in Ihrem Team spielen, das Konzept der sechs Erfahrungsebenen wird Ihnen helfen, wichtige Erkenntnisse über Ihre Kunden zu gewinnen und den Markterfolg Ihres Produkts entscheidend zu steigern.«

**HEATHER WINKLE,
MANAGING VICE PRESIDENT OF DESIGN BEI CAPITAL ONE**

»[Dieses Buch] liest sich wie eine Unterhaltung mit John – klar, engagiert und immer auf den Punkt. Ein großartiges Buch für Leute, die neu in die UX-Forschung einsteigen oder die sich bereits mit UX beschäftigen und deren Rolle im Produktdesign besser verstehen wollen. Selbst langjährige Praktiker werden das Konzept der sechs Erfahrungsebenen als innovativ und nützlich und die Zusammenfassung der Schlüsselkonzepte als hilfreiche Auffrischung empfinden. Viele gute Beispiele und konkrete, praktische Ratschläge.«

**LAURA CUOZZO GUARNOTTA,
USER EXPERIENCE RESEARCH LEAD BEI GOOGLE**

»Die Designbranche verändert sich schnell und durch KI und ML treten neue Tools an die Stelle von Designelementen, die einst mit Tastatur und Maus entwickelt wurden. Wir haben heute die Werkzeuge, um die Forschungsergebnisse zu einem Gesamtbild zu vereinen, aber [dieses Buch] hilft Ihnen, zu erkennen, wie Sie sie für das Design der Zukunft zusammenfügen können. Dazu konzentriert es sich intensiv darauf, wie die Kunden denken, und nicht, wie sie unsere Produkte verwenden.«

**JASON WISHARD,
DIRECTOR, DESIGN PRACTICE MANAGEMENT BEI CAPITAL ONE,
CONSUMER BANK DESIGN**

»Die Nachfrage nach herausragender Kundenerfahrung steigt täglich. Leider haben sich mit den neuen Technologien wie KI oder AR die Regeln für die Kundenerfahrung geändert. Johns Buch bietet einen Einblick in die Verarbeitung dieser Technologien durch das Gehirn und skizziert eine wissenschaftlich fundierte Strategie zur Vermittlung von wirkungsvollen Kundenerfahrungen.«

**JASON PAPPAS,
INNOVATION AND DIGITAL TRANSFORMATION LEADER BEI EATON**

[*Inhalt*]

Vorwort xiii

TEIL 1   »DIE« ERFAHRUNG NEU DENKEN

Kapitel 1   Die sechs Erfahrungsebenen 3
    Sehen, Aufmerksamkeit und Automatismen 4
    Wegfindung 4
    Sprache 5
    Erinnerung 5
    Entscheidungen 6
    Emotion 6
    Die sechs Erfahrungsebenen 7
    Übung 8

Kapitel 2   In einem Augenblick: Sehen, Aufmerksamkeit und Automatismus 11
    Von der Repräsentation zur Erfahrung 11
    Unbewusste Handlungen: beim Anschauen erwischt 14
    Visuelle Ausreißer 16
    Hoppla, Sie haben etwas übersehen! 18
    Unser visuelles System schafft Klarheit, wo es keine gibt 19
    Ceci n'est pas une pipe: wahrgenommene und tatsächliche Bedeutung 19
    Weiterführende Literatur 20

Kapitel 3	**Wegweiser: Wo bin ich?** 21
	Die Ameise in der Wüste: Berechnung des euklidischen Raums 21
	Orientierung im physischen und virtuellen Raum 23
	Wohin kann ich gehen? Wie komme ich dorthin? 24
	Benutzeroberflächen testen und Metaphern für die Interaktion finden 28
	In die Zukunft denken: Gibt es in einer Sprachschnittstelle ein »Wo«? 30
	Weiterführende Literatur 31
Kapitel 4	**Erinnerung/Semantik** 33
	Details wegabstrahieren 33
	Dienstleistungs-Stereotypen 38
	Mentale Modelle verstehen..................... 40
	Die Bedeutung der Vielfalt mentaler Modelle 41
	Auflösungen der Rätsel......................... 42
	Weiterführende Literatur 42
Kapitel 5	**Sprache: Ich habe es Ihnen doch gesagt** 43
	Warten Sie, haben wir das nicht gerade erst gehabt? 43
	Die Sprache des Gehirns 44
	»Was wir hier haben, ist ein Kommunikationsproblem«...................... 46
	Wörter richtig verwenden...................... 47
	Ich höre genau zu 48
Kapitel 6	**Entscheidungsfindung und Problemlösung – Auftritt Bewusstsein** 49
	Wo ist das Problem (Definition)? 50
	Wie können Probleme anders dargestellt werden?... 51
	Den Königsweg zur Problemlösung finden 54

	Wenn Sie unterwegs steckenbleiben: Zwischenziele	55
	Weiterführende Literatur	56
Kapitel 7	**Emotion und logische Entscheidungsfindung**	**57**
	Zu viele Informationen, die mein Gehirn blockieren! Zu viele Informationen, die mich durcheinanderbringen!	58
	Ich bin nicht Spock	59
	Der Wettstreit um die bewusste Aufmerksamkeit	61
	Tief liegende Wünsche, Ziele und Ängste ansprechen	62
	Weiterführende Literatur	63

TEIL 2 GEHEIMNISSE AUFDECKEN

Kapitel 8	**Nutzerforschung: Kontextinterviews**	**67**
	Warum ein Kontextinterview?	68
	Empathie-Forschung: Verstehen, was der Nutzer wirklich braucht	70
	Empfohlener Ansatz für Kontextinterviews und deren Analyse	75
	Häufig gestellte Fragen	79
	Von Daten zu Erkenntnissen	81
	Übung	84
	Konkrete Empfehlungen	88
	Weiterführende Literatur	88
Kapitel 9	**Sehen: Was guckst du?**	**89**
	Wohin wandern ihre Augen? Eye-Tracking kann Ihnen einiges verraten, aber nicht alles	90
	Schnell, eine Heatmap ...	94
	Mit dem Strom schwimmen	96
	Beispiele aus der Praxis	97
	Konkrete Empfehlungen	100

Kapitel 10	Sprache: Hat er das gerade wirklich gesagt? **101**
	Interviews aufzeichnen. 102
	Rohdaten vorbereiten: aber, aber, aber 102
	Zwischen den Zeilen lesen: Fachkenntnisse 102
	Beispiele aus der Praxis 105
	Konkrete Empfehlungen. 109
Kapitel 11	Wegfindung: Wie kommen Sie dorthin? **111**
	Wo befinden sich die Nutzer ihrer Ansicht nach?. 112
	Wie gelangen sie ihrer Ansicht nach von A nach B?. 113
	Worauf basieren diese Erwartungen? 114
	Beispiele aus der Praxis 115
	Fallstudie: Filmvorführung mit Ablenkungen. 117
	Konkrete Empfehlungen. 119
Kapitel 12	Erinnerung: Erwartungen und Lücken füllen **121**
	Bedeutung und Stereotypen. 122
	Alles zusammensetzen. 124
	Beispiele aus der realen Welt 125
	Mögliche Entdeckungen. 129
	Konkrete Empfehlungen. 130
Kapitel 13	Entscheidungsfindung: den Brotkrumen folgen ... **131**
	Was mache ich jetzt? Ziele und Wege 132
	Gib mir was davon ab! Zeitnahe Bedürfnisse...... 133
	Gib mir einen Plan: der Weg zur Entscheidungsfindung 135
	Beispiele aus der Praxis 135
	Konkrete Empfehlungen. 138
Kapitel 14	Emotion: die unausgesprochene Realität **139**
	Ein wenig leben (Realität und Wesentlichkeit)..... 140

Träume (Ziele, Lebensphasen, Ängste) analysieren 142

Den Zeitgeist erkennen (personen- versus personaspezifisch) 143

Verbrechen aus Leidenschaft 145

Beispiele aus der Praxis 146

Konkrete Empfehlungen........................ 148

TEIL 3   DIE SECHS ERFAHRUNGSEBENEN AUF IHRE DESIGNS ANWENDEN

Kapitel 15   **Sinngebung** 153

Gemeinsamkeiten und psychografische Profile.... 153

Sprache....................................... 155

Emotion 159

Wegfindung................................... 161

Die Dimensionen ermitteln 163

Eigenannahmen hinterfragen 167

Das Ende einer veralteten Methode: See/Feel/Say/Do 169

Konkrete Empfehlungen........................ 172

Kapitel 16   **Die sechs Erfahrungsebenen im Einsatz: ansprechen, verbessern, erwecken** 173

Ansprechen: was die Menschen sich zu wünschen glauben 174

Verbesserung: Was die Nutzer wirklich brauchen..................................... 175

Erwecken: hochgesteckte Ziele erreichen 178

Konkrete Empfehlungen........................ 185

Kapitel 17   **Schnell erfolgreich sein, oft erfolgreich sein** 187

Divergentes und konvergentes Denken........... 188

Erster Diamant: Entdeckung und Definition (»Das Richtige gestalten«)...................... 188

	Zweiter Diamant: Entwicklung und Lieferung (»Richtig gestalten«) 189
	Learning While Making: der Design-Thinking-Ansatz. 192
	Achten Sie nicht auf den Mann hinter dem Vorhang: Prototyp und Test 194
	Test mit Konkurrenten 197
	Konkrete Empfehlungen. 198
	Weiterführende Literatur 198
Kapitel 18	**Sehen Sie nun, was Sie getan haben?** **199**
	Empathie auf mehreren Ebenen 200
	Evidenzbasierte Entscheidungsfindung 203
	Erfahrung im Zeitablauf. 205
	Verschiedene Blickwinkel. 207
	Konkrete Empfehlungen. 208
Kapitel 19	**Wie man den Menschen verbessert** **209**
	Symbolische KI und der KI-Winter 210
	Künstliche neuronale Netze und statistisches Lernen 211
	Das habe ich nicht gesagt, Siri! 212
	Die sechs Erfahrungsebenen und KI 213
	Ein wenig Hilfe von meinen (KI-)Freunden 214
	Konkrete Empfehlungen. 217

Anhang: Weiterführende Literatur. 219

Index 221

[*Vorwort*]

Warum ich dieses Buch geschrieben habe

»Ein Psychologe, der sich mit Produkt- und Dienstleistungsdesign beschäftigt? Interessant ...«

Wenn ich mich als Psychologe vorstelle, der sich mit dem Produktdesign beschäftigt, erhalte ich oft überraschte Reaktionen: »Ist das nicht die Aufgabe von Designern? Oh, sicherlich schauen Sie wirklich in den Kopf der Kunden! Analysieren Sie mich gerade?« [Kein Kommentar! ;)]

Diese Menschen sind oft fasziniert, ihnen ist aber nicht klar, welche Rolle die Erkenntnisse über die menschliche Wahrnehmung und Emotion im digitalen Produkt- und Dienstleistungsdesign spielen können. Sie sind nicht allein. Nach meinem Vortrag beim SXSW (einer großen Medien-Konferenz in Texas) sagten mehrere Zuhörer: »Das ist so cool! Ich wünschte, ich wüsste, wie ich das in meinen Produkten verwenden könnte ...«

Soll ich Ihnen das Geheimnis einer großartigen Benutzererfahrung verraten?

Denken Sie einmal an eine wirklich großartige Erfahrung. War es einer der Meilensteine Ihres Lebens? Die Geburt Ihres Kindes, die Hochzeit, die Promotion? Oder war es ein besonderer Augenblick – ein Konzert Ihrer Lieblingsband, ein Theaterstück am Broadway, ein angesagter Dance Club, ein fantastischer Sonnenuntergang am Meer oder Ihr Lieblingsfilm?

Ihren Freunden erzählen Sie vielleicht, dass die Erfahrung »unglaublich« oder »phänomenal« war.

Wahrscheinlich haben Sie aber nicht an die vielen verschiedenen Sinneseindrücke und kognitiven Prozesse gedacht, die sich zu dieser Erfahrung zusammengefügt haben. Sie können fast den Duft des Popcorns riechen, wenn Sie an den Film denken? Vielleicht gab es in dem Theaterstück nicht nur großartige Schauspielkunst, sondern auch tolle Kostüme und Lichteffekte sowie eine Hauptdarstellerin, die gut aussah und sich mit faszinierender Anmut bewegte? War es der Tanz vor der Bühne mit den anderen begeisterten Fans um Sie herum? So viele Elemente kommen zusammen, um eine »einzigartige« Erfahrung zu schaffen.

Wie können Sie eine großartige Erfahrung für Ihr Produkt oder Ihre Dienstleistung entwickeln? Welche Empfindungen, Emotionen und kognitiven Prozesse machen die Erfahrung aus? Wie können Sie sie systematisch in Einzelteile zerlegen? Woher wissen Sie, dass Ihre Entwicklung in die richtige Richtung geht?

Ich habe dieses Buch geschrieben, damit Sie unsere Erkenntnisse über die menschliche Psychologie verstehen und nutzen, die Benutzererfahrung in ihre Einzelteile zerlegen und herausfinden, wie Sie eine großartige User Experience entwickeln können. Der Zeitpunkt ist günstig: Das Tempo der wissenschaftlichen Entdeckungen in der Hirnforschung nimmt stetig zu. Es gab enorme Durchbrüche in der Psychologie, den Neurowissenschaften, der Verhaltenswissenschaft und der Mensch-Computer-Interaktion. Alle liefern neue Informationen über unterschiedliche Gehirnfunktionen und erklären, wie wir Menschen diese Informationen verarbeiten, sodass der Eindruck einer einzigen Erfahrung entsteht.

Wie Menschen über das Denken denken (und was wir nicht erkennen können)

Ihre Gedanken über Ihr eigenes Denken können Sie auf die falsche Fährte leiten, weil Ihr Bewusstsein bei den eigenen mentalen Prozessen an seine Grenzen stößt. Wir alle kennen das Gefühl, mit der Entscheidung zu kämpfen, welches Outfit wir für ein wichtiges Date oder ein Vorstellungsgespräch tragen sollen: Können wir die Erwartungen erfüllen? Werden wir den falschen Eindruck erwecken? Sehen wir gut aus? Wirken wir professionell genug? Sind diese Schuhe zu auffallend? Viele solche Gedanken strömen auf Sie ein – aber es gibt noch mehr, die Sie nicht artikulieren können oder die Ihnen sogar überhaupt nicht bewusst sind.

Einer der faszinierenden Aspekte am Bewusstsein ist, in welch geringem Maß unser Denken von unserem eigenen Bewusstsein durchdrungen werden kann. Zum Beispiel können wir zwar leicht die Schuhe identifizieren, die wir zu einem Vorstellungsgespräch tragen wollen, aber wir haben keine Vorstellung davon, wie wir die Schuhe als Schuhe erkannt haben oder auf welche Weise wir die Farbe der Schuhe wahrnehmen konnten. Wir wissen normalerweise nicht, wohin sich unsere Augen bewegen, welche Position unsere Zunge einnimmt (oje!), wie wir unsere Herzfrequenz kontrollieren, wie wir sehen, wie wir Wörter erkennen oder wie wir uns an unser erstes Zuhause (oder etwas anderes) erinnern, um nur einige Beispiele zu nennen.

Daher müssen wir nicht nur bewusst zugängliche kognitive Prozesse identifizieren und verstehen, sondern auch solche, die unbewusst (wie etwa Augenbewegungen) oder tief verwurzelt sind – zum Beispiel die mit diesen Konzepten verbundenen Emotionen.

In meinem Doktorandenprogramm als Kognitionswissenschaftler beschäftigte ich mich mit Gedächtnis, Sprache, Problemlösungsansätzen und Entscheidungsfindung. Nach nunmehr über 15 Jahren Consulting-Tätigkeit habe ich gelernt, wie man Kunden befragt und beobachtet, wie man lernt, wie sie innerlich ticken, und wie man Möglichkeiten findet, außergewöhnliche Produkte oder Dienstleistungen herzustellen, die das Geschäft voranbringen und den Kunden eine großartige Erfahrung ermöglichen. Ich arbeite mittlerweile mit einigen der weltweit größten Unternehmen zusammen und entwickle Produktstrategien für globale Produkte. Ich hoffe, Sie profitieren von diesem Buch und haben Freude daran, Ihre Kunden genauso gut zu verstehen wie ich!

Für wen habe ich dieses Buch geschrieben?

Ich habe dieses Buch geschrieben, um Produktmanagern, Designern, User-Experience-Profis und Entwicklern zu helfen, (a) die kognitiven Prozesse zu identifizieren, die sich zu einer hervorragenden Erfahrung addieren, (b) zu lernen, wie man darüber Informationen durch Kontextinterviews mit den Kunden gewinnt, und (c) dieses Wissen in ihren Produkt- und Dienstleistungsdesignprozessen anzuwenden. Dies ist kein akademisches, sondern ein konkretes und praktisches Buch.

Warum benötigen Produktmanager, Designer und Strategieexperten diese Informationen?

Kein Produkt, keine Dienstleistung oder Erfahrung wird jemals ein Riesenerfolg sein, wenn es nicht den Bedürfnissen der Zielgruppe entspricht. Sie möchten, dass der Erstnutzer Ihres Produkts oder Ihrer Dienstleistung sagen kann: »Ja, das ist fantastisch!«

Aber wie können Sie als Unternehmer, Marketingspezialist, Produktverantwortlicher oder Designer sicher sein, dass Ihre Produkte oder Dienstleistungen eine außergewöhnliche Erfahrung schaffen? Sie können die Kunden nach ihren Wünschen fragen, aber viele wissen gar nicht, was sie brauchen, oder können ihre Bedürfnisse nicht klar formulieren. Sie arbeiten möglicherweise aus der Perspektive Ihrer eigenen Wünsche: Wissen Sie wirklich, wie ein 13-jähriges Mädchen mit seinem Insta- und Finsta-Account bei Instagram arbeiten will? Wie ein vermögender Investor seine Strategien zur Alphagenerierung verfolgt? Oder wie ein 75-jähriger Jurist nach der Rechtslage bei Reverse Mergers zwischen börsennotierten Immobilienunternehmen suchen will? Wo sollen Sie hier ansetzen?

Dieses Buch soll Sie mit den Werkzeugen versorgen, die Sie brauchen, um die Bedürfnisse und Perspektiven Ihrer Kunden genau und umfassend zu verstehen. Als Kognitionswissenschaftler habe ich das Gefühl, dass die Konzepte von »Usability-Tests«, »Marktstudien« und »Empathieforschung« manchmal zu kurz greifen und gleichzeitig zu kompliziert sind. Meiner Ansicht nach verfehlen sie gelegentlich das Ziel, Ihnen – dem Produktteam – zu vermitteln, was Sie entwickeln müssen.

Ich glaube, es gibt einen besseren Weg: Wenn Sie die Elemente einer Erfahrung verstehen (in diesem Buch werde ich sechs Aspekte beschreiben), können Sie die Bedürfnisse Ihrer Zielgruppe auf verschiedenen Ebenen ermitteln. In diesem Buch will ich Ihnen helfen, die Bedürfnisse der Zielgruppe auf diesen verschiedenen Ebenen besser zu verstehen und auf jeder einzelnen das Optimum zu erzielen.

Wie ist dieses Buch aufgebaut?

TEIL I: »DIE« ERFAHRUNG NEU DENKEN

Teil I soll Ihnen einen Überblick über die faszinierenden Eigenschaften der menschlichen Kognition vermitteln, die Sie als Designer, Produktmanager und Entwickler kennen sollten:

- Kapitel 1 stellt die Erkenntnis vor, dass sich »eine Erfahrung« eigentlich aus vielen verschiedenen Erfahrungen und kognitiven Prozessen zusammensetzt, die alle gemeinsam eine einzige menschliche Erfahrung ergeben.

- Kapitel 2 regt Sie zum Nachdenken über das Sehen und die Aufmerksamkeit an – was Sie anspricht, was Sie suchen und inwieweit Ihr Denken teilweise unbewusst abläuft.

- Kapitel 3 verdeutlicht, dass ein großer Teil Ihres Gehirns zur Darstellung des Raums dient und wie Sie dies in Ihrem virtuellen Raum (zum Beispiel einer App oder Website) nutzen können. Habe ich schon den Bericht über die tunesischen Ameisen in der Wüste erwähnt? Werfen Sie einen Blick darauf!

- Kapitel 4 soll zeigen, welch großer Teil Ihrer Erfahrung tatsächlich durch Ihre Erinnerungen hervorgebracht und ausgefüllt wird und wie schnell Sie von konkreten Objekten zu abstrakten Gedanken kommen. Was denken Ihre Kunden darüber?

- Kapitel 5 veranschaulicht, dass Sie nicht Ihr Kunde sind. Ihre Zielgruppe benutzt selten die von Ihnen verwendete Sprache, und Sie können ihr Vertrauen schnell verlieren, wenn Ihr Wortgebrauch entweder zu einfach oder zu technisch ist. Und bedeuten die von Ihnen verwendeten Wörter für Sie überhaupt dasselbe wie für Ihre Kunden?

- Kapitel 6 erläutert, woran wir typischerweise denken, wenn wir denken: Probleme lösen und Entscheidungen treffen. In vielen Fällen entspricht jedoch das Problem, das wir unserer Meinung nach lösen müssen, nicht dem wirklichen Problem. Welches Problem müssen Ihre Kunden ihrer Ansicht nach mit Ihrem Produkt oder Ihrer Dienstleistung lösen?

- Kapitel 7 beschreibt, dass unsere besten Absichten für kluge Entscheidungen aus Kapitel 6 oft von unserem emotionalen Selbst gekapert werden. Was spricht Ihre Kunden an, verbessert ihr Leben und weckt ihre tiefsten Leidenschaften – und zerstreut ihre größten Ängste?

Nachdem Sie Teil I gelesen haben, werden Sie (hoffentlich) sehr viel mehr über die menschliche Kognition wissen und herausgefunden haben, dass sich eine Erfahrung aus zahlreichen Gedanken, kognitiven Prozessen und Emotionen zusammensetzt.

TEIL II: GEHEIMNISSE AUFDECKEN

Teil II ist so konzipiert, dass jeder Ihrer Mitarbeiter zu einem wertvollen Mitglied des Kundenforschungsteams wird. Dieser Teil zeigt Ihnen, wie Sie Ihrer Zielgruppe bei der Arbeit zusehen, sie interviewen und dabei wertvolle Einblicke in die in Teil I beschriebenen kognitiven Vorgänge gewinnen können – hier wird es ganz praktisch und Sie müssen kein Psychologe sein, um Nutzen aus diesem Teil zu ziehen!

- Kapitel 8 bietet Einblick in die Durchführung eines sogenannten Kontextinterviews – eine Mischung aus einem einfachen Interview und der Beobachtung eines Probanden bei der Arbeit (was Forscher oft als Kontextuntersuchung bezeichnen). Dieses Kapitel behandelt zahlreiche Themen wie: Warum werden überhaupt Interviews geführt? Was muss ich dabei erfassen? Und wie organisiere ich alle meine Notizen, um daraus Informationen über mein Produkt zu ziehen?

- Kapitel 9 zeigt Ihnen, wie Sie zahlreiche wertvolle Erkenntnisse darüber gewinnen können, was die Aufmerksamkeit Ihrer Kunden geweckt hat, was sie gesucht haben und warum. Ich werde Ihnen erläutern, wie ich mit dieser Technik die Sicherheitsteams für große Gebäude und Stadien unterstützt habe, sodass sie nun all die Kameras, Klingel-, Pfeif- und Pieptöne besser verwalten können, die sie ständig auf alles aufmerksam machen – von offenstehenden Türen über festsitzende Aufzüge bis hin zu defekten Warmwasserbereitern!

- Kapitel 10 bietet Ihnen einen Überblick darüber, wie Sie die von Ihren Kunden verwendeten Wörter und ihre Bedeutung für sie sorgfältig aufzeichnen können. Sie sehen, wie wir mithelfen konnten, jede einzelne Krankheit bei *NIH.gov* sowohl für Experten als auch für gewöhnliche Menschen zu organisieren – eine typische Herausforderung in vielen Unternehmen.

- Kapitel 11 stellt Ihnen das mentale Modell Ihrer Kunden für Ihr Produkt oder Ihre Dienstleistung vor. Wo befinden sich die Nutzer ihrer Ansicht nach in Ihrer App oder Dienstleistung? Was müssen sie ihrer Meinung nach tun, um von einem Schritt zum nächsten zu gelangen?
- Kapitel 12 zeigt Ihnen, wie Sie die bestehenden Kenntnisse Ihrer Kunden nutzen können. Welches Wissen bringen sie bereits mit? Wie funktioniert Ihr Produkt oder Ihre Dienstleistung ihrer Ansicht nach? Welche Erfahrungen sprechen dafür? Anhand des Praxisbeispiels der Gestaltung von Produkten und Dienstleistungen für Kleinunternehmer erkennen Sie, dass es zwei sehr unterschiedliche Gruppen mit völlig unterschiedlichen Bedürfnissen gibt, sodass zwei verschiedene Arten von Produkten und Dienstleistungen angeboten werden sollten.
- In Kapitel 13 lernen Sie zu erkennen, welche Probleme Ihre Kunden ihrer Meinung nach zu lösen versuchen. Zu einer hervorragenden Nutzererfahrung könnte die Erkenntnis gehören, dass das Problem tatsächlich ganz woanders liegt. Ich beschreibe, inwiefern Erst-Immobilienkäufer oft ein gutes Beispiel dafür sind.
- Kapitel 14 zeigt Ihnen, wie Sie im Interview nicht angesprochene Punkte intuitiv erkennen können: Was sind die größten Ziele Ihrer Kunden? Ihre Ängste? Was müssen sie wissen, um »ja« zu Ihrem Produkt oder Ihrer Dienstleistung sagen zu können? Ich erzähle davon, dass Interviews, die zunächst nach den Kreditkarten in der Brieftasche der Kunden fragen, schnell zu tiefer gehenden Erfahrungen für sie werden könnten (Umarmungen nicht ausgeschlossen!). Und genau dann erkennen Sie möglicherweise, dass Sie Ihre Produktlinie komplett neu ausrichten müssen, um Ihren Kunden bei der Verwirklichung ihrer größten Lebensziele zu helfen.

TEIL III: DIE SECHS ERFAHRUNGSEBENEN AUF IHRE DESIGNS ANWENDEN

Nun haben Sie faszinierende Einblicke erhalten und wissen, was Ihre Kunden anzieht, welche Wörter sie verwenden, welche Emotionen sie haben, welche Probleme sie zu lösen versuchen und vieles mehr. Aber wie verändert sich dadurch Ihr Produkt? Lesen Sie weiter!

- In Kapitel 15 geht es darum, Ihren Daten Sinn zu geben: Sie erfahren, wie Sie darin Muster erkennen und wie Sie eine Segmentierung Ihrer Kunden durchführen, indem Sie das Wissen über ihre Denkmuster und Emotionen nutzen – das kann eine ganz andere Sichtweise auf Ihre Kunden bedeuten als die bloße Konzentration auf ihre Postleitzahlen, durchschnittlichen Umsätze oder die Länge ihrer Berufserfahrung! Sie werden herausfinden, wie wir diese Kundensegmentierung für so unterschiedliche Gruppen wie Millennials, die ihr Geld anlegen wollen, oder Familien, die sich schon einmal mit Kreditkartenbetrug auseinandersetzen mussten, umsetzen.

- Kapitel 16 regt Sie zum Nachdenken an, wie Sie Ihr Produkt durch die entsprechende Vermarktung für jede der in Kapitel 15 genannten Gruppen zu einem Erfolg machen können. Sprechen Sie die Kundengruppen an, indem Sie erkennen, was sie ihrer Meinung nach brauchen, verbessern Sie ihr Leben und wecken Sie schließlich ihre Begeisterung und helfen Sie ihnen, ihre größten Ziele im Leben zu erreichen.

- Kapitel 17 beschreibt, wie Sie Ihre Produkt- oder Dienstleistungsidee testen können, um schneller zum Erfolg und zum Produktlaunch zu gelangen. Integrieren Sie die sechs Erfahrungsebenen in einen leicht verständlichen, agilen Ansatz (ich entschuldige mich für alle Buzzwords, die ich hier vergessen habe).

- Kapitel 18 bietet eine Art Zusammenfassung. Ich möchte Ihnen zeigen, dass mein Unternehmen mit den sechs Erfahrungsebenen im Hinterkopf einige der weltweiten Top-100-Websites ins Leben gerufen hat. Sie sollen auch darüber nachdenken, dass die sechs Erfahrungsebenen nicht statisch sind; ihre wichtigsten Elemente können sich im Lauf der Zeit (zum Beispiel während des Kaufprozesses) ändern.

- Kapitel 19 bietet einen Ausblick in die Zukunft. Mittlerweile kommt man um KI- oder ML-Strategien (künstliche Intelligenz oder maschinelles Lernen) nicht mehr herum. Besonders als Produktmanager und/oder technische Führungskraft sollten Sie einen Schritt zurücktreten und darüber nachdenken, was Sie wirklich erreichen wollen. Je mehr Sie über die Menschen wissen, mit denen Sie zu tun haben werden, desto größer wird die Wahrscheinlichkeit, dass Ihr kostspieliges und riskantes Unterfangen zu einem großen Erfolg wird. Denken Sie darüber nach, dass ML und KI den Menschen helfen kann, an die richtigen Informationen zu gelangen, zur richtigen Zeit die richtigen Wörter zu lesen und letztendlich bessere Entscheidungen zu treffen und mehr Probleme zu lösen.

Legen wir los! Lesen Sie weiter und entwickeln Sie mit Ihrem neuen Wissen, Ihren Tools und Fähigkeiten Produkte und Dienstleistungen mit der besten Benutzererfahrung, die Ihre Kunden je gemacht haben!

In diesem Buch verwendete Begriffe und Konventionen

In diesem Buch verwende ich die folgenden typografischen Konventionen:

Kursivschrift zeigt neue Begriffe, URLs, E-Mail-Adressen, Dateinamen und Dateierweiterungen an.

ANMERKUNG
Dieses Element enthält eine Notiz oder einen Hinweis.

Warnung

Dieses Element deutet auf eine Warnung hin.

Danksagungen

Ich möchte meinen Kollegen von Brilliant Experience meinen Dank aussprechen, insbesondere denen, die mich dazu gebracht haben, mit diesem Buch zu beginnen und es auch abzuschließen. Dank gebührt auch meinen Freunden und Kollegen von der User Experience Professionals Association im ganzen Land und hier in Washington, DC: Ihr inspiriert mich jeden Tag. Ich hoffe, dieses Buch ist euch nützlich! Meinen Lektoren und dem O'Reilly-Team: Ihr wart geduldig und hilfsbereit, ob ich es verdient hatte oder nicht. Ich danke euch! Und meiner Familie, die sich vielleicht gefragt hat, was ich mache, während ich all die langen Stunden im Büro oder in Cafés vor dem Computer saß: Ich bin wieder da!

Schlussbemerkung für die Psychologen und Kognitionswissenschaftler, die dies lesen

Seien Sie nachsichtig mit mir. In einem praxisorientierten Buch kann ich einfach nicht allen möglichen Nuancen der Kognition gerecht werden, und ich brauchte eine Möglichkeit, einem breiten Publikum die Punkte zu vermitteln, die für das Produkt- und Dienstleistungsdesign relevant sind. Es gibt eine Vielzahl von erstaunlichen Fakten über unser Gehirn, die ich (leider) nicht aufführen kann. Nur so können wir uns unter Anwendung mehrerer kognitiver Prozesse auf das Design konzentrieren und letztendlich einen evidenzbasierten und psychologisch gesteuerten Designprozess ermöglichen. Es wäre mir eine Ehre, mit meinen Kollegen gemeinsam daran zu arbeiten, unser Wissen über das menschliche Gehirn im Produkt- und Dienstleistungsdesign zu erweitern – über Ihre Verbesserungsvorschläge würde ich mich freuen. Am Ende jedes Kapitels finden interessierte Leser Literaturhinweise, wenn sie mehr über die wissenschaftliche Forschung erfahren möchten.

Lassen Sie mich wissen, was Sie denken

Die Diskussion beginnt gerade erst. Googeln Sie mich! Teilen Sie Ihre Gedanken mit mir und helfen Sie mir, mein Konzept zu verfeinern.

[*Teil I*]

»Die« Erfahrung neu denken

Oft werde ich gefragt: »Und was machen Sie so?« Wenn ich dann antworte, dass ich Psychologe bin, glaubt mein Gegenüber zu wissen, was ich tue. Sage ich hingegen, dass ich Kognitionswissenschaftler bin, ist ihm klar, dass er es nicht weiß.

Prinzipiell geht es bei der Kognitionswissenschaft um die Erforschung bewusster Vorgänge und aller mentalen Prozesse, die in die Erkennung von Objekten, Sprachverwendung, logisches Denken und Problemlösung einfließen. Ich bin sicher, dass Sie einen neuen und wertvollen Bezugsrahmen für den Begriff »Erfahrung« (und ihre Gestaltung) entdecken werden.

Während wir alle die Erfahrung von Bewusstheit kennen, gibt es auch zahlreiche kognitive Prozesse, die hoch automatisiert und unbewusst ablaufen. Wie kommt es zum Beispiel, dass man einfach weiß, dass ein Stuhl ein Stuhl ist? Ihr visuelles System unterscheidet die Figur vom Grund, setzt ein dreidimensionales Bild aus dem zweidimensionalen Abbild auf der Rückseite Ihres Auges zusammen und bezieht dieses Bild schließlich auf andere, die Sie im Gedächtnis gespeichert haben, sowie auf ein linguistisches Element (»Stuhl«).

Nachdem so viele Schritte erforderlich sind, um einen Stuhl zu erkennen – jeder mit seinen eigenen, spezialisierten Verarbeitungssystemen –, sollten wir die Vorgänge berücksichtigen, die eine Erfahrung ausmachen. In Teil I dieses Buches argumentiere ich, dass eine Erfahrung eigentlich eine Symphonie vieler verschiedener kognitiver Prozesse im Gehirn ist, auch wenn wir diese bewusst als »eine Erfahrung« wahrnehmen.

Indem wir jeden Prozess einzeln betrachten, können wir die Komponenten einer »Erfahrung« identifizieren und herausfinden, was wir gestalten müssen, um eine neue Erfahrung zu entwickeln. Es gibt mit ziemlicher Sicherheit Hunderte von unterschiedlichen Prozessen, aber in den nächsten Kapiteln konzentriere ich mich auf die sechs kognitiven Vorgänge, die für das Produkt- und Dienstleistungsdesign am relevantesten sind: Sehen/Aufmerksamkeit, Wegfindung, Erinnerung, Sprache, Entscheidungsfindung und Emotion.

Unternehmen wir einen kleinen Ausflug in die bewussten und unbewussten Gedanken Ihrer Kunden!

[1]

Die sechs Erfahrungsebenen

In jeder Sekunde laufen in Ihrem Gehirn Hunderte von kognitiven Prozessen ab. Um das Ganze für das Produkt- und Dienstleistungsdesign zu vereinfachen, sollten wir uns auf eine Teilmenge beschränken, die wir realistisch messen und beeinflussen können.

Welche Prozesse sind das und welche Funktionen haben sie? Betrachten wir dazu ein konkretes Beispiel: den Kauf eines Sessels für Ihre Wohnung, die im Stil der Mitte des vergangenen Jahrhunderts eingerichtet ist. Vielleicht interessieren Sie sich für ein klassisches Design aus dieser Zeit, wie den in Abbildung 1.1 gezeigten »Eames Lounge Chair« mit Ottomane. Sie wollen den Kauf gerne über das Internet abwickeln und besuchen einen Onlineshop.

Abbildung 1.1
Eames Lounge Chair mit Ottomane

Sehen, Aufmerksamkeit und Automatismen

Wenn Sie zum ersten Mal auf der Möbel-Website landen, um nach Sesseln zu suchen, richten Sie Ihre Aufmerksamkeit und Ihren Blick vielleicht auf die Bilder, um sicherzustellen, dass Sie auf der richtigen Seite sind. Sie könnten auch nach der Suchoption Ausschau halten und dort »Eames Chair« eingeben. Eventuell suchen Sie auf dieser Website auch nach Wörtern wie »Sessel« oder »Sitzmöbel«, von wo aus Sie dann nach der passenden Sesselkategorie weitersuchen könnten. Wenn Sie »Sitzmöbel« nicht finden, suchen Sie vielleicht nach anderen Wörtern für eine Kategorie, die Sessel beinhaltet. Nehmen wir an, Sie wählen beim Durchsuchen der in Abbildung 1.2 dargestellten Optionen die Option »Loungesessel«.

| HOME | STÜHLE | LOUNGESESSEL | LEDERSOFAS | TISCHE | BÜROMÖBEL | KINDERMÖBEL | DECO | BESTSELLERS | Mein Warenkorb (leer) |

Abbildung 1.2
Navigationsleiste der Website von *www.famous-design.com*

Wegfindung

Sobald Sie glauben, einen Weg in die Website gefunden zu haben, müssen Sie als Nächstes verstehen, wie Sie sich in dem virtuellen Raum umherbewegen können. In der physischen Welt kennen wir die Geografie unserer Wohnräume und deren Umgebung gut, und wir wissen, wie wir zu den von uns am häufigsten besuchten Örtlichkeiten wie etwa unserem Lieblingslebensmittelladen oder -Café kommen. Die virtuelle Welt liefert unserem Gehirn aber nicht immer die passenden Wegweiser, auf die es ausgelegt ist (insbesondere ist dies der dreidimensionale Raum).

Oftmals wissen wir nicht genau, wo auf einer Website, in einer App oder virtuellen Erfahrung wir uns gerade befinden. Außerdem wissen wir auch nicht immer, wie wir uns durch einen virtuellen Raum fortbewegen können. Auf einer Webseite probieren wir vielleicht, einen Begriff anzuklicken, wie im Beispiel in Abbildung 1.2 etwa »Loungesessel«. In anderen Fällen wie etwa Snapchat oder Instagram haben viele Leute, die älter als 18 sind, Probleme, zu verstehen, wie sie durch Wischen, Tippen oder gar Herumwedeln ihres Handys weiterkommen. Zu begreifen, wo in einem Raum (ob virtuell oder real) man sich befindet und wie man sich durch diesen Raum bewegen kann (in 3D, durch Wischen oder Antippen des Bildschirms), ist ganz entscheidend für eine gelungene Benutzererfahrung.

Sprache

Wenn ich mit Innenarchitekten zusammensitze, frage ich mich immer, ob sie eine andere Sprache sprechen als ich. Die Worte zur Definition einer Kategorie können je nach Erfahrungslevel völlig unterschiedlich sein. Als erfahrener Innenarchitekt navigieren Sie vielleicht meisterhaft durch eine Möbel-Website, weil Sie die Unterschiede zwischen »Egg-Sessel«, »Swan-Sessel«, »Womb-Sessel« und »Lounge-Sessel« kennen. Ist das gesamte Thema Innenarchitektur dagegen neu für Sie, müssen Sie die Namen vielleicht alle googeln, um zu wissen, worum es überhaupt geht! Um eine hervorragende Benutzererfahrung zu generieren, müssen wir wissen, wie unsere Zielgruppe spricht, und wir müssen sie auf dem richtigen Niveau abholen. Experten zu bitten, die Kategorie »Sessel« (viel zu ungenau) aufzurufen, ist etwa so hilfreich, wie jemanden, der keine Neurowissenschaften studiert hat, nach dem Unterschied zwischen dem dorsolateralen präfrontalen Cortex und dem anterioren Gyrus Cinguli zu fragen (beides sind neuroanatomische Bereiche).

Erinnerung

Wenn ich mich in einer E-Commerce-Site bewege, habe ich auch Erwartungen an ihre Funktionsweise. Möglicherweise erwarte ich etwa, dass die Website ein Suchfeld enthält (und Suchergebnisse liefert), Seiten mit Produktkategorien (in diesem Fall »Loungesessel«) enthält, Produktseiten (einen bestimmten Sessel) und einen Bestellvorgang. Wir haben Erwartungen an eine Vielzahl von Konzepten.

Wir entwickeln automatisch mentale Erwartungen an Menschen, Orte, Prozesse und mehr. Als Produktdesigner müssen wir sicherstellen, dass wir die Erwartungen unserer Kunden verstehen und mögliche Unklarheiten vorhersehen, wenn wir von diesen Normen abweichen (denken Sie beispielsweise daran, wie merkwürdig es für Sie war, als Sie zum ersten Mal eine Pizza vom Lieferdienst entgegennahmen, ohne den Lieferanten zu bezahlen, da Sie dies schon bei der Bestellung durch die App getan hatten).

Entscheidungen

Im Endeffekt möchten Sie Ihre Ziele erreichen und Entscheidungen treffen. In diesem Fall überlegen Sie vielleicht, ob Sie diesen Sessel kaufen sollten (Abbildung 1.3). Es gibt zahlreiche Fragen, die Ihnen bei dieser

Entscheidung durch den Kopf gehen könnten. Würde der Sessel sich in meinem Wohnzimmer gut machen? Kann ich ihn mir leisten? Passt er überhaupt durch die Wohnungstür? Er kostet über 1.200 Euro – was passiert, wenn er während des Transports zerkratzt oder sonst wie beschädigt wird? Bekomme ich in diesem Shop den günstigsten Preis? Wie soll ich ihn pflegen? Als Produkt- und Dienstleistungsmanager und Designer müssen wir über alle Etappen auf der mentalen Reise eines individuellen Kunden nachdenken und bereit sein, die dabei auftretenden Fragen zu beantworten.

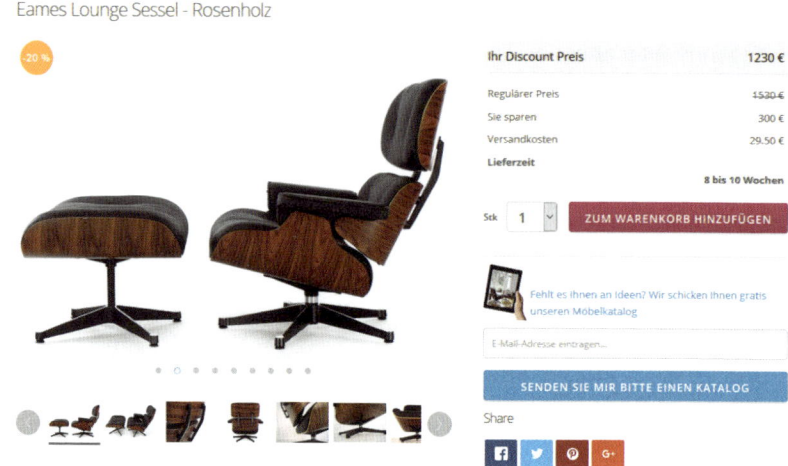

Abbildung 1.3
Produktdetailseite von »Famous Design«

Emotion

Wir glauben gerne, dass wir wie Spock bei Star Trek vollkommen logische Entscheidungen treffen können. Es ist jedoch gut dokumentiert, dass eine Vielzahl von Emotionen unsere Erfahrung und unser Denken beeinflusst. Wenn Sie sich diesen Sessel ansehen, denken Sie vielleicht darüber nach, dass Ihre Freunde beeindruckt sein werden oder dass er Ihren Status unterstreicht und zeigt, »dass Sie es geschafft« haben. Oder vielleicht denken Sie: »Wie protzig!«, oder »1.230 Euro für einen Sessel – wie soll ich den bezahlen und dann noch die Miete und das Essen?!«, und geraten in Panik. Um eine gelungene Benutzererfahrung schaffen zu können, ist es entscheidend, die zugrunde liegenden Emotionen und tief verwurzelten Überzeugungen zu erkennen.

Die sechs Erfahrungsebenen

Die in den bisherigen Abschnitten beschriebenen, sehr unterschiedlichen Vorgänge spielen sich in der Regel in speziellen Hirnarealen ab (siehe Abbildung 1.4). Zusammengenommen ergeben sie das, was jeder von uns als individuelle Erfahrung wahrnimmt.

Meine Kollegen aus der kognitiven Neuropsychologie würden jetzt sagen, dass dies eine starke Vereinfachung der menschlichen Anatomie und der Gehirnvorgänge ist. Es gibt jedoch einige übergreifende Themen, die es erlauben, auf dieser Ebene Produktdesign und Neurowissenschaft zu verbinden.

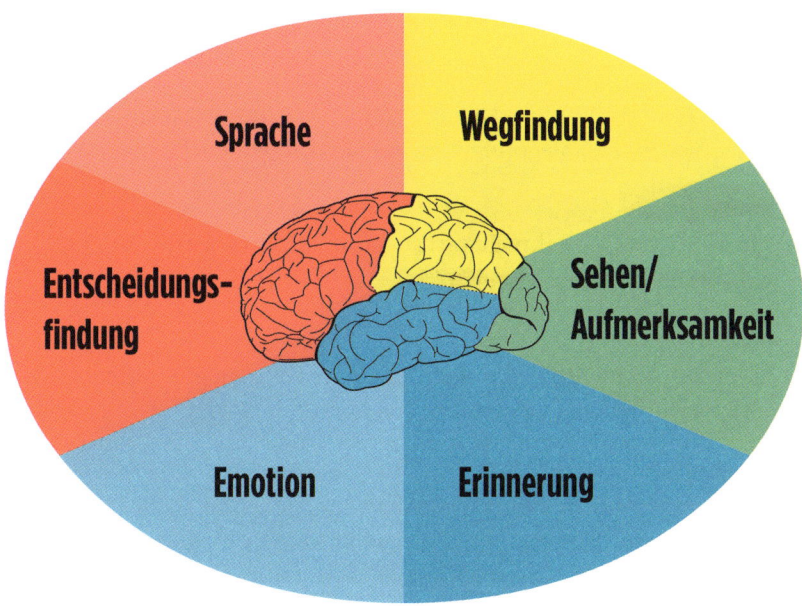

Abbildung 1.4
Die sechs Erfahrungsebenen

Ich denke, wir sind uns alle einig, dass eine »Erfahrung« keineswegs eindimensional ist, sondern vielschichtig und nuanciert und sich aus vielen Gehirnprozessen und Wahrnehmungen zusammensetzt. Die User Experience findet nicht auf dem Bildschirm statt, sondern im Kopf.

Übung

Legen Sie nun am besten eine kurze Lesepause ein und besuchen Sie einen Online-Shop – idealerweise einen, den Sie nur selten nutzen. Suchen Sie dort nach Büchern zum Thema »User Experience«. Tun Sie dies in einem neuen und bewussten Zustand:

Sehen/Aufmerksamkeit

> Worauf hat sich Ihr Blick auf der Website zuerst gerichtet? Wonach haben Sie gesucht (zum Beispiel Bilder, Farben, Wörter)?

Wegfindung

> Wussten Sie stets, wo Sie sich auf der Website befanden und wie Sie sie navigieren konnten? Waren Sie irgendwann unsicher? Warum?

Sprache

> Nach welchen Wörtern suchten Sie? Gab es unverständliche Begriffe oder waren die Kategorien manchmal zu allgemein?

Erinnerung

> Inwiefern wurden Ihre Erwartungen an die Funktionsweise der Website bestätigt oder nicht erfüllt?

Entscheidungen

> Welche Mikroentscheidungen trafen Sie während des Versuchs, Ihr Ziel – ein Buch zu kaufen – zu erreichen?

Emotion

> Welche Bedenken hatten Sie? Was hätte Sie davon abhalten können, einen Kauf zu tätigen (zum Beispiel Sicherheit, Vertrauen)?

Nachdem Sie sich nun mit den notwendigen mentalen Zusammenhängen vertraut gemacht haben, fragen Sie sich: Wie stelle ich nicht als Psychologe, sondern als Produktmanager fest, wo jemand sucht und was er sucht? Woher weiß ich, welche Erwartungen die Zielgruppe meiner Produkte hat? Wie kann ich tief sitzende Emotionen zum Vorschein bringen? Dazu kommen wir in Teil II des Buches, aber im Moment möchte ich sicherstellen, dass wir mit Sehen/Aufmerksamkeit, Wegfindung, Erinnerung, Sprache, Emotion und Entscheidungsfindung dasselbe meinen. Ich möchte, dass Sie über diese Prozesse mehr wissen, damit Sie sie »in freier Wildbahn« erkennen können, wenn Sie Ihre Kunden beobachten und befragen.

[2]

In einem Augenblick: Sehen, Aufmerksamkeit und Automatismus

Von der Repräsentation zur Erfahrung

Wurden Sie schon einmal gebeten, die Augen für eine tolle Überraschung zu schließen (nicht schummeln!)? In dem Augenblick, in dem Sie die Augen öffneten, strömten alle möglichen Eindrücke auf Sie ein: helle und dunkle Bereiche, Farben, Objekte (Kuchen und Kerzen?), Gesichter (Familie und Freunde), Geräusche, Gerüche, Gefühle (Freude?). Das ist ein gutes Beispiel dafür, wie spontan, vieldimensional und komplex eine Erfahrung sein kann.

Trotz der immensen Informationsflut, die durch unsere Sinne auf uns einströmt, können wir fast sofort einen Großteil jeder Szene in uns aufnehmen. Für uns ist das völlig natürlich, für eine Maschine oder ein selbstfahrendes Auto ist es hingegen äußerst schwierig. Wenn man darüber nachdenkt, ist es unglaublich, wie »mühelos« diese Prozesse ablaufen. Sie funktionieren einfach. Sie müssen nicht überlegen, wie Sie Objekte erkennen oder dass Sie die physische Welt in drei Dimensionen wahrnehmen, außer in sehr seltenen Fällen (zum Beispiel in dichtem Nebel).

Diese automatischen Prozesse beginnen mit Neuronen auf der Rückseite Ihrer Augäpfel. Der Impuls strömt durch Ihren Corpus callosum zur Rückseite Ihres Gehirns in den okzipitalen Kortex, dann in Ihre Temporal- und Parietallappen. In diesem Kapitel konzentrieren wir uns auf das »Was«, im nächsten auf das »Wo« (Abbildung 2.1).

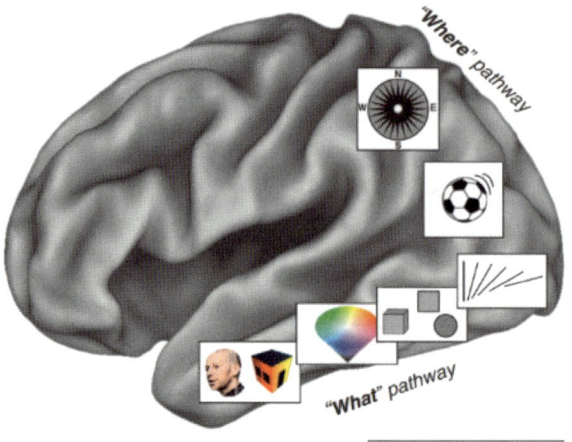

Abbildung 2.1
Was/Wo-Wege

Fast ohne bewusste Kontrolle setzt Ihr Gehirn voneinander getrennte Repräsentationen von Helligkeit, Konturen, Linien, Farben, Bewegungen, Objekten und Raum, dazu außerdem Geräusche, Gefühle und Eigenwahrnehmung (Propriozeption) zu einer einzigen Erfahrung zusammen. Sie nehmen diese Dinge nicht bewusst im Einzelnen wahr und genauso wenig, dass sie sich zu einer einzigen Erfahrung zusammenfügen oder dass frühere Erfahrungen Ihre Wahrnehmungen beeinflussen oder dass sie bestimmte Gefühle hervorrufen.

Diese Leistung ist keineswegs trivial. Es ist unglaublich schwierig, eine Maschine zu konstruieren, die auch nur einfachste Unterscheidungen zwischen Objekten ähnlicher Farbe und Form – zum Beispiel zwischen Muffins und Chihuahuas – treffen kann, wohingegen Sie als Mensch nach kurzer Betrachtung jedes Mal die richtige Entscheidung treffen (Abbildung 2.2).

Es gibt noch sehr viele Dinge, die ich Ihnen über das Sehen, die Objekterkennung und Wahrnehmung erzählen könnte, aber für unser digitales Produktdesign ist am wichtigsten: a) Viele Prozesse finden gleichzeitig, mit nur wenig bewusster Wahrnehmung und Kontrolle statt und b) viele komplexe Berechnungsprozesse finden konstant statt, ohne einen bewussten mentalen Einsatz von Ihnen zu erfordern.

Abbildung 2.2
Muffins oder Chihuahuas?

In seinem fantastischen Buch *Schnelles Denken, langsames Denken* stellt Nobelpreisträger Daniel Kahneman die schlüssige These auf, dass Ihr Gehirn in zwei sehr unterschiedlichen Modi arbeitet. Die eine Art Denkprozess ist Ihnen bewusst und Sie können ihn kontrollieren (»langsam denken«). Über die anderen, automatisch ablaufenden Denkvorgänge haben Sie wenig bis keine bewusste Kontrolle oder Wahrnehmung (»schnell denken«).

Bei der Gestaltung von Produkten und Dienstleistungen können wir Designer uns oft sehr gut auf die bewussten Prozesse fokussieren (zum Beispiel Entscheidungsfindung), aber wir gestalten nur selten mit der Intention, uns die schnellen, automatischen Denkprozesse zunutze zu machen. Wir erhalten sie im Prinzip »kostenlos«, weil unsere Zielgruppe für sie keinen mentalen Einsatz erbringen muss. Als Produktdesigner sollten wir uns beides – die bewussten und die automatischen Prozesse – nutzbar machen, denn sie sind relativ unabhängig voneinander. Die zweiten sind für die ersten nicht relevant. In den weiteren Kapiteln werden wir sehen, wie wir dazu im Detail vorgehen, aber zunächst beschäftigen wir uns mit einem guten Beispiel für einen automatischen Prozess, den wir nutzbar machen können: die visuelle Aufmerksamkeit.

Unbewusste Handlungen: beim Anschauen erwischt

Denken Sie an den Moment, den ich am Anfang des Kapitels geschildert habe: Sie öffnen Ihre Augen für die große Überraschung. Wenn Sie jetzt einmal Ihre Augen bedecken und dann die Hand plötzlich wegnehmen, merken Sie vielleicht, dass Ihre Augen nun herumwandern. Eigentlich bewegen sich Ihre Augen immer so: Sie bewegen sich normalerweise nicht in einem gleichmäßigen Muster. Sie springen vielmehr von einer Stelle zur anderen (diese ruckartigen Bewegungen werden *Sakkaden* genannt). Man kann das mit speziellen Werkzeugen, zum Beispiel mit einem Infrarot-Eyetracking-System, messen. Dieses kann mittlerweile in spezielle Brillen eingebaut werden (Abbildung 2.3) oder wird als schmaler Streifen unter einem Computermonitor angebracht (Abbildung 2.4).

Mit diesen Werkzeugen wurde das mittlerweile gut dokumentierte Augenbewegungsmuster auf Webseiten und in Suchergebnissen ermittelt. Stellen Sie sich vor, Sie haben gerade eine Google-Suche gestartet und sehen sich jetzt die Ergebnisse auf dem Laptop an. Im Durchschnitt tendieren wir dazu, uns in der obersten Ergebniszeile sieben bis zehn Wörter anzusehen, fünf bis sieben Wörter in der nächsten Zeile und noch weniger Wörter in der dritten Ergebniszeile. Ihre Augenbewegungen (Sakkaden) formen ein charakteristisches F-Muster. Je stärker das Rot in Abbildung 2.5, desto länger ruhten die Augen des Betrachters auf diesem Bildschirmbereich.

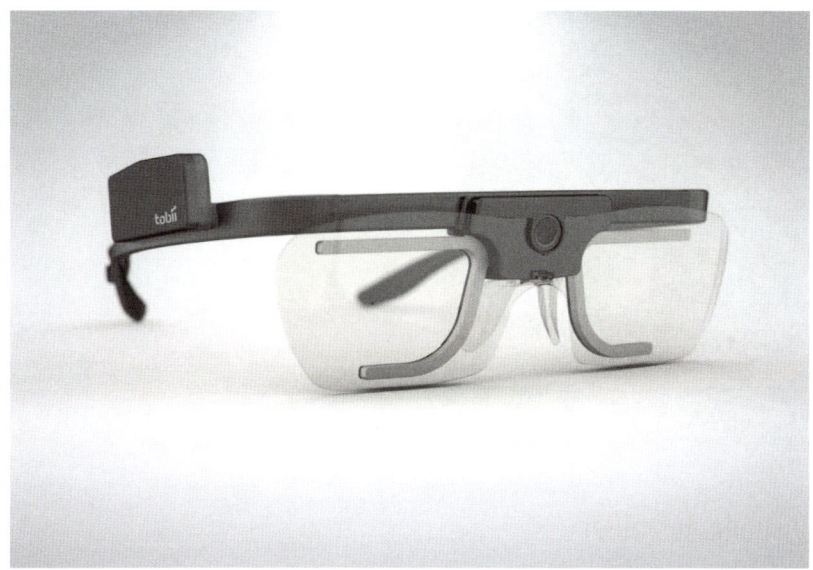

Abbildung 2.3
Tobii Glasses 2

Abbildung 2.4
Tobii X2-30 (unter dem Computerbildschirm)

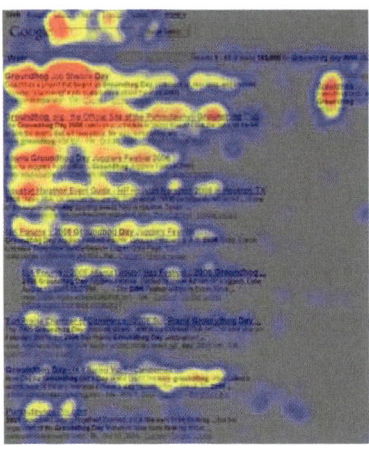

Abbildung 2.5
F-Muster der Heatmap eines Eyetrackers
(Quelle: *http://bit.ly/2n6yQuw*)

Visuelle Ausreißer

Zwar können wir Menschen unsere Augenbewegungen kontrollieren, überlassen dies jedoch meist den automatischen Vorgängen. Oft funktionieren die Augenbewegungen auf »Autopilot« gut, denn Objekte in unserem Sehfeld ziehen unsere Aufmerksamkeit stark auf sich, wenn sie aus den anderen Bereichen der visuellen Szene herausstechen. Solche Ausreißer erregen automatisch unsere Aufmerksamkeit und lenken unsere Augenbewegungen.

Als Produktdesigner versäumen wir es oft, diesen wirkungsvollen automatischen Prozess zu nutzen, dabei ist er eine wunderbare Möglichkeit, um die Aufmerksamkeit auf die gewünschten Elemente auf dem Bildschirm zu lenken. Abbildung 2.6 zeigt einige Möglichkeiten, visuelle Aufmerksamkeit zu erregen. Weitere wichtige Merkmale, die ich dieser Liste hinzufügen würde, sind visueller Kontrast (relative Helligkeit und Dunkelheit) und Bewegung. Die Elemente in der unteren rechten Ecke »stechen heraus«, weil sie abweichende Merkmale haben (zum Beispiel Form, Größe, Ausrichtung) und im Vergleich zu den anderen Elementen in der Gruppierung auch einen einzigartigen visuellen Kontrast.

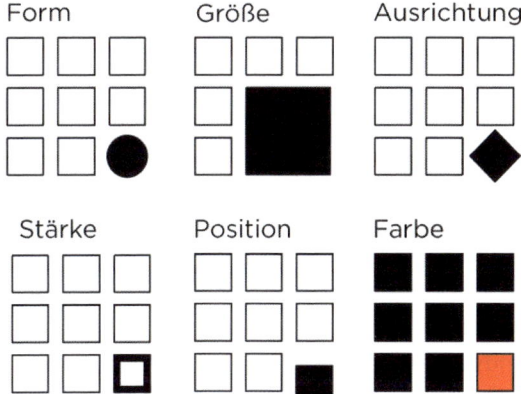

Abbildung 2.6
Visuelle Ausreißer

Ein interessanter Punkt ist, dass das abweichende Objekt auf jeden Fall die Aufmerksamkeit erregt, unabhängig davon, wie groß die Anzahl der konkurrierenden Elemente ist. In einer komplexen Situation (zum Beispiel bei modernen Auto-Cockpits) kann dieser Umstand sehr hilfreich sein, um die Aufmerksamkeit dorthin zu lenken, wo sie benötigt wird.

Aufgeweckte Leser, die über die Kontrolle der Augenbewegungen nachdenken, fragen sich nun vielleicht: »*Wer* entscheidet, wo ich als Nächstes hinschaue, wenn ich meine Augenbewegungen nicht bewusst steuere?« Und: »Wie genau werden die Augen von einem bestimmten Teil der visuellen Szene angezogen?« Es zeigt sich, dass unser visuelles Aufmerksamkeitssystem, das bestimmt, wohin die Augen als Nächstes hinschauen, zur Entscheidungsfindung eine verschwommene (für Photoshop-Nutzer: gewissermaßen Gauß'sche) und weitgehend schwarz-weiße Repräsentationen der Szene formt. Anhand dieser konstant aktualisierten Repräsentation fällt die Entscheidung, wo der Fokus der Aufmerksamkeit liegt, vorausgesetzt, »Sie« lenken Ihre Augen nicht bewusst. Zum Nachdenken: Sind Sie es, wenn sich der Vorgang automatisch abspielt?

Als Designer können Sie im Voraus abschätzen, wohin das Auge des Betrachters in einer visuellen Szene blicken wird, wenn Sie diese Szene mit einem Programm wie Photoshop bearbeiten, um die Farbe zu reduzieren, und dann die Augen zukneifen (und/oder den Gauß'schen Weichzeichner mehrfach anwenden). Dieser Test kann Ihnen ganz gut zeigen, wohin die Augen der Betrachter in einer Szene gelenkt werden, wenn Sie ihr tatsächliches Augenbewegungsmuster mit einem Eyetracker messen würden.

Hoppla, Sie haben etwas übersehen!

Ein besonders interessantes Resultat, das Sie beim Studium der Augenbewegungen erhalten, ist das Null-Ergebnis: Worauf schauen die Betrachter *niemals*? Zum Beispiel habe ich ein Webformular gesehen, bei dem die Designer versucht haben, nützliche Zusatzinformationen in einer Spalte auf der rechten Seite des Bildschirms zu platzieren – genau dort, wo normalerweise Werbung zu sehen ist. Leider sind wir Verbraucher darauf trainiert, anzunehmen, dass Informationen an der rechten Bildschirmseite Werbung sind, und deshalb ignorieren wir alles, was sich dort befindet (egal, ob es nützlich ist oder nicht). Das Wissen um vorhergehende Erfahrungen hilft uns sicherlich, vorauszusehen, wohin die Benutzer blicken werden. Dadurch können wir unsere Designs so gestalten, dass sie die Aufmerksamkeit tatsächlich zu der hilfreichen Information hin-, und nicht von ihr ablenken.

Wenn Ihre Kunden einen bestimmten Teil Ihres Produkts oder Bildschirms überhaupt nicht beachten, können sie auch nicht wissen, was dort zu sehen ist. Dann hätten Sie die Information erst gar nicht veröffentlichen müssen. Werden die Aufmerksamkeitssysteme jedoch durch psychologisch gesteuertes Design korrekt genutzt, entsteht ein unglaubliches Potenzial, die Aufmerksamkeit dorthin zu lenken, wo sie gebraucht wird. Diese Gelegenheit sollten wir Produktdesigner immer nutzen, um die Benutzererfahrung zu optimieren.

Unser visuelles System schafft Klarheit, wo es keine gibt

Ich möchte noch eine weitere charakteristische Eigenschaft des menschlichen Sehvermögens erwähnen: die Sehschärfe. Wenn Sie eine Szene betrachten, sind unserer subjektiven Erfahrung nach alle Teile gleichermaßen klar, scharf und detailliert. Tatsächlich nehmen sowohl Ihre Sehschärfe und Ihre Fähigkeit, Farben zu erkennen, von Ihrem Blickpunkt aus (dem Punkt, auf den Sie fokussieren) schlagartig ab. Nur ungefähr 2° des Gesichtsfeldes (ungefähr zwei Daumenbreiten auf Armlänge entfernt) sind mit Neuronen gespickt und können sowohl eine ausgezeichnete Schärfe als auch eine große Farbgenauigkeit liefern.

Sie glauben mir nicht? Gehen Sie zum nächsten Bücherregal. Fokussieren Sie Ihren Blick auf ein bestimmtes Buch und versuchen Sie, den Titel des übernächsten Buches zu lesen. Sie werden erstaunt sein, dass das nicht geht. Nur zu, ich warte!

Nur wenige Grad neben der Stelle, auf die unsere Augen fokussieren, stellt unser Gehirn allerlei Vermutungen an, was sich dort befinden könnte. Und das können wir nicht wirklich verarbeiten. Das bedeutet: Wo Sie hinsehen, ist entscheidend für das Nutzererlebnis. Knapp daneben ist auch vorbei!

Ceci n'est pas une pipe: wahrgenommene und tatsächliche Bedeutung

Ob wir nun Wörter auf einer Seite präsentieren, Bilder oder Tabellen – die gezeigten Elemente sind nur dann hilfreich, wenn der Benutzer am Ende genau identifizieren kann, was er sieht.

Icons sind ein besonders gutes Beispiel. Fragen Sie jemanden, der noch nie Instagram genutzt hat, was die einzelnen Icons in Abbildung 2.7 bedeuten. Ich möchte wetten, dass er nicht die Bedeutung aller Icons erraten kann. Für diesen Nutzer hat das Icon die Bedeutung, die er ihm im Moment gibt (egal, was es wirklich bedeuten soll). Für Designteams ist es unerlässlich, alle visuellen Elemente zu testen, um sicherzugehen, dass sie weitestgehend richtig identifiziert werden oder – wenn unbedingt erforderlich – während der praktischen Nutzung erlernt werden können. Im Zweifelsfall sollten Sie nicht gegen Standards ankämpfen, nur um kreativ zu sein. Nehmen Sie das vertraute Icon und überzeugen Sie auf andere Weise durch Individualität.

Abbildung 2.7
Instagram-Buttons

Weiterführende Literatur

Evans, J. S. B. T. (2008). »Dual-Processing Accounts of Reasoning, Judgment, and Social Cognition.« *Annual Review of Psychology* 59: 255–278.

Evans, J. S. B. T. & Stanovich, K. E. (2013). »Dual-Process Theories of Higher Cognition: Advancing the Debate.« *Perspectives on Psychological Science* 8(3): 223–241.

Kahneman, D. (2012). *Schnelles Denken, langsames Denken*. München: Siedler Verlag.

[3]

Wegweiser: Wo bin ich?

Wenn wir uns damit beschäftigen, wohin wir sehen, müssen wir logischerweise auch verstehen, wo wir uns im Raum befinden. Ein großer Teil des menschlichen Gehirns widmet sich der Repräsentation räumlicher Informationen. Deshalb können wir diesen kognitiven Prozess in unserem Design in zweierlei Hinsicht nutzen: um dem Nutzer zu zeigen, wo er sich befindet und wie er sich im Raum bewegen kann.

Die Ameise in der Wüste: Berechnung des euklidischen Raums

In diesem Zusammenhang sind die großen Ameisen in der tunesischen Wüste interessant. Diese haben eine interessante Fähigkeit mit uns gemeinsam. Zum ersten Mal las ich über diese und andere verblüffende Leistungen von Tieren in Randy Gallistels Buch *The Organization of Learning*. Offensichtlich haben kleine und große Lebewesen mehr kognitive Funktionen gemeinsam, als man vielleicht annehmen könnte. Die Repräsentation von Zeit, Raum, Entfernung, Licht- und Schallintensität und der Anordnung der Nahrungsquellen in einem bestimmten Gebiet – das sind nur ein paar Beispiele für die kognitive Leistung, zu der viele Lebewesen fähig sind.

Stellen Sie sich vor, Sie wären eine tunesische Ameise. Die Ermittlung Ihres Aufenthaltsorts in der Wüste ist ein besonders kniffliges Problem. Es gibt keine Orientierungspunkte wie Bäume, und die Landschaft verändert sich ständig, da der Wind den Sand immer wieder neu formt.

Deshalb müssen Ameisen, die ihren Bau verlassen, etwas anderes als Orientierungspunkte benutzen, um ihren Weg nach Hause zu finden. Ihre Fußspuren, Landmarken und Duftspuren im Sand sind allesamt unzuverlässig, da sie sich bei einer kräftigen Windböe verändern können.

Darüber hinaus unternehmen die Ameisen kurvenreiche Wanderungen in der tunesischen Wüste, um nach Nahrung zu suchen (die Ameise in Abbildung 3.1 bewegt sich vom Nest aus nordwestlich). In diesem Experiment stellte ein Wissenschaftler einen Vogelfutterautomaten mit süßem Sirup auf. Die glückliche Ameise klettert in den Futterbehälter, findet den Sirup und erkennt, dass sie gerade den Jackpot unter den Nahrungsquellen gefunden hat. Nachdem sie den Sirup probiert hat, kann sie es kaum erwarten, ihren Mit-Ameisen von ihrem Fund zu »erzählen«. Bevor sie dies jedoch tun kann, nimmt der Wissenschaftler den Futterbehälter (mit der Ameise darin) und versetzt ihn etwa zwölf Meter nach Osten (dargestellt durch den roten Pfeil in der Abbildung).

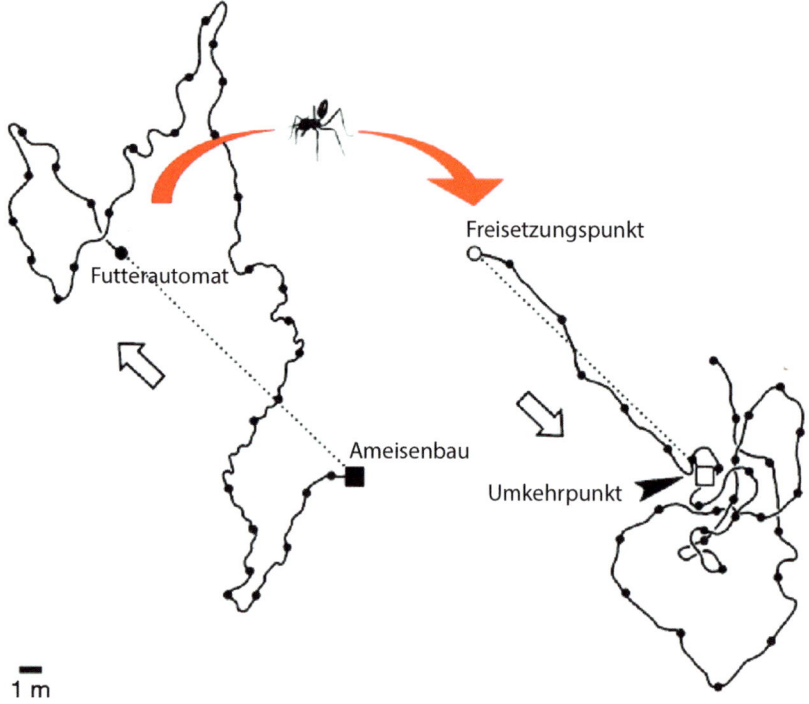

Abbildung 3.1
Tunesische Ameise in der Wüste

Die Ameise, die nach wie vor die gute Nachricht mit allen zu Hause teilen möchte, versucht, in Luftlinie zurück zum Bau zu gelangen. Sie geht geradewegs nach Südosten, fast genau in die Richtung, in der der Ameisenhaufen hätte sein sollen, wenn die Fütterungsanlage nicht bewegt worden wäre. Sie geht ungefähr so weit wie nötig und beginnt dann, im Kreis zu laufen, um das Nest zu finden (was eine vernünftige Strategie ist, da es keine Orientierungspunkte gibt). Leider berücksichtigt die Ameise nicht, dass sie an eine andere Stelle versetzt wurde, und liegt daher um genau die Entfernung daneben, um die der Forscher die Fütterungsanlage verschoben hat. Dennoch zeigt dieses Verhaltensmuster, dass die Ameise in der Lage ist, die Richtung und Entfernung (anhand des Sonnenstands) im euklidischen Raum zu berechnen. Dies ist ein großartiges Beispiel für die Fähigkeiten unserer Parietallappen.

Orientierung im physischen und virtuellen Raum

Genau wie die Ameise müssen wir herausfinden, wo wir uns im Raum befinden, wohin wir gehen und was wir tun müssen, um an unser Ziel zu gelangen. Dazu nutzen wir das »Wo«-System unseres Gehirns – eine der größten Regionen im Säugerkortex.

Wenn wir alle diese verblüffende und beeindruckende Fähigkeit besitzen, den Raum in der physischen Welt zu kartieren, wäre es dann nicht sinnvoll, wenn wir als Produkt- und Dienstleistungsdesigner dieses Potenzial auch bei der Wegfindung in der digitalen Welt ausschöpfen würden?

> **ANMERKUNG**
>
> Wenn Sie meinen, dass Sie kein gutes Orientierungsvermögen haben, werden Sie vielleicht angenehm überrascht sein: Sie sind besser, als Sie denken. Überlegen Sie zum Beispiel, wie mühelos Sie morgens von Ihrem Bett aus ins Badezimmer gelangen, ohne darüber nachzudenken. Und vielleicht tröstet es Sie, dass wir genau wie die Ameise einfach nicht dafür gemacht sind, von einem Auto ab- und in die Mitte eines Parkplatzes transportiert zu werden, auf dem es nur sehr wenige eindeutige visuelle Hinweise gibt, anhand derer wir den Wagen auf dem Rückweg wiederfinden können.

Wenn ich in diesem Buch über »Wegfindung« schreibe, verbinde ich zwei Konzepte miteinander, die einander ähneln, denen aber nicht unbedingt dieselben kognitiven Prozesse zugrunde liegen:

- die menschliche Fähigkeit zur Wegfindung in der physischen Welt mit Berechnung des 3D-Raums und der Bewegung im Zeitablauf
- die Wegfindung und Fortbewegung in der virtuellen Welt

Zwischen beidem gibt es Überschneidungen, aber bei genauerer Betrachtung stellen wir fest, dass sich die beiden Konzepte nicht einfach eins zu eins aufeinander übertragen lassen. In der virtuellen Welt der meisten heutigen Benutzeroberflächen von Smartphones und Webbrowsern fehlen zahlreiche wegweisende Orientierungspunkte und Hinweise.

Es ist nicht immer klar, wo wir uns innerhalb einer Webseite, App oder Sprachumgebung wie Alexa, Siri etc. befinden. Ebenso wenig ist es immer eindeutig, wie wir an unser Wunschziel gelangen können, wie wir eine mentale Karte von unserem aktuellen Standort erstellen können. Dennoch ist es eindeutig entscheidend für eine großartige Erfahrung, dass wir wissen, wo wir uns befinden und wie wir uns in der (realen oder virtuellen) Umgebung bewegen können.

Wohin kann ich gehen? Wie komme ich dorthin?

In der physischen Welt ist es schwierig, ohne konkrete Anhaltspunkte irgendwohin zu gelangen. Gate-Nummern an Flughäfen, Schilder auf der Autobahn und Wegweiser auf einem Wanderweg sind nur ein paar der greifbaren »Brotkrumen«, die uns (meistens) das Leben erleichtern.

Die Navigation einer neuen digitalen Benutzeroberfläche kann wie ein Spaziergang durch ein Einkaufszentrum ohne Karte sein: Man verirrt sich leicht, da es so wenige eindeutige Hinweise darauf gibt, wo man sich im Raum befindet. Abbildung 3.2 zeigt das Bild eines Einkaufszentrums in der Nähe meines Hauses. Es gibt etwa acht Hallen, die fast identisch mit der abgebildeten sind. Stellen Sie sich vor, ein Freund sagt: »Ich bin bei den Tischen und Stühlen unter den Kronleuchtern«, und Sie versuchen, ihn zu finden!

Abbildung 3.2
Westfield-Montgomery-Einkaufszentrum

Die Sache wird noch schwieriger, weil wir in der realen Welt zwar wissen, wie man sich zu Fuß fortbewegt, während sich in der digitalen Welt die notwendigen Maßnahmen von Produkt zu Produkt (zum Beispiel Apps und Betriebssysteme) manchmal drastisch unterscheiden. Möglicherweise müssen Sie auf Ihr Telefon tippen, damit die gewünschte Aktion ausgeführt wird, das gesamte Telefon schütteln, die mittlere Taste drücken, doppelt tippen, nach rechts wischen und so weiter.

Einige Benutzeroberflächen machen die Wegfindung wesentlich schwieriger, als es nötig wäre. Viele (ältere?) Menschen finden es zum Beispiel unglaublich schwierig, sich in Snapchat zurechtzufinden. Vielleicht gehören Sie auch dazu! In vielen Fällen gibt es weder Schaltflächen noch Links, die Sie von einem Ort zum anderen bringen. Sie müssen einfach wissen, wo Sie klicken oder wischen müssen, um an einen anderen Ort zu gelangen. Snapchat ist voller versteckter »Eastereggs«, die die meisten Menschen (ausgenommen Generation Y und Z) nicht finden können (Abbildung 3.3)

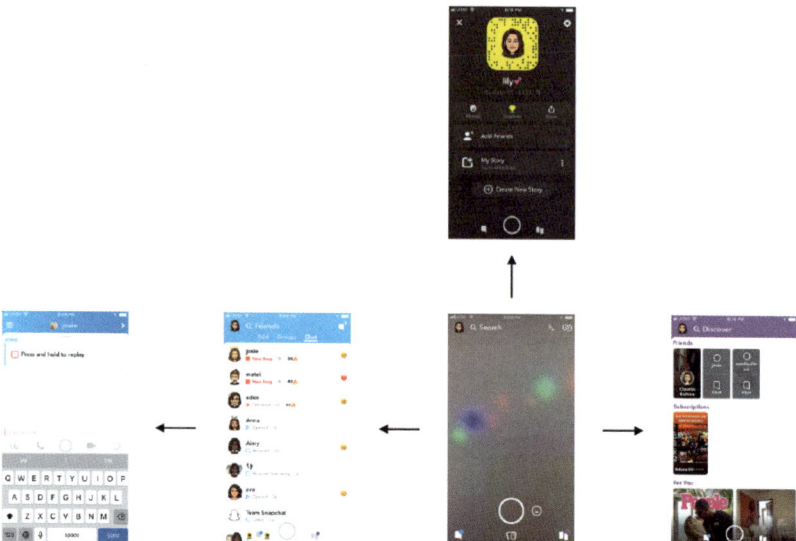

Abbildung 3.3
Navigation in Snapchat

Als Snapchat 2017 aktualisiert wurde, gab es eine Massenrevolte der jugendlichen Fans der App (Sie glauben mir nicht? Googeln Sie danach!). Und warum? Weil die Erwartungen der Nutzer an die Wegfindung nicht mehr erfüllt wurden. Während ich dieses Buch schreibe, arbeitet Snapchat hart daran, die Änderungen wieder rückgängig zu machen, um den Erwartungen besser zu entsprechen. Denken Sie an diese Lektion, wenn Sie Produkte und Dienstleistungen entwickeln und neu gestalten: Erfüllte Erwartungen können zu einer großartigen Erfahrung führen, unerfüllte Erwartungen können eine Erfahrung ruinieren.

Je eher wir unsere virtuelle Welt mit einer Entsprechung in der physischen Welt in Einklang bringen können, desto besser wird jene sein. Mithilfe von Augmented Reality (AR) und Virtual Reality (VR) oder auch Hinweisgebern wie der Andeutung eines horizontalen Scrollbereichs durch Kacheln, die vom Rand aus in eine Benutzeroberfläche hineinragen (wie bei Pinterest) kommen wir der Sache näher. Aber es gibt noch so viele weitere Möglichkeiten, die heutigen Benutzeroberflächen zu verbessern! Selbst so grundlegende Funktionen wie virtuelle Brotkrümel oder Hinweisgeber (zum Beispiel eine etwas andere Hintergrundfarbe für die einzelnen Abschnitte einer Nachrichtenseite) können uns als Wegweiser dienen (das gilt auch für euch von der Westfield Montgomery Mall!).

Für uns Kognitionswissenschaftler gehört das Gefühl für den 3D-Raum zu den Möglichkeiten, die bei Navigationshinweisen zu wenig genutzt werden. Vielleicht müssen Sie nie durch einen virtuellen Raum »gehen«, aber es gibt interessante Möglichkeiten für räumliche Hinweise, wie in der in Abbildung 3.4 dargestellten Szene. Diese wirkt durch die Größenänderung der Autos und die nach hinten abnehmende Breite des Bürgersteigs perspektivisch. Das automatische kognitive Informationsverarbeitungssystem bekommen wir (als Designer und Menschen) im Prinzip »kostenlos«. Es ist für jeden verfügbar. Darüber hinaus arbeitet dieser Teil des »schnellen« Systems automatisch, ohne bewusste mentale Prozesse in Anspruch zu nehmen. Es bietet eine Vielzahl interessanter und noch ungenutzter Möglichkeiten!

Abbildung 3.4
Visuelle Perspektive

Benutzeroberflächen testen und Metaphern für die Interaktion finden

Heute wissen wir, dass es entscheidend ist, Benutzeroberflächen zu testen und dadurch herauszufinden, ob die von uns geschaffenen Metaphern (wo sich die Kunden befinden und wie sie mit einem Produkt interagieren) eindeutig sind. Eine der ersten Studien mit Touchscreen-Laptops zeigte, wie wichtig es war, anhand von Tests zu ermitteln, wie sich die Benutzer im virtuellen Raum einer App oder Website bewegen können. Beim ersten Versuch, diese Geräte zu verwenden, wandten die Benutzer instinktiv Metaphern aus der physischen Welt an, wie Sie in Abbildung 3.5 sehen. Die Probanden berührten das Objekt, das sie auswählen wollten (Bild rechts oben), zogen eine Webseite wie bei einem tatsächlichen Schiebevorgang nach oben oder unten (unteres linkes Bild) und berührten den Bildschirm dort, wo sie etwas eintippen wollten (oberes linkes Bild).

Abbildung 3.5
Erste Reaktionen auf einen Laptop mit Touchscreen

Die Nutzer führten jedoch nicht nur erwartete Handlungen aus. Wie bei allen Produkttests, die ich jemals durchgeführt habe, entdecken wir auch unerwartete Aktionen (Abbildung 3.6).

In diesem Beispiel ruhten die Hände des Probanden auf den Seiten des Monitors, während er die Benutzeroberfläche mit beiden Daumen auf beiden Seiten des Bildschirms auf und ab schob. Wer hätte das voraussehen können?!

Abbildung 3.6
Bedienung eines Touchscreen-Laptops mit beiden Daumen

Der Touchscreen-Test zeigte zwei Dinge:

- Wir können nie vollständig vorhersehen, wie der Kunde mit einem neuen Tool interagieren wird. Deshalb ist es so wichtig, Produkte mit echten Kunden zu testen und ihr Verhalten zu beobachten.
- Wir müssen erfahren, wie die Menschen den virtuellen Raum verstehen und mit welchen Interaktionen sie sich ihrer Meinung nach in diesem Raum bewegen können.

Dabei beobachten wir die Parietallappen bei der Arbeit!

Durch die Beobachtung von Nutzern, die mit relativ »flachen« (das heißt nicht mit 3D-Hinweisen versehenen) TV-Anwendungen interagierten, erfuhren wir nicht nur, wie sie durch die virtuellen Menüoptionen navigierten, sondern auch, welche Erwartungen sie an diesen Raum stellten.

In der realen Welt gibt es keine Verzögerung, wenn Sie etwas in Bewegung versetzen. Wenn der Benutzer dann im virtuellen Raum ein Element auswählt, erwartet er deshalb, dass das System sofort reagiert. Wenn (wie in

Abbildung 3.7) wenige Sekunden nach dem (virtuellen) »Klick« auf ein Objekt nichts passiert, ist das Gehirn natürlich verwirrt, und als Ergebnis konzentrieren Sie sich instinktiv auf diese Kuriosität und entziehen sich der vorgesehenen virtuellen Erfahrung.

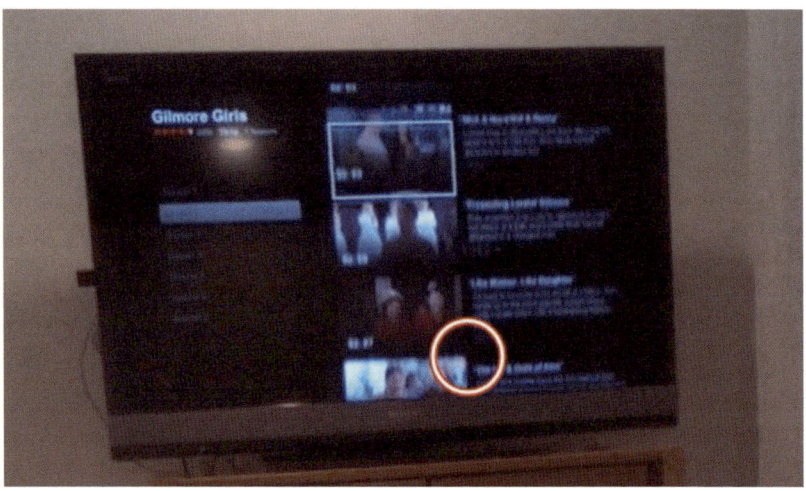

Abbildung 3.7
Eye-Tracking TV-Benutzeroberfläche

In die Zukunft denken: Gibt es in einer Sprachschnittstelle ein »Wo«?

Sprachgesteuerte Benutzeroberflächen wie Google Home, Amazon Alexa, Apple Siri, Microsoft Cortana und andere haben ein enormes Potenzial. Doch in unseren Tests dieser Sprachschnittstellen stellen wir fest, dass Neuanwender oft Berührungsängste haben, weil sie keine physischen Hinweise darauf erhalten, dass das Gerät ihnen zuhört und/oder sie wahrnimmt, und weil die Interaktionen und das Zeitverhalten des Systems sich so stark von den Erwartungen der Kunden an ein menschliches Gegenüber unterscheiden.

Bei Tests der beruflichen und persönlichen Nutzung dieser Tools stellten wir in einer Reihe von Direktvergleichen fest, dass es noch große Herausforderungen für Sprachschnittstellen gibt. Zum einen gibt es anders als in der realen Welt oder bei bildschirmbasierten Benutzeroberflächen keine Hinweise darauf, wo Sie sich im System befinden. Angenommen, Sie beginnen, sich mit einer Sprachanwendung über das Wetter in Paris zu unterhalten. Sie stellen vielleicht eine weitere Frage: »Wie lange dauert die Fahrt nach Monaco?« Sie denken immer noch an Paris, aber es ist nicht klar, ob der Bezugspunkt des Sprachsystems auch weiterhin Paris ist. Die heutigen Systeme beginnen mit wenigen Ausnahmen bei jedem Gespräch von vorne und folgen selten einem Gesprächsfaden (etwa dass man immer noch an Paris denkt, wenn man nach Monaco fragt).

Wenn das System außerdem zu einem bestimmten Themen- oder App-»Bereich« springt (zum Beispiel Spotify-Funktionalität innerhalb von Alexa), gibt es anders als im physischen Raum keine Hinweise darauf, dass Sie sich in diesem »Bereich« befinden, noch gibt es Anhaltspunkte dafür, was Sie tun oder wie Sie interagieren können. Ich kann nur hoffen, dass Experten für Barrierefreiheit und audiobasierte Benutzeroberflächen den Retter spielen und uns helfen werden, die heutigen beeindruckenden – aber nach wie vor suboptimalen – Sprachschnittstellen zu verbessern.

Als Produkt- und Dienstleistungsdesigner stehen wir vor der Aufgabe, Probleme zu lösen, und sollten die Anwender nicht vor neue Rätsel stellen. Wir sollten uns bemühen, die Wahrnehmung des virtuellen Raums (was auch immer das sein mag) so gut wie möglich auf unsere Zielgruppe abzustimmen und unsere Angebote so zu gestalten, dass die Nutzer damit so interagieren können, wie sie es bereits mit anderen Dingen oder mit Menschen tun. Geben wir den Parietallappen etwas zu tun!

Weiterführende Literatur

Gallistel, C. R. (1990). *The Organization of Learning.* Cambridge, MA: MIT Press.

Müller, M. & Wehner, R. (1988). »Path Integration in Desert Ants, Cataglyphis Fortis.« *Proceedings of the National Academy of Sciences* 85(14): 5287–5290.

[4]

Erinnerung/Semantik

Details wegabstrahieren

Auch wenn wir es nicht so empfinden – wenn wir eine Szene betrachten oder einer Unterhaltung folgen, lassen wir regelmäßig einen großen Teil der physischen Repräsentation dieser Szene weg. Dadurch erhalten wir eine sehr abstrakte, konzeptionelle Repräsentation des Gegenstands, auf den wir uns konzentrieren. Vielleicht halten Sie sich selbst für einen sehr viel besseren »visuellen Denker«, der wirklich alle Details sieht. Fantastisch! Bitte sagen Sie mir, welche der in der Abbildung 4.1 gezeigten Münzen der echte US-Penny ist.

Abbildung 4.1
Welches ist der echte US-Penny?

Wenn Sie schon einmal in den USA waren, haben Sie einen solchen Penny sicher einige Male gesehen oder sogar in der Hand gehabt. Die Lösung für einen visuellen Denker dürfte also nicht schwer sein! (Sie finden die Antwort für dieses und das folgende Rätsel am Ende des Kapitels.)

Okay, dieser Test könnte unfair scheinen, wenn Sie noch nie in den USA waren oder nur selten Münzgeld nutzen. Nehmen wir deshalb einen Buchstaben, den Sie schon Millionen Mal gesehen haben: das kleine »G«. Welches der folgenden ist das richtige (siehe Abbildung 4.2)?

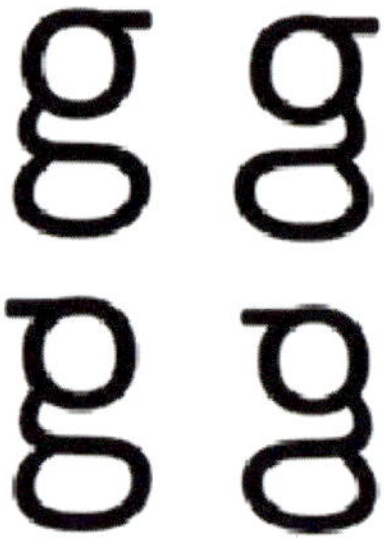

Abbildung 4.2
Welches ist das echte kleine »G«?

Gar nicht so einfach, stimmt's? Wenn wir eine Szene betrachten, haben wir meist das Gefühl, dass wir ein fotografisches Abbild davon im Kopf haben. In weniger als einer Sekunde verwirft Ihr Gehirn die physischen Details jedoch und verlegt sich auf ein stereotypes oder abstraktes Konzept – mitsamt aller Annahmen, die dadurch entstehen.

Denken Sie daran, dass ein Stereotyp nicht unbedingt negativ sein muss. Die aktuelle Definition des Digitalen Wörterbuchs der deutschen Sprache (DWDS) lautet unter anderem: »immer wieder in der gleichen Form (auftretend)«. Es gibt Stereotypen für fast alles: Telefone (Abbildung 4.3), Kaffeebecher, Vögel, Bäume und so weiter.

Wenn wir an diese Objekte denken, ruft unser Gedächtnis bestimmte Schlüsselmerkmale auf. Diese Konzepte ändern sich dauernd (zum Beispiel vom Kabeltelefon zum Smartphone). Nur die älteren Generationen würden die rechte Darstellung des »Telefons« wählen.

Hinsichtlich der kognitiven Ökonomie ist es sinnvoll, dass wir nicht jede Perspektive, Farbe und Licht/Schatten-Verteilung jedes einzelnen Telefons, das wir irgendwann einmal gesehen haben, speichern. Stattdessen kommen wir schnell von einem bestimmten Telefon-Exemplar zu dem

Konzept eines Telefons. Die konzeptionelle Repräsentation füllt die Lücken in unserer Erinnerung zu einem bestimmten Exemplar (zum Beispiel der Rückseite eines Telefons, die wir noch nie gesehen haben).

Abbildung 4.3
Telefonstereotypen

ANMERKUNG

Als Produktdesigner können wir diese Eigenart der menschlichen Kognition zu unserem Vorteil nutzen. Durch die Aktivierung eines abstrakten Konzepts, das sich bereits im Kopf einer Person befindet (zum Beispiel die Schritte, die erforderlich sind, um etwas online zu kaufen), können wir die Erwartungshaltung steuern, den Erwartungen entsprechen und dem Kunden mehr Vertrauen in die Erfahrung vermitteln.

MÜLL-EXPERIMENT

Ich möchte Ihnen ein Experiment vorstellen, das zeigt, wie abstrakt unser Gedächtnis funktionieren kann. Nehmen Sie ein Stück Papier und einen Bleistift und malen Sie ein leeres Rechteck darauf (oder nutzen Sie die leere Fläche in Abbildung 4.4). Nachdem Sie diesen Abschnitt gelesen haben, schauen Sie sich Abbildung 4.5 20 Sekunden lang an (nehmen Sie aber Ihren Bleistift noch nicht zur Hand). Nach den 20 Sekunden halten Sie die Seite zu, sodass Sie das Bild nicht mehr sehen können. Nun nehmen Sie Ihren Bleistift und zeichnen Sie alles, was Sie gesehen haben.

Es muss kein Rembrandt (oder abstrakter Picasso) werden. Es genügt eine schnelle, grobe Skizze der Objekte, die Sie gesehen haben, und der Gesamtszene. Sie dürfen sich dafür zwei Minuten Zeit nehmen.

Abbildung 4.4
Hier zeichnen Sie Ihre Skizze.

Okay, los! Denken Sie daran, 20 Sekunden zum Anschauen (noch nichts zeichnen), dann zwei Minuten zum Skizzieren (nicht spicken!).

Da ich Ihre Zeichnung nicht sehen kann (aber sie ist bestimmt wunderschön!), benoten Sie sie bitte selbst. Betrachten Sie das Originalbild und vergleichen Sie es mit Ihrer Skizze. Haben Sie alle Details gefunden? Zwei Mülleimer, einen Mülleimerdeckel, ein zerknittertes Stück Müll und den Zaun?

Gut! Jetzt gehen wir einen Schritt weiter. Haben Sie bemerkt, dass einer der Mülleimer und der Zaun oben abgeschnitten sind? Oder dass man den unteren Teil der Mülleimer und des Deckels nicht sehen kann? Nein? Das dachte ich mir.

Abbildung 4.5
In einer Gasse fotografiertes Bild

Viele Leute, die dieses oder ein ähnliches Bild sehen, »zoomen raus« und komplettieren es entsprechend ihrer gespeicherten Repräsentation ähnlicher Objekte. In diesem Beispiel tendieren sie dazu, den Zaun so zu zeichnen, dass die oberen Enden spitz zulaufen und dass der Deckel komplett rund ist. Sie skizzieren auch die nicht sichtbaren Teile der beiden Mülltonnen. Das ist in Anbetracht ihrer Annahmen und Stereotypen zu Mülltonnen durchaus sinnvoll, stimmt aber nicht wirklich mit diesem speziellen Bild überein.

Eigentlich wissen wir nicht, was sich wirklich außerhalb des rechteckigen Bildausschnitts befindet. Wir können nicht sicher sagen, dass der Deckel und der Zaun tatsächlich über den Bildrand hinausgehen. Es könnte sogar eine Reihe von Davidsstatuen oben auf dem Zaun sitzen – was wissen wir denn schon (Abbildung 4.6)?

Abbildung 4.6
Haben Sie diese Statuen oben auf die Zaunlatten gezeichnet?
(Quelle: *https://flic.kr/p/4t29M3*)

Unsere natürliche Tendenz, Bilder im Kopf zu vervollständigen, nennt man »Boundary Extension« (Grenzerweiterung), siehe Abbildung 4.7. Unser Sehsystem bereitet sich auf den Rest des Bilds vor, als ob wir durch eine Papprohre oder schmale Türöffnung schauen würden. Diese Grenzerweiterung ist nur ein Beispiel dafür, wie unser Gehirn schnell von einer äußerst konkreten Darstellung zu einer sehr viel abstrakteren und symbolischen Repräsentation gelangt.

Abbildung 4.7
Beispiele für Grenzerweiterungen

Für Produktmanager und Designer ergibt sich daraus vor allem, dass zahlreiche Handlungen viel stärker auf unseren Erwartungen, Stereotypen und Annahmen basieren als auf dem, was wir wirklich sehen, wenn Licht auf den hinteren Teil unserer Retina trifft. Als Produkt- und Dienstleistungsdesigner müssen wir die versteckten Erwartungen und Stereotypen unserer Zielgruppe herausfinden (damit beschäftigen wir uns in Teil II dieses Buchs).

Dienstleistungs-Stereotypen

Wie Sie gesehen haben, arbeitet das menschliche Gedächtnis viel stärker konzeptionell, als wir für gewöhnlich denken. Wenn wir uns an eine Szene erinnern (zum Beispiel bei Zeugenaussagen), vergessen wir oft wahrgenommene Details und greifen auf die Inhalte zurück, die wir in unserem semantischen Gedächtnis gespeichert haben. Das Gleiche gilt für Erfahrungen. Wie oft haben Sie schon ein Elternteil davon erzählen hören, dass sich eines ihrer Kinder vor vielen Jahren ungezogen verhalten hat, und dies fälschlicherweise auf das Kind geschoben hat, das »immer Probleme gemacht hat«, statt auf das »gute Kind«? Ich gehörte glücklicherweise zu den Letzteren und bin dank den Stereotypen in der Erinnerung meiner Mutter besser weggekommen.

Das Mülltonnenbild von vorhin ist ein visuelles Beispiel für Stereotypen, aber diese müssen nicht immer visuell sein. Wir kennen auch Stereotypen dazu, wie bestimmte Dinge funktionieren und wie wir in bestimmten Situationen reagieren. Im folgenden Beispiel geht es vor allem um Sprache, Interaktion und Erfahrungen:

Stellen Sie sich vor, Sie laden einen Kollegen zu einer gemütlichen Happy Hour ein. Er denkt dabei an schickes Dekor, moderne Barhocker, Drinks mit extravaganten Eisstücken und piekfeine, makellos gekleidete Barkeeper. Sie denken jedoch an klebrige Böden, Bier vom Fass und den stets grummeligen Kerl namens »Buddy« in dem immer gleichen alten T-Shirt, der fragt: »Watt wollense?« (siehe Abbildung 4.8).

Abbildung 4.8
Was bedeutet »Happy Hour« für Sie?

Der Begriff »Happy Hour« kann beide Vorstellungen implizieren, aber die Erwartungen, was sich am jeweiligen Ort abspielen wird, sind möglicherweise grundverschieden. Genau wie in der Skizzenübung gelangen wir schnell zu abstrakten Repräsentationen. Wir stellen uns vor, wo wir sitzen, wie wir bezahlen können, wie es riecht, was wir hören, wen wir dort treffen werden, wie wir unsere Getränke bestellen und so weiter.

Beim Produkt- und Dienstleistungsdesign müssen wir wissen, was unsere Kunden mit einem bestimmten Begriff assoziieren. »Happy Hour« ist ein perfektes Beispiel. Wenn eine krasse Kluft zwischen den Erwartungen eines Kunden an ein Produkt oder eine Dienstleistung und unserem Design besteht, stehen wir schnell auf verlorenem Posten, wenn wir die stark verfestigten Erwartungen unserer Zielgruppe ändern möchten.

Mentale Modelle verstehen

Als Produkt- und Dienstleistungsdesigner können wir viel Zeit sparen, wenn wir die richtigen mentalen Modelle kennen und aktivieren können – die psychologische Repräsentation von realen, hypothetischen oder imaginären Situationen. Dieser Bereich wird in der UX-Forschung selten angesprochen, aber dennoch können Sie das Vertrauen Ihrer Zielgruppe stärken und den Bedarf an Handlungsanleitungen reduzieren, wenn Sie die richtigen mentalen Modelle verstehen und aktivieren.

FALLSTUDIE: DAS KONZEPT »WOCHENENDE«

Aufgabe: In einem Projekt für ein Finanzinstitut wollten mein Team und ich von zwei Gruppen von Menschen wissen, wie sie ihr Geld nutzen, verwalten und ansparen, um ihre Lebensziele zu erreichen. Es handelte sich um a) eine Gruppe junger Berufstätiger, meist unverheiratet und ohne Kinder und b) eine etwas ältere Gruppe, die meisten mit kleinen Kindern. Wir fragten sie, was sie an ihren Wochenenden machten. Die Antworten sehen Sie in Abbildung 4.9.

Lösung: Das Wort »Wochenende« rief bei beiden Gruppen deutlich voneinander verschiedene semantische Assoziationen hervor. Ihre Antworten halfen uns zu erkennen, a) was das Wort »Wochenende« für beide Gruppen bedeutete und b) dass die beiden Gruppen sehr unterschiedlich waren, auch in Bezug darauf, was ihnen wichtig war und wie sie ihre Zeit verbrachten. Weitere Untersuchungen ergaben zwischen beiden Gruppen große Unterschiede bei der Definition von »Luxus«. Um Produkte/Dienstleistungen passgenau auf die jeweilige Gruppe zuzuschneiden, müssen wir ihre jeweiligen mentalen Modelle von »Wochenende« im Kopf behalten. Dies könnte einen massiven Einfluss auf die von uns verwendete Sprache und die Bilder haben sowie auf die Emotionen, die wir zu wecken versuchen.

Abbildung 4.9
Wörter, die zur Beschreibung eines Wochenendes benutzt wurden. Für Gruppe a) waren Dinge wie Reisen und Kino wichtig, für Gruppe b) stand vielmehr die Zeit mit der Familie im Vordergrund.

Die Bedeutung der Vielfalt mentaler Modelle

Bisher habe ich erklärt, dass unser Gehirn sehr schnell von bestimmten visuellen Details oder Wörtern abstrakte Konzepte ableitet, dass die Repräsentationen durch solche visuellen Eigenschaften oder Wörter entstehen und sich bei verschiedenen Zielgruppen ganz deutlich unterscheiden. Aber neben diesen Wahrnehmungs- oder semantischen Mustern gibt es noch viele weitere Formen, etwa stereotype Augenmuster und motorische Bewegungen.

Sie haben wahrscheinlich schon erlebt, dass Ihnen jemand ein Telefon oder eine Fernbedienung reichte, die Sie noch nie in der Hand hatten. Sie hörten sich selbst sagen: »Huch! Wo fange ich nur an? Warum funktioniert das Ding nicht? Wie krieg ich es dazu ...? Wo finde ich ...?« Diese Erfahrung ist die Kollision zwischen Ihren stereotypen Augen- und/oder motorischen Bewegungen und der Notwendigkeit, diese Stereotypen zu überwinden.

Hier will ich darauf hinaus, dass Ihre Kunden Erwartungen an die Interaktion mit Ihren Produkten und Dienstleistungen haben. Es macht durchaus Sinn, dass wir so konstruiert sind, denn unter normalen Umständen sind gespeicherte und automatisierte Muster sehr effizient und erlauben uns, unsere Aufmerksamkeit auf andere Aspekte zu richten. Als Produkt- und Dienstleistungsmanager und -designer müssen wir:

- die vielen verschiedenen gespeicherten Konzepte und automatischen Prozesse der Nutzer verstehen und
- Unklarheiten vorausahnen (und ihnen entgegenwirken), wenn wir von diesen mentalen Annahmen abweichen.

Auflösungen der Rätsel

Seite 31: Welches ist der echte US-Penny?

Antwort: Reihe 1, Spalte 4. Wenn Sie danebenlagen: Willkommen im Club. In den meisten Fällen sind die Antworten über die gesamte Abbildung verteilt.

Seite 32: Welches ist das richtige kleine »G«?

Antwort: Das obere linke ist korrekt.

Weiterführende Literatur

Intraub, H. & Richardson, M. (1989). »Wide-Angle Memories of Close-Up Scenes.« *Journal of Experimental Psychology: Learning, Memory, and Cognition* 15(2): 179–187. *http://doi.org/10.1037/0278-7393.15.2.179*

Wong, K., Wadee, F., Ellenblum, G. & McCloskey, M. (2018). »The Devil's in the g-Tails: Deficient Letter-Shape Knowledge and Awareness Despite Massive Visual Experience.« *Journal of Experimental Psychology: Human Perception and Performance* 44(9): 1324–1335. *http://doi.org/10.1037/xhp0000532*

[5]

Sprache: Ich habe es Ihnen doch gesagt

Um mit Voltaire zu sprechen: »Sprache kann man nur schwer in Worte fassen.« Ich werde es trotzdem versuchen. In diesem Kapitel beschäftigen wir uns damit, welche Wörter unsere Zielgruppe verwendet und warum wir unbedingt herausfinden sollten, was diese Wörter über unser Produkt- und Dienstleistungsdesign verraten.

Warten Sie, haben wir das nicht gerade erst gehabt?

Im vorigen Kapitel haben wir uns mit mentalen Repräsentationen beschäftigt. Diese Konzepte sind auch mit sprachlichen Bezügen verbunden. Nicht-Linguisten nehmen häufig an, dass ein Konzept und seine sprachlichen Bezüge ein und dasselbe seien. Das ist aber nicht so. Eigentlich sind Wörter Ketten aus Morphemen/Phonemen/Buchstaben, die mit semantischen Konzepten verbunden sind. Semantik ist das abstrakte Konzept, das mit den Wörtern verbunden ist. Im Deutschen gibt es ohne den kompletten Elementsatz keine Verbindung zwischen den Lauten der Buchstaben und dem Konzept: »Schal« und »Schach« haben vier Buchstaben gemeinsam, aber das bedeutet nicht, dass sie fast dieselbe Bedeutung haben. Es gibt eher eine im Grunde zufällige Assoziation zwischen einer Elementgruppe und ihrer zugrunde liegenden Bedeutungen (siehe Abbildung 5.1).

Außerdem können diese Assoziationen von Person zu Person unterschiedlich sein. Dieses Kapitel konzentriert sich darauf, wie unterschiedliche Teile Ihrer Zielgruppe (zum Beispiel Laien und Experten) verschiedene Wörter gebrauchen oder dass sie das gleiche Wort nutzen, aber mit unterschiedlicher Bedeutung. Deshalb ist es so wichtig, den Wortgebrauch sorgfältig zu untersuchen, wenn Sie ein Produkt- oder Dienstleistungsdesign entwickeln.

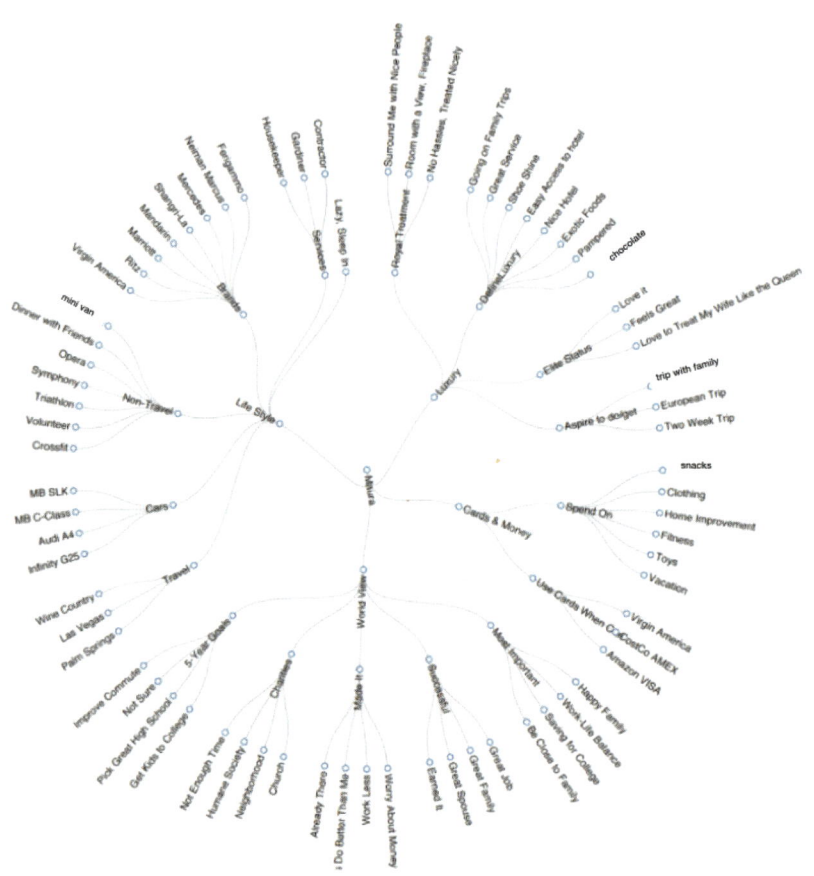

Abbildung 5.1
Semantische Karte

Die Sprache des Gehirns

Als Menschen und Produktdesigner gehen wir davon aus, dass die von uns ausgesprochenen Worte für andere dieselbe Bedeutung wie für uns haben. Das würde vielleicht unser Leben, unsere Beziehungen und Designs viel leichter machen, aber es ist einfach nicht so. Genau wie die abstrakten Erinnerungen aus dem vorigen Kapitel sind Wort-Konzept-Assoziationen für den Einzelnen und vor allem für bestimmte Gruppen viel individueller, als uns vielleicht klar ist. Wir würden uns alle besser verstehen, wenn wir uns darauf konzentrieren würden, was jeden von uns einzigartig und besonders macht.

Da die meisten Verbraucher das nicht erkennen, sondern davon ausgehen, dass »Worte Worte sind« und nur die ihnen bekannte Bedeutung haben, sind sie manchmal verwirrt – und verlieren das Vertrauen –, wenn für Produkte oder Dienstleistungen unerwartete Wörter oder Wörter mit unerwarteter Bedeutung verwendet werden. Das kann von formloser Ansprache (»Hey, Leute!«) bis hin zu Fachausdrücken wie »apraktische Dysphasie« gehen.

Wenn ich zu Ihnen zum Beispiel sagen würde »strengen Sie Ihre Birne an«, könnten Sie den Ratschlag annehmen, sich stärker zu konzentrieren – oder Sie könnten beleidigt sein. Wenn Sie wie ich aus den kognitiven Wissenschaften stammen, würden Sie den Informationsgehalt des Wortes »Birne« als schändlich ungenau empfinden. Wenn Sie nicht zu diesem Personenkreis gehören und ich Sie stattdessen auffordern würde, »Ihren dorsolateralen präfrontalen Cortex« zu nutzen, könnten Sie das verwirrend (»Ist das überhaupt Deutsch?«), bedeutungslos oder beunruhigend finden (»Kann ich mir das auf einer öffentlichen Toilette holen?«). Auf jeden Fall setze ich Ihr Vertrauen aufs Spiel, wenn ich von dem Wortschatz abweiche, den Sie erwarten (siehe Tabelle 5.1 für mehr Beispiele).

LAIE	NEUROPSYCHOLOGE
Schlaganfall	Apoplektischer Insult
Mini-Schlaganfall	Transiente ischämische Attacke
Gehirngegend im Vorderkopf	Anteriorer cingulärer Cortex

Tabelle 5.1
Die von uns verwendeten Begriffe können unseren Kenntnisstand zeigen.

Die gleiche Herausforderung gilt für das Verfassen von Kurznachrichten (siehe Tabelle 5.2). Haben Sie schon einmal eine Nachricht bekommen, in der »BTW« oder »LOL« stand, und sich gefragt, was das bedeutet? Oder vielleicht haben Sie selbst so eine Nachricht verschickt und eine irritierte Antwort von einer älteren Person erhalten. Unterschiede in Kultur, Alter und geografischer Verortung sind nur ein paar der Faktoren, die die Bedeutung von Wörtern oder sogar die Existenz von bestimmten Einträgen in unserem mentalen »Lexikon« beeinflussen.

ABKÜRZUNG	ERKLÄRUNG
BTW (By The Way)	Übrigens
LOL (Laughing Out Loud)	Das ist lustig
OMG	Oh mein Gott

Tabelle 5.2
Geläufige Abkürzungen beim Schreiben von Kurznachrichten

»Was wir hier haben, ist ein Kommunikationsproblem«

B2C-Kommunikationsprobleme entstehen oft, weil zu viel Fachjargon benutzt wird, der die Kunden verwirrt. Sie verlieren das Vertrauen in das Unternehmen und beenden die Geschäftsbeziehung. Haben Sie schon einmal unverständliche Fehlermeldungen auf Ihrem Laptop erhalten? Oder waren Sie frustriert, weil ein Online-Registrierungsformular Sie zu Eingaben aufforderte, von denen Sie noch nie gehört hatten?

Diese mangelhafte Kommunikation resultiert in der Regel aus einer geschäftszentrierten Perspektive, die zu einem übertriebenen Fachjargon oder einer manchmal zu enthusiastischen Markenstrategie führt. Das Ergebnis ist eine kryptische Ausdrucksweise.

Damit Sie Ihre Kunden erreichen, müssen Sie den Wissensstand Ihrer Zielgruppe kennen und ihn von Ihrem Insiderwissen abgrenzen. Bieten Sie Produkte an, die für diesen Kenntnisstand von Bedeutung sind.

> **ANMERKUNG**
>
> Ist Ihnen mein Bezug auf den Film *Der Unbeugsame* in der Überschrift aufgefallen? Dies hängt wahrscheinlich davon ab, wie gut Sie die Filme mit Paul Newman aus den 1960er-Jahren kennen, von Ihrem Alter oder Ihrer kulturellen Prägung. Wenn ich versuchen würde, Millennials in einer cleveren Marketingkampagne zu erreichen, würde ich wahrscheinlich kein Zitat aus diesem Film verwenden, sondern aus *Matrix*.

Wörter richtig verwenden

Die von den Benutzern verwendeten Wörter können einiges über ihren Wissensstand aussagen. Wenn ich mit einem Versicherungsmakler spreche, könnte er mich etwa fragen, ob ich eine BAP wünsche. Für den Makler ist das ein völlig normales Wort, während ich vielleicht keine Ahnung habe, was eine BAP ist (die Kurzform für eine Beitragsanpassung).

Im Lauf der Zeit erwerben Menschen wie dieser Versicherungsvertreter Fachwissen und machen sich mit den entsprechenden Fachbegriffen vertraut. Ihre Sprache deutet auf ihr Expertenwissen hin. Um sie (oder einen beliebigen anderen potenziellen Kunden) zu erreichen, müssen wir herausfinden,

- welche Wörter die Nutzer wählen und
- welche Bedeutung diese Wörter haben.

Als Produktmanager und -designer müssen wir sicherstellen, dass wir Wörter verwenden, von denen sich unsere Zielgruppe angesprochen fühlt, die also weder über noch unter ihrem Kenntnisstand liegen. Wenn wir mit einer Gruppe Orthopädietechniker sprechen, drücken wir uns völlig anders aus, als wenn wir uns mit Grundschülern unterhalten. Würden wir versuchen, mit den Kindern nicht in Laiensprache, sondern in der komplizierten Fachsprache zu kommunizieren, würden wir diese Zielgruppe wahrscheinlich verwirren und einschüchtern und möglicherweise auch ihr Vertrauen verlieren.

Vielleicht aus diesem Grund bietet die Website *Cancer.gov* für jede Krebsart zwei Definitionen: die Version für Angehörige der Gesundheitsberufe und die Patientenversion. Sie kennen die Redensart »Sie sprechen meine Sprache.« Genau wie *Cancer.gov* sollten Sie sicherstellen, dass alle Nutzer die gleiche positive Erfahrung machen, wenn sie sich mit Ihren Produkten oder Dienstleistungen beschäftigen – egal ob es sich um Experten oder Neulinge handelt. Diese positive Nutzererfahrung basiert auf gegenseitigem Verständnis und führt zu einer vertrauensvollen Beziehung.

Bei Produkten und Dienstleistungen mit globaler Reichweite stellt sich auch die Frage nach der Genauigkeit der Übersetzung und der Lokalisierung von Begriffen (zum Beispiel ist die »Abdankung« in der folgenden Anmerkung für die Schweizer eine »Trauerfeier«). Wir müssen sicherstellen, dass die für die einzelnen Standorte verwendeten Wörter nach der Übersetzung die gewünschte Bedeutung haben.

ANMERKUNG

Wie viele dieser schweizerischen Begriffe kennen Sie?

Abdankung, Abwart, Sonnerie, Brockenhaus, Grosskind, Rüfe, Tätschmeister

Ich höre genau zu

Erinnern Sie sich an das Beispiel im vorigen Kapitel, in dem mein Team junge Berufstätige und Eltern kleiner Kinder befragte, um die zugrunde liegenden semantischen Repräsentationen unserer Zielgruppe zu ermitteln? Ich kann die Wichtigkeit von Interviews und ihrer Transkripte für die Analyse Ihrer Zielgruppe nicht genug betonen. Wenn wir etwa die Frage »Was wird Ihrer Meinung nach passieren, wenn Sie ein Auto kaufen?« stellen, müssen wir festhalten, welche Begriffe genau verwendet werden (und nicht nur unsere Interpretation der Aussagen). Wenn Sie Autos verkaufen, wird das Studium solcher Transkripte häufig zeigen, dass sich der Wortgebrauch Ihrer Kunden deutlich von Ihrem eigenen unterscheidet.

Wenn Sie sich die exakten Wörter der Zielgruppe anhören, können Sie herausfinden, welche Begriffe Ihre Kunden normalerweise nutzen und auf welchen Kenntnisstand diese hindeuten. Letztendlich erfahren Sie dadurch, was die Zielgruppe erwartet. Das hilft UX-Designern, sich der Erwartung ihrer Zielgruppe entweder anzunähern oder diese darauf vorzubereiten, dass der Vorgang von ihren Erwartungen abweichen könnte.

Die Quintessenz ist ziemlich einfach, oder zumindest klingt sie einfach: Sobald wir den Kenntnisstand der Nutzer kennen, können wir Produkte und Dienstleistungen mit der Komplexität und Terminologie entwickeln, die für die Zielgruppe am besten funktioniert. Das baut Vertrauen auf und führt zu gegenseitigem Verständnis – und schlussendlich zu glücklichen, treuen Kunden.

[6]

Entscheidungsfindung und Problemlösung – Auftritt Bewusstsein

Die meisten bisher vorgestellten Prozesse wie Aufmerksamkeitsverschiebung und die Verknüpfung von Wörtern mit ihrer Bedeutung finden automatisch statt, selbst wenn das Bewusstsein mitspielt. Dieses Kapitel konzentriert sich hingegen auf den sehr absichtlichen und bewussten Prozess der Entscheidungsfindung und Problemlösung. Im Vergleich zu anderen Vorgängen sind Sie sich dieses Prozesses am ehesten bewusst und können ihn kontrollieren. Während Sie dies lesen, sind Sie sich darüber im Klaren, dass Sie über das Denken und die Entscheidungsfindung nachdenken.

In diesem Kapitel beschäftigen wir uns damit, wie wir als Entscheidungsträger definieren, wo wir uns im Moment befinden, welchen Zielzustand wir anstreben und wie wir Entscheidungen treffen, die uns dem gewünschten Ziel näherbringen. Designer denken selten in solchen Begriffen, aber ich hoffe, das sich dies ändern wird.

> **ANMERKUNG**
>
> Es gibt etliche großartige Bücher und Artikel darüber, inwiefern wir Menschen bei unseren Entscheidungen von der hundertprozentigen Rationalität abweichen – Amos Tversky und Daniel Kahneman wurde für ihre Forschung darüber der Nobelpreis verliehen. Im nächsten Kapitel untersuchen wir Emotionen und welche Rolle sie bei der Entscheidungsfindung spielen. Hier konzentrieren wir uns jedoch auf den Entscheidungsprozess selbst.

Wo ist das Problem (Definition)?

Wenn Sie Probleme lösen und Entscheidungen treffen wollen, müssen Sie eine Reihe von Fragen beantworten. Die erste lautet: »Wo ist das Problem?« Damit meine ich: Welches Problem versuchen Sie zu lösen? Wo stehen Sie jetzt (Ist-Zustand) und wohin möchten Sie gelangen (Ziel-Zustand)?

Nehmen Sie zum Beispiel die »Escape Room« Games: Abenteuerspiele, in denen man eine Reihe von Rätseln lösen muss, um so schnell wie möglich aus einem Raum hinauszugelangen (Abbildung 6.1). Zwar besteht das eigentliche Ziel darin, die Tür aufzuschließen, es gibt jedoch Zwischenziele, die zuvor erreicht werden müssen (zum Beispiel den Schlüssel finden), damit das Endziel erreicht werden kann. Vielleicht müssen Sie ein verschlossenes Glasschränkchen öffnen, in dem sich offensichtlich der Schlüssel befindet, Hinweise finden, wie man das Schränkchen öffnen kann und so weiter (das habe ich mir ausgedacht, ich verrate hier nichts!).

Abbildung 6.1
Spieler suchen im »Escape Room« nach Hinweisen

Schach ist ein anderes Beispiel dafür, dass innerhalb eines größeren Ziels zuerst Zwischenziele erreicht werden müssen. Das eigentliche Ziel ist das Schachmattsetzen des gegnerischen Königs. Im Spielverlauf jedoch müssen Sie Zwischenziele planen, die beim Erreichen des Endziels helfen. Der gegnerische König wird von seiner Dame und einem Läufer beschützt, also könnte ein Zwischenziel darin bestehen, den Läufer auszuschalten. Dazu könnte man den eigenen Läufer nehmen, was ein weiteres Zwischenziel erforderlich machen würde: einen Bauern aus dem Weg zu räumen, um den Läufer freizusetzen. Die gegnerischen Züge machen dann zusätzlich neue Zwischenziele nötig – zum Beispiel die Königin von einer gefährdeten Stelle zu entfernen oder einen Bauern über das Spielfeld zu ziehen. In jedem dieser Fälle sind Zwischenziele notwendig, um das erwünschte Endziel zu erreichen.

Wie können Probleme anders dargestellt werden?

Im vorigen Kapitel haben wir uns mit Experten, Laien und dem spezifischen Wortschatz der beiden Gruppen beschäftigt. Auch bei der Entscheidungsfindung ist die Herangehensweise oder das »Framing« von Experten und Laien oft deutlich unterschiedlich.

Gehen wir zum Beispiel einmal davon aus, dass Sie ein Haus kaufen möchten. Ein Erstkäufer überlegt vielleicht: »Wie viel Geld müssen wir dem Hausbesitzer bieten, damit er auf das Geschäft eingeht?« Experten denken wahrscheinlich an andere Punkte: Kann der Kunde einen Kredit aufnehmen? Wie hoch ist sein Kreditlimit? Gab es vorher Probleme mit einem Kredit? Hat der Kunde das nötige Geld für eine Anzahlung? Wird dieses Haus einem Gutachten standhalten? Welche Reparaturen werden nötig sein, bevor der Kunde das Geschäft akzeptiert? Will der Besitzer wirklich verkaufen? Ist die Immobilie frei von Pfandrechten oder anderen Interessen?

Während der Neuling also nur das Problem sieht, den Verkäufer davon zu überzeugen, ihm das Haus zu einem bestimmten Preis zu verkaufen, denkt der Experte auch an viele andere Dinge (zum Beispiel einen »sauberen« Grundbuchtitel, Gebäudeinspektion, Kreditwürdigkeit und so weiter). Aus diesen verschiedenen Perspektiven stellt sich das Problem ganz unterschiedlich dar, und auch die Entscheidungen und Handlungen beider Gruppen unterscheiden sich wahrscheinlich ebenfalls deutlich.

In vielen Fällen erkennen Neulinge (etwa beim Haus- oder Autokauf) nicht das Problem, das wirklich gelöst werden muss, da sie die Komplexität der Sache und die notwendigen Entscheidungen nicht kennen. Das Problem könnte auf sie einfacher wirken, als es in Wirklichkeit ist.

Deshalb müssen wir als Produktdesigner zuerst verstehen, wie unsere Kunden das zu lösende Problem definieren. Wir müssen sie dort abholen und ihnen im Lauf der Zeit den Weg zu ihrem wirklichen (und wahrscheinlich komplexeren) Problem weisen. Man spricht auch von der Neuformulierung des Problemraums.

> **ANMERKUNG**
>
> »Framing« und Problemdefinition sind zwei ganz unterschiedliche Dinge, aber beide passen in diesen Abschnitt. Um den Online-Verkauf eines Produkts zu verbessern, können Sie es zwischen einem höher- und einem niederpreisigen Artikel platzieren. Dies ist ein Beispiel für erfolgreiches Framing des Produktpreises (siehe Abbildung 6.2). Dem Nutzer wird nicht mehr einfach ein Mixer für 350 Dollar gezeigt. Er erkennt ihn vielmehr als Mittelklasseoption, nicht zu billig, aber auch nicht gleich 450 Dollar. Achten Sie als Verbraucher darauf, dass die Kunst der Preisgestaltung Ihre Entscheidungsfähigkeit beeinflussen kann. Und als Designer sollten Sie sich der Kraft des Deutungsrahmens bewusst sein.

◀ 1 of 2 ▶   ◀ 1 of 3 ▶   ◀ 1 of 5 ▶

Breville Fresh & Furious Blender   Breville Q Blender   Breville Super Q Blender

Sugg. Price $299.95   Sugg. Price $549.95   Sugg. Price $799.95
Our Price $199.95   Our Price $349.95   Our Price $499.95

Abbildung 6.2
Mixer von Williams Sonoma

DAS PROBLEM DES UNVOLLSTÄNDIGEN SCHACHBRETTS

Ein hilfreiches Beispiel für die Neudefinition eines Problemraums ist das sogenannte »unvollständige Schachbrett« der Psychologen Craig Kaplan und Herbert Simon. Folgende Basisvorgabe: Stellen Sie sich ein normales Schachbrett vor, allerdings wurden die beiden gegenüberliegenden schwarzen Eckfelder des Schachbretts entfernt, sodass es nur noch 62 statt 64 Felder hat. Außerdem haben Sie einen Haufen Dominosteine, die je zwei Felder bedecken sollen (siehe Abbildung 6.3).

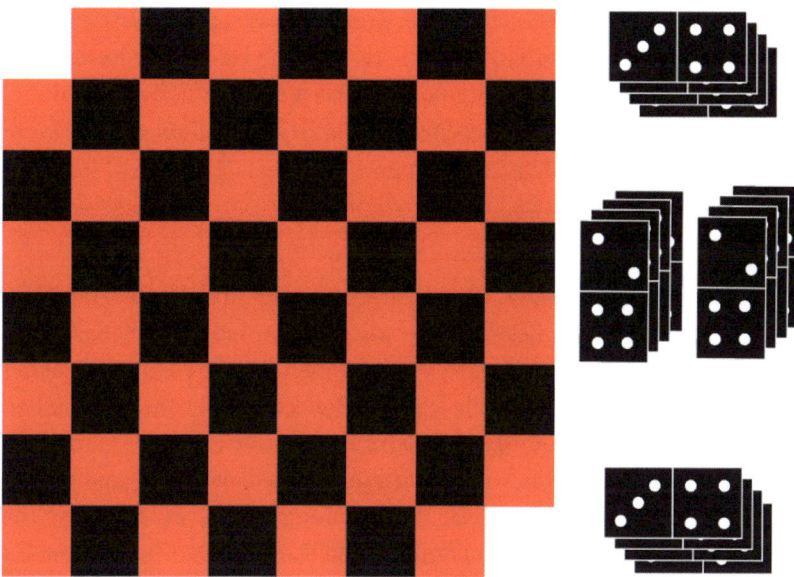

Abbildung 6.3
Unvollständiges Schachbrett

Ihre Aufgabe: Verteilen Sie 31 Dominosteine so auf dem Schachbrett, dass jeder Dominostein auf je einem roten/weißen und einem schwarzen Feld liegt (nicht diagonal).

Navigation im Problemraum: Wenn Sie jemanden mit diesem Problem konfrontieren, wird er sicher direkt damit beginnen, Dominosteine auf das Schachbrett zu legen. Gegen Ende dieses Vorgangs bleibt er unweigerlich stecken und wiederholt die Aktion (wenn Sie in der Lage sind, das Problem zu lösen, ohne einen Dominostein zu zersägen, schicken Sie mir unbedingt die Lösung!).

Die Herausforderung der Problemdefinition: Das gestellte Problem ist so nicht lösbar. Wenn jeder Dominostein auf einem hellen und einem dunklen Feld liegen muss und es nicht mehr die gleiche Anzahl heller und dunkler Felder gibt (da wir zwei dunkle, aber keine hellen Felder entfernt haben), kann das Problem nicht gelöst werden. Für den Neuling besteht die Definition des Problems und die Navigation im Problemraum darin, alle Dominosteine aufzulegen und zu versuchen, die Aufgabe zu lösen. Jedes Mal, wenn er einen Dominostein hinlegt, glaubt er, dem Endziel näher zu kommen. Wahrscheinlich hat er sich ausgerechnet, dass bei 62 Feldern und 31 Dominosteinen die Rechnung aufgehen müsste, wenn jeder Dominostein zwei Felder bedeckt. Ein Experte sieht jedoch sofort, dass dieselbe Anzahl an roten und schwarzen Feldern nötig wäre, damit es funktionieren kann, und wird nicht einmal damit anfangen, die Dominosteine auf das Schachbrett zu legen.

Den Königsweg zur Problemlösung finden

Ich habe die Navigation im Problemraum vom Anfangs- bis zum Zielstatus erwähnt. Damit beschäftigen wir uns nun näher. Zunächst ist es durchaus wichtig, dass Sie als Produkt- oder Dienstleistungsdesigner keine Vermutungen anstellen, wie der Problemraum für Ihre Kunden aussieht. Als Experten dieses Problemraums wissen wir über alle Möglichkeiten Bescheid, wie wir uns darin bewegen können, und häufig scheint es offensichtlich, welche Entscheidungen nötig sind und welche Aufgaben erledigt werden müssen. Das gleiche Problem kann sich für unsere (weniger fachkundige) Zielgruppe völlig anders darstellen.

Bei Spielen wie Schach sind die möglichen Züge allen Spielern bekannt, wenn auch nicht deren Konsequenzen. In anderen Bereichen, wie der Gesundheitsversorgung, sind diese Schritte nicht immer so klar. Als Designer solcher Prozesse müssen wir lernen, was unsere Kunden als ihren Königsweg betrachten. Welcher Weg bringt sie ihrer Ansicht nach vom Anfangsstatus zum Ziel? Welche Entscheidung, die sie treffen müssen, ist ihrer Ansicht nach die wichtigste? Der Weg, den sie im Kopf haben, könnte ganz anders aussehen als derjenige, den sich ein Experte vorstellt oder der überhaupt möglich ist. Wenn wir jedoch die Perspektive der Zielgruppe kennen, können wir Produkte oder Dienstleistungen ausarbeiten, die die mentalen Modelle der Einsteiger nach und nach weiterentwickeln, sodass diese bessere Entscheidungen treffen und erkennen können, was als Nächstes kommen könnte.

Wenn Sie unterwegs stecken bleiben: Zwischenziele

Wir haben uns mit der Problemdefinition für unsere Nutzer beschäftigt, aber was ist, wenn sie stecken bleiben? Wie können sie solche Blockaden überwinden? Viele Nutzer kennen ihr Endziel, die Zwischenziele – und die dafür nötigen Schritte, Optionen und Möglichkeiten – hingegen nicht. Hier können wir Produkt- und Dienstleistungsdesigner ihnen helfen.

Eine Möglichkeit, Blockaden zu umgehen, besteht in Zwischenzielen, wie im Escape-Room-Beispiel. Sie haben erkannt, dass Sie einen bestimmten Schlüssel brauchen, um die Tür zu öffnen. Sie sehen, dass sich der Schlüssel in einem Glasschrank mit einem Vorhängeschloss davor befindet. Ihr neues Zwischenziel besteht im Öffnen des Vorhängeschlosses (um das Schränkchen zu öffnen, an den Schlüssel zu kommen und die Tür zu öffnen).

Wir können uns diese Zwischenziele auch als Fragen denken, die der Nutzer beantworten muss. Um ein Auto zu leasen, muss der Kunde viele Teilfragen beantworten (Wie alt sind Sie? Haben Sie Kredite laufen? Können Sie die monatlichen Zahlungen leisten?). Erst dann kann die eigentliche Frage (Kann ich dieses Auto leasen?) beantwortet werden. Im Dienstleistungsdesign sollten Sie allen potenziellen Zwischenzielen und Unterfragen Ihrer Nutzer Rechnung tragen, um sie darauf vorzubereiten, was sie von uns bekommen können. Wichtig ist eine logische Abfolge dieser Mikrofragen.

Letztendlich müssen Sie als Produkt- oder Dienstleistungsdesigner Folgendes wissen:

- Welche konkreten Schritte führen zur Lösung eines Problems oder zur Entscheidungsfindung?
- Was halten die Kunden für das Problem oder die Entscheidung und wie können sie diese ihrer Meinung nach treffen?
- Welche Zwischenziele könnten Ihre Kunden ansteuern, um die Blockaden zu umgehen?

- Wie können Sie der Zielgruppe helfen, von der Denkweise eines Neulings zu der eines Experten in diesem Bereich zu gelangen (indem sich ihr Blick auf den Problemraum und die Zwischenziele ändert)?

Nachdem wir die Entscheidungsfindung und Problemlösung auf einer logischen, rationalen Ebene betrachtet haben (»Macht das Sinn?«), beschäftigen wir uns im nächsten Kapitel damit, dass Emotionen und Entscheidungsfindung grundsätzlich miteinander in Verbindung stehen.

Weiterführende Literatur

Ariely, D. (2015). *Denken hilft zwar, nützt aber nichts: Warum wir immer wieder unvernünftige Entscheidungen treffen.* München: Droemer TB.

Pink, D. H. (2019). *Drive: Was Sie wirklich motiviert.* Salzburg: Ecowin Verlag.

Thaler, R., & Sunstein, C. (2008). *Nudge: Wie man kluge Entscheidungen anstößt.* Berlin: Ullstein.

[7]

Emotion und logische Entscheidungsfindung

Bisher haben wir so getan, als würden alle Menschen völlig rational handeln und grundsätzlich fundierte Entscheidungen treffen. Zwar bin ich sicher, dass das in Ihrem Fall (nicht!) zutrifft, doch die meisten von uns weichen immer wieder systematisch von der Logik ab und nehmen oft mentale Abkürzungen. Wenn wir überfordert sind, treffen wir keine sorgfältigen Entscheidungen, sondern setzen auf Heuristik und wählen schließlich eine einfache Option, die ungefähr richtig erscheint.

Als Produktdesigner sollten Sie alle Emotionen berücksichtigen, die für das Produkt- und Dienstleistungsdesign entscheidend sind. Dazu gehören alle Emotionen und emotionalen Qualitäten, die beim Kunden durch die Erfahrung unserer Produkte und Dienstleistungen hervorgerufen werden (siehe Abbildung 7.1). Es bedeutet aber auch, dass Sie bis zu den zugrunde liegenden und tief verwurzelten Zielen und Wünschen des Kunden vordringen müssen (denen Sie hoffentlich mit Ihrem Produkt oder Ihrer Dienstleistung entsprechen können) sowie zu seinen größten Ängsten (die Sie eventuell einplanen müssen, wenn sie bei der Entscheidungsfindung eine Rolle spielen).

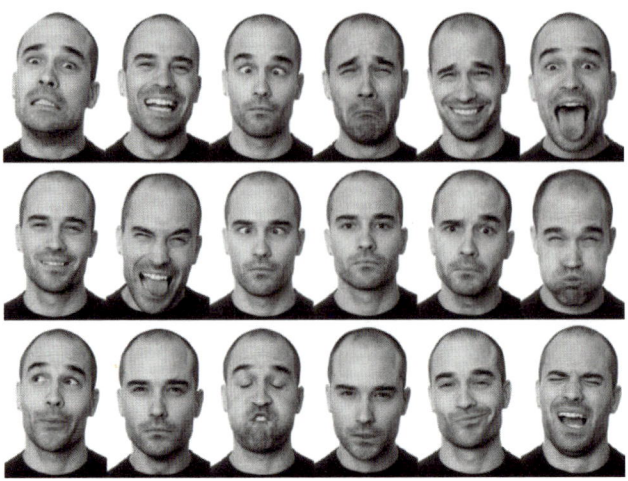

Abbildung 7.1
Darstellung von Emotionen

Zu viele Informationen, die mein Gehirn blockieren! Zu viele Informationen, die mich durcheinanderbringen!

Ich erwähnte bereits Daniel Kahneman im Zusammenhang mit seiner Arbeit über Aufmerksamkeit und mentale Anstrengung (*Schnelles Denken, langsames Denken*). Er zeigt zum Beispiel, dass Sie alleine in einem stillen Raum normalerweise ganz logische Entscheidungen treffen können. Versuchen Sie jedoch, dieselbe Entscheidung mitten in einer New Yorker U-Bahnstation zur Stoßzeit zu treffen, wobei irgendwo jemand herumschreit und Ihr Kind Sie am Arm zerrt, können Sie einfach keine so gute Entscheidung treffen. Ihre gesamte Konzentration und Ihr Arbeitsgedächtnis sind mit anderen Dingen beschäftigt.

Herbert Simon prägte in diesem Zusammenhang den Begriff »Satisficing« (im Deutschen auch Satisfizierung oder Anspruchserfüllung): Eine verfügbare (leicht abrufbare) Option wird nicht unbedingt als die ideale Entscheidung oder Wahl angesehen, sondern ist vielleicht angesichts der begrenzten kognitiven Ressourcen, die zu diesem Zeitpunkt für die Entscheidungsfindung zur Verfügung standen, einfach zufriedenstellend. In Situationen geistiger Überforderung, sei es aufgrund von Überreizung oder Emotionen, verlassen Sie sich oft auf Ihr Bauchgefühl – ein schnelles, intuitives Assoziieren oder Urteilen. Das macht Sinn, oder?

Allein die Tatsache, dass Ihre Wahrnehmung überfordert ist, kann Ihre Entscheidungsfindung dramatisch beeinflussen. Wenn ich Sie zum Beispiel frage, was 17 minus 9 ergibt, werden Sie wahrscheinlich ziemlich schnell auf die richtige Lösung kommen. Nehmen wir hingegen an, ich fordere Sie auf, sich die Buchstaben A-K-G-M-T-L-S-H in dieser Reihenfolge zu merken und bereit zu sein, sie zu wiederholen. Während Sie versuchen, die Buchstabenfolge im Kopf zu behalten, bitte ich Sie, 8 von 17 zu subtrahieren. Nun werden Sie wahrscheinlich die gleichen Rechenfehler machen wie Menschen, die an einer Mathephobie leiden. Bei diesen können die Ängste vor dem Umgang mit Zahlen das Arbeitsgedächtnis auslasten, die Fähigkeit beeinträchtigen, rationale Entscheidungen zu treffen, und sie zwingen, auf Strategien wie die Satisfizierung zurückzugreifen.

Manche Unternehmen beherrschen die dunkle Kunst, die Verbraucher zu suboptimalen Entscheidungen zu bewegen. Deshalb werden Sie in Casinos mit Licht und Musik und Getränken überschwemmt, finden aber nirgendwo Uhren und andere Zeitmesser – damit Sie weiterspielen. Deshalb lassen Autoverkäufer Sie oft eine Weile warten (»Lassen Sie mich mit meinem Chef sprechen und sehen, was ich tun kann«) und bitten Sie dann, eine schnelle Entscheidung zu treffen, durch die Sie entweder das Auto oder gar nichts bekommen. Wann hat ein Autoverkäufer Sie das letzte Mal gebeten, nach Hause zu gehen und vor der Vertragsunterzeichnung noch einmal darüber zu schlafen? Genau das sollten Sie aber tun, um sicherzugehen, dass der emotionale Inhalt Ihre Entscheidungsfindung nicht beeinträchtigt.

Ich bin nicht Spock

Nun könnte man meinen, dass Menschen, die sich beruflich mit der Entscheidungsfindung beschäftigen, zum Beispiel Psychologen und Verhaltensforscher, eher logische, rationale Entscheidungen treffen, etwa wie Captain Kirks stoisches Gegenstück Spock. Wie bei anderen Menschen stehen jedoch auch unsere rationalen Systeme im Wettstreit mit unseren Gefühlen und Emotionen, wenn wir Entscheidungen treffen. Hinter der Großhirnrinde liegen primitivere Zentren, die den Impuls auslösen, unserer emotionalen Reaktion zu folgen und die Logik zu ignorieren.

Frühe Kognitionspsychologen betrachteten die Entscheidungsfindung auf einfache Weise und konzentrierten sich auf alle Erfahrungsebenen, die wir bisher betrachtet haben – etwa Wahrnehmung, Semantik und

Problemlösung. Aber sie übersahen eine entscheidende Sache: die Emotionen. In seinem 1996 erschienenen Buch *The Emotional Brain* argumentierte Joseph LeDoux, dass die traditionelle Kognitionspsychologie eine unrealistische Vereinfachung darstellt. Es gibt so viele Varianten, von der Logik abzuweichen, und so viele Möglichkeiten, wie unser instinktives Reptiliengehirn unsere Entscheidungsfindung beeinflusst. Dan Ariely zeigt mehrere davon in seinem Buch *Denken hilft zwar, nützt aber nichts: Warum wir immer wieder unvernünftige Entscheidungen treffen.*

Zum Beispiel ist klar belegt, dass wir Menschen Verluste mehr hassen, als wir Gewinne lieben. »Die Menschen neigen dazu, im Gewinnbereich risikoscheu zu sein und im Verlustbereich risikofreudig«, schreibt Ariely. Weil wir beim Verlieren mehr Schmerz empfinden als Freude beim Gewinnen, handeln wir bei wirtschaftlichen und anderen Entscheidungen nicht rational.

Um dies intuitiv zu erfassen, ziehen wir den Vergleich mit einer Lotterie. Wahrscheinlich werden Sie kein 1-Euro-Los mit einem möglichen Gewinn von 2 Euro kaufen. Sie wollen die Chance haben, mit diesem einen Los 10.000 oder 100.000 Euro zu gewinnen. Sie stellen sich vor, wie es wäre, so viel Geld zu haben (eine sehr emotionale Reaktion). Genauso kann die Vorstellung, 1 Euro zu verlieren und nichts zu gewinnen, ein Verlustgefühl hervorrufen.

Unsere Irrationalität ist jedoch vorhersehbar, wie Ariely aufzeigt. Er ist der Ansicht, dass wir konsequent von dem logisch Sinnvollen abweichen. Laut Ariely »zahlen wir immer wieder zu viel, unterschätzen und verzögern. Doch diese fehlgeleiteten Verhaltensweisen sind weder zufällig noch sinnlos. Sie sind konsequent und kalkulierbar, und dadurch werden wir kalkulierbar irrational.«

Der Wettstreit um die bewusste Aufmerksamkeit

Manchmal überfordert Ihre Umgebung Ihr Gehirn, wie beim U-Bahn-Beispiel. Manchmal wird es durch Emotionen überwältigt.

In diesen Themenkreis ist bereits so viel Forschungsarbeit geflossen, dass es nicht möglich ist, in diesem Buch all die systematischen Abweichungen von der Logik aufzuzeigen. Der Kernpunkt ist jedoch, dass wir unter optimalen Bedingungen (kein Zeitdruck, ruhiger Raum, Zeit zum Konzentrieren, kein zusätzlicher Stress) zwar großartige und logische

Entscheidungen treffen können, uns in der realen Welt jedoch oft die Möglichkeit fehlt, uns ausreichend zu konzentrieren, um logische Entscheidungen zu fällen. Stattdessen beschränken wir uns auf Satisfizierung – wir treffen Entscheidungen im Schnellverfahren. Ein Beispiel für ein Verfahren, das wir anstelle von sorgfältigem Nachdenken anwenden: »Wenn ich mir ein prototypisches Beispiel vorstelle – entspricht dieses Ideal vor meinem geistigen Auge einer der gebotenen Auswahlmöglichkeiten?«

Stellen Sie sich vor, Sie befinden sich in einem Autohaus in einer Preisverhandlung. Ihre beiden Kinder waren während der Probefahrt total artig, aber jetzt werden sie unruhig und Ihre Befürchtungen, dass sie vom Stuhl fallen oder etwas umwerfen könnten, verstärken sich immer mehr. Sie sind hungrig und müde. Der Verkäufer bleibt ewig lang weg und kehrt schließlich mit einem umfangreichen Angebot zurück. Sie sollen Entscheidungen über Prozentsätze, Kreditzinsen, Optionen, Schadensabsicherung, Dienstleistungen, Versicherungen und vieles mehr fällen. Während er Ihnen das Angebot erklärt, passiert es: Eines der Kinder fällt hin, weint und streckt seine Arme nach Ihnen aus. Sie halten den herumzappelnden Körper fest und versuchen, dem Verkäufer zu folgen, aber Sie haben einfach keine Ressourcen mehr, um dem aktuellen Problem genug Aufmerksamkeit zu schenken (festzustellen, ob dies ein faires Geschäft ist und welche Optionen Sie wählen möchten). Stattdessen stellen Sie sich vor, Sie fahren auf der Landstraße mit offenem Schiebedach dahin (weit weg von Autohaus und Familie) – und diese emotionale Seite gewinnt die Oberhand.

Als Produktdesigner müssen wir einerseits das Bedürfnis des rationalen, bewussten mentalen Anteils des Kunden verstehen (Daten, um gute, logische Entscheidungen zu treffen). Andererseits müssen wir auch die zugrunde liegenden emotionalen Triebfedern für die Entscheidungsfindung kennen. Mir geht es darum, dass Sie Ihrer Zielgruppe die benötigten Informationen zur Verfügung stellen und sie bei Suche nach der besten Entscheidung unterstützen können, statt sie zu überrumpeln und zu verwirren, sodass sie eine rein emotionale Entscheidung treffen müssen. Sowohl rationale als auch emotionale Reaktionen sind für alle unsere Entscheidungen wichtig. Deshalb raten Nicht-Verkäufer Ihnen oft, »noch mal darüber zu schlafen«, wenn Sie eine Wahl treffen müssen, und geben Ihnen die benötigte Zeit für eine fundierte, weniger emotionale Entscheidung.

All diese Emotionen strömen unbewusst auf Sie ein. Wenn Sie von Gefühlen überflutet werden, stehen Ihnen wie beim U-Bahn-Beispiel nur kleinere Gehirnanteile zur Verfügung, um gute Entscheidungen zu treffen. (Deshalb lasse ich als Psychologe mich nie von einem Verkäufer in ein Auto setzen, das ich nicht kaufen will. Versuchen Sie es gar nicht erst!) In uns allen konkurrieren Emotionen mit den bewussten Ressourcen. Je stärker die Konkurrenz wird, desto eher treffen wir Entscheidungen, die wir später bereuen.

Tief liegende Wünsche, Ziele und Ängste ansprechen

In einer Marktforschungsstudie für einen Kunden aus der Finanzbranche stellte ich zunächst harmlose Fragen zu den bevorzugten Kreditkarten und dann immer detailliertere Fragen: »Welche Ziele haben Sie für die nächsten drei Jahre?« »Was beunruhigt oder fasziniert Sie am meisten, wenn Sie an die Zukunft denken?« Die Sitzungen endeten häufig mit Tränen und Umarmungen und die Befragten sagten, dies sei die beste Therapiesitzung seit Langem gewesen. In einer Abfolge von acht Fragen ging ich von den Karten in der Brieftasche zu den tiefsten Hoffnungen und Ängsten der Probanden über. Durch Zuhören konnte ich Folgendes herausfinden:

- Was würde die Probanden unmittelbar interessieren?
- Was würde ihr Leben verbessern und ihm Sinn und Nachhaltigkeit verleihen?
- Wie lauten ihre wichtigsten Lebensziele und -wünsche?

Die ersten beiden Punkte sind entscheidend, um zum dritten zu gelangen – und dann haben Sie Ihr Verkaufsargument: die tiefere Bedeutung Ihres Produkts für Ihre Zielgruppe. Deshalb zeigen viele Werbespots das Produkt selbst erst ganz zum Schluss oder gar nicht. Stattdessen versuchen sie, dem Kunden ein Gefühl oder Bild zu vermitteln: die erfolgreiche Geschäftsfrau, den Familienvater, den jung gebliebenen Rentner, der es noch einmal wissen will.

Wenn Sie herausfinden (und sich zunutze machen), was Ihre Zielgruppe unmittelbar anspricht, was ihr langfristig weiterhilft und was letztendlich ihren tiefsten Lebenszielen entspricht, gelangen Sie von einer oberflächlichen Ebene zum Bauchgefühl – und dieses kann im Entscheidungsprozess gar nicht hoch genug bewertet werden. Im nächsten Teil des Buches fragen wir uns, wie wir dieses Ziel erreichen können.

Weiterführende Literatur

Kahneman, D. (2012). *Schnelles Denken, langsames Denken.* München: Siedler Verlag.

LeDoux, J. E. (1996). *The Emotional Brain: The Mysterious Underpinnings of Emotional Life.* New York: Simon & Schuster.

Simon, H. A. (1956). »Rational Choice and the Structure of the Environment.« *Psychological Review* 63(2): 129–138.

[*Teil II*]

Geheimnisse aufdecken

Wenn Sie es bis hierhin geschafft haben, haben Sie wahrscheinlich viel über die sechs Arten von mentalen Prozessen gelernt, auf die ich mich konzentrieren möchte. Zur Erinnerung – denken Sie im Hinblick auf Ihre Zielgruppe an die folgenden Punkte:

Sehen/Aufmerksamkeit

>Was zieht die Aufmerksamkeit Ihrer Kunden auf sich? Nach welchen Wörtern, Bildern und Objekten suchen sie?

Wegfindung

>Wie stellen die Kunden fest, wo sie sich befinden (ob in der physischen Welt, einer App oder im virtuellen Raum)? Wie können sie ihrer Ansicht nach mit diesem Raum interagieren und sich darin bewegen?

Erinnerung

>Welche vergangenen Erfahrungen dienen den Kunden als Bezugsrahmen, um das Erlebte zu formulieren und zu verstehen? Welche mentalen Modelle/Stereotypen formen ihre Erwartungen an die Funktionsweise Ihres Designs und daran, was als Nächstes passieren sollte?

Sprache

>Welche Wörter verwenden Ihre Kunden? Was sagen diese Begriffe und die für die Kunden damit verbundenen Bedeutungen über ihren Kenntnisstand aus (und über die geeignete Kundenansprache)?

Entscheidungsfindung

>Welches Problem müssen die Kunden ihrer Ansicht nach lösen? Inwiefern unterscheidet es sich vom eigentlichen Problem? Wie können die Kunden ihrer Ansicht nach zur Lösung kommen? Welche Teilprobleme müssen sie lösen und welche Entscheidungen dabei treffen?

Emotion

> Welche tief verwurzelten Ziele, Wünsche und Ängste haben Ihre Kunden? Wie beeinflussen diese ihre Entscheidungen, und was wollen sie erreichen? Wie könnte sich das auf die Kundenansprache auswirken?

Sie fragen sich vielleicht, wie Sie als Produktmanager oder Produkt- oder Dienstleistungsdesigner ohne formale psychologische Ausbildung über all diese kognitiven Prozesse etwas herausfinden können. Werden Sie die Zeit oder das Budget haben, all diese Dinge zu kennen? Müssen Sie das alles wirklich wissen, um Ihr Produkt-/Dienstleistung zu gestalten?

Die Antworten, glaube ich, sind alle positiv. Als Nicht-Psychologe können Sie sich über diese individuellen kognitiven Prozesse informieren, indem Sie Ihre Kunden in Aktion beobachten (ich nenne dies Kontextuntersuchung) und befragen.

Weiterhin bin ich der Ansicht, dass Sie alle nötigen Informationen durch qualitative Forschung und die Beobachtung von Menschen erhalten können, ohne dass eine besondere Ausrüstung, ein riesiges Budget oder ein langes Studium nötig wäre. Ich meine Wochen und nicht Monate (oder, für unsere Kollegen in Großunternehmen und Behörden: nicht Jahre!).

Der Hauptgrund, dass Projekte über das Budget hinausschießen und länger dauern als geplant, sind Änderungen in den späten Produktionsphasen oder direkt nach der Markteinführung, da die benötigten Funktionen sich von den implementierten unterscheiden. Ein gründliches Wissen über Ihre Kunden reduziert die Wahrscheinlichkeit, dass Ihr Produkt die Zielvorgabe verfehlt und ein baldiges und kostenintensives Refactoring erfordert.

Dieser Teil des Buches beschreibt, wie Sie und Ihr Team, ob mit wissenschaftlichem Hintergrund oder nicht, die für das Produkt- und Dienstleistungsdesign benötigten Informationen durch Beobachtung und Interviews Ihrer Zielgruppe extrahieren können. Ich kenne hervorragende Designer, die vieles davon instinktiv umsetzen können, aber es hat Jahre gedauert, bis sie ihre Fähigkeiten verfeinern konnten. Warum nicht schneller und ohne viel Trial and Error großartige Ergebnisse erzielen? Fangen wir an!

[8]

Nutzerforschung: Kontextinterviews

Die Marktforschung hat im Lauf der Jahre viele Formen angenommen. Der eine denkt vielleicht sofort an Fokusgruppen, der andere an große Umfragen, und der nächste beschäftigt sich möglicherweise mit Empathie-Forschung im Zusammenhang mit einem *Design-Thinking*-Ansatz für das Produkt- und Dienstleistungsdesign (darauf gehe ich weiter hinten in diesem Kapitel noch ein).

Zwar können Fokusgruppen, Umfragen und empathische Interviews hervorragende Werkzeuge sein, um herauszufinden, was die Nutzer *sagen*, und teilweise vielleicht auch, was sie *tun*. Das *Warum* hinter diesen Verhaltensweisen können sie jedoch nicht aufdecken. Die Analysen sind auch nicht detailliert genug, um Entscheidungen im Produkt- und Dienstleistungsdesign maßgeblich beeinflussen zu können.

In diesem Kapitel empfehle ich eine andere Herangehensweise an die Marktforschung: Kombinieren Sie die Beobachtung von Menschen bei ihrer täglichen Arbeit oder beim Spiel mit Ihrer Befragung. Wenn Sie bereits ein paar qualitative Studien durchführen konnten, haben Sie vielleicht schon interessante Daten erhoben, mit denen Sie arbeiten können. Und wenn nicht, dann sind sie jetzt in greifbarer Nähe. Mein Vorschlag ist so konzipiert, dass jeder die Untersuchungen durchführen kann – es ist weder ein Doktor in Psychologie noch ein weißer Laborkittel erforderlich. Meinen Lesern aus den Bereichen UX, Psychologie und Anthropologie mag die Technik sehr vertraut sein: Sie wird als *Kontextinterview* bezeichnet.

Warum ein Kontextinterview?

Wenn ich das Wesen eines Kontextinterviews erfassen müsste, würde ich sagen: »Schauen Sie jemandem über die Schulter und stellen Sie Fragen« – wobei der Schwerpunkt darauf liegt, die Probanden an ihrem Arbeitsplatz zu beobachten (zum Beispiel an ihrem Büroschreibtisch oder an der Kasse) oder in der Umgebung, in der sie leben und spielen.

Digitale Produkte brauchen vor allem deshalb mehr Zeit für die Marktreife und kosten mehr als geplant, weil ein Missverhältnis zwischen den Bedürfnissen der Benutzer und der Funktionalität besteht. Wir müssen die Bedürfnisse unserer Kunden kennen. Leider können wir diese nicht erfassen, indem wir einfach nur danach fragen. Das hat mehrere Gründe.

Erstens wollen die Kunden oft einfach nur weitermachen wie bisher, nur besser. Als Produkt- und Dienstleistungsdesigner, die abseits der alltäglichen Plackerei stehen, können wir uns manchmal Möglichkeiten vorstellen, die über den heutigen Status quo hinausgehen und zu einem ganz anderen, effizienteren oder angenehmeren Paradigma führen. Es ist nicht die Aufgabe des Kunden, sich vorzustellen, was künftig möglich sein könnte – es ist unsere!

Zweitens sind den Menschen viele Verhaltensweisen gar nicht bewusst. Wenn wir sie bei Arbeit oder Spiel beobachten, sehen wir vielleicht Probleme bei der Nutzererfahrung oder erkennen Dinge, die keinen Sinn ergeben und die die Kunden kompensieren, ohne es selbst zu bemerken. Wie wahrscheinlich ist es aber, dass die Kunden von Verhaltensweisen berichten, die ihnen nicht einmal selbst bewusst sind?

Ich beobachtete zum Beispiel Millennials, die wild zwischen Apps wechselten, um sich mit Gleichaltrigen sozial auszutauschen. Sie berichteten nie darüber, dass sie zwischen den Apps wechselten, und ich glaube nicht, dass sie das immer bewusst taten. Hätte ich sie nicht aktiv bei ihren Handlungen beobachtet, hätte ich möglicherweise niemals von diesem Verhalten erfahren – aber es erwies sich für die Produkte, die mein Team entwickelte, als entscheidend.

Wir wollen auch die beträchtlichen Anstrengungen erkennen, die »Superuser« – Anwender, die Produkte oder Dienstleistungen wirklich zum Arbeiten benötigen – unternehmen müssen, um die Funktionstüchtigkeit bestehender (fehlerhafter) Systeme herzustellen. Wir werden später noch darauf eingehen, aber dieser Gedanke, Menschen »im Moment« zu beobachten, ähnelt dem sogenannten GOOB-Ansatz (Getting Out Of (the) Building) der Lean-Startup-Bewegung: Es geht dabei darum, den echten Kontext der Anwender zu erkennen.

Drittens: Wenn Ihre Kunden nicht »im Moment« sind, übersehen sie oft alle wichtigen Details, die für eine erfolgreiche Produkt- oder Serviceerfahrung entscheidend sind. Das Gedächtnis arbeitet stark kontextuell. Wenn Sie zum Beispiel einen Ort besuchen, an dem Sie seit Jahren nicht mehr waren (zum Beispiel Ihre alte Grundschule), erinnern Sie sich an Dinge aus Ihrer Kindheit, an die Sie sonst nicht gedacht hätten, weil der Kontext diese Erinnerungen weckt. Das Gleiche gilt für Kunden und deren Erinnerungen.

Unter Psychologen und Anthropologen ist es überhaupt keine neue Idee, Menschen bei der Arbeit zu beobachten. Unternehmen fangen an, das zu begreifen; es kommt immer öfter vor, dass Firmen einen Anthropologen in ihren Reihen haben, der untersucht, wie die Menschen leben, kommunizieren und arbeiten. (Lustigerweise gibt es eine Forscherin, die sich selbst als Cyborg-Anthropologin bezeichnet. Wenn man bedenkt, wie stark wir auf unsere Mobilgeräte angewiesen sind, sind wir vielleicht alle Cyborgs, und wir alle praktizieren die Cyborg-Anthropologie!)

Jan Chipchase, der Gründer und Leiter von Studio D, einer Forschungsgruppe für menschliches Verhalten, beschäftigte sich in seinen Untersuchungen für Nokia mit dem anthropologischen Aspekt. Durch Feldstudien, die er »Stalking mit Erlaubnis« nennt (sehen Sie, ich bin nicht der Einzige!), entdeckte er ein geniales und wenig bekanntes Zahlungssystem, das die Ugander mit der gemeinsamen Nutzung von Mobiltelefonen geschaffen hatten.

»Ich hätte nie etwas so Elegantes und so gut zu den örtlichen Gegebenheiten Passendes entwickeln können. ... Klugerweise sollten wir uns die Entwicklung [solcher Innovationen] anschauen und herausfinden, wie sie sowohl unsere Gestaltungsziele als auch den Weg dorthin beeinflussen können.«

Jan Chipchase, »The Anthropology of Mobile Phones«,
TED Talk, März 2007

Der Ansatz von Chipchase nutzt die klassische Anthropologie als Werkzeug, um Produkte zu entwickeln und aus unternehmerischer Perspektive zu denken. Ich werde jetzt erklären, wie Sie das ebenfalls tun können.

Empathie-Forschung: Verstehen, was der Nutzer wirklich braucht

Die Arbeit von Chipchase ist nur ein Beispiel dafür, dass wir die tatsächlichen Bedürfnisse der Nutzer nur dann verstehen können, wenn wir für einen Moment in ihre Fußstapfen treten – oder im Idealfall in ihre Gedankenwelt.

VERMUTUNGEN AUSSEN VOR LASSEN UND DIE REALITÄT EINES ANDEREN ANNEHMEN

Befreien Sie sich zuerst von Ihren Annahmen (und denen Ihres Unternehmens), was Ihre Kunden brauchen. Fangen Sie stattdessen an, wie sie zu denken. In seinem Human-Centered Design Toolkit schreibt IDEO (eine internationale Beratungsfirma für Design und Innovation), dass der erste Schritt zum Design-Thinking die Empathie-Forschung ist oder ein »tiefes Verständnis für die Probleme und Realitäten der Menschen, für die Sie gestalten«.

In meiner eigenen Arbeit bin ich in die Welt von Menschen eingetaucht, die neue Medikamente entwickeln, von Händlern, die Milliardenbeträge verwalten, von Bio-Ziegenbauern, von YouTube-Stars und von Leuten, die Spritzbeton im Wert von vielen Millionen Dollar kaufen müssen, um Wolkenkratzer zu bauen. Immer wieder habe ich festgestellt: Je eher ich in der Lage bin, wie diese Menschen zu denken, desto eher kann ich Potenziale erkennen und das Produkt- und Dienstleistungsdesign optimieren.

Stellen Sie sich vor, Sie *waren* in der Vergangenheit der Kunde (oder schlimmer noch: Ihr Chef war vor Jahrzehnten der Kunde). Sie und/oder Ihr Chef glauben nun möglicherweise, dass Sie genau wissen, was die Kunden wollen und brauchen – wodurch Forschungsarbeit überflüssig wird. Falsch! Sie sind nicht der Kunde, und wenn Sie Ihre Untersuchungen auf dieser Basis anstellen, kann alles sogar noch schwieriger werden, denn Sie müssen nun gegen vorgefasste Vorstellungen ankämpfen, um die heutigen Bedürfnisse der Kunden verstehen zu können.

Ich erinnere mich an einen Kunden, der in der Vergangenheit zur Zielkundschaft für seine Produkte gehörte – vor der Einführung von Smartphones. Stellen Sie sich vor, Sie arbeiteten vor rund 15 Jahren in einer Baufirma und kauften Beton, etwa zu der Zeit, als Sie ein Klapphandy hatten. Die Welt hat sich seitdem sehr stark verändert – und sicherlich auch die Art und Weise, wie wir Beton kaufen. Deshalb ist es wichtig, Ihre Erwartungen außen vor zu lassen, die Realität Ihrer Kunden zu akzeptieren und die Herausforderungen von heute zu meistern.

Ein Beispiel ist mir bei der Beschaffung einer Parkgenehmigung für einen Umzugswagen aufgefallen: Um mir die Genehmigung zu erteilen, musste der Zuständige bis zum anderen Ende des riesigen Büros gehen, ein Formular holen, dann den ganzen Weg bis zur gegenüberliegenden Ecke laufen, das Formular mit einem offiziellen Siegel versehen, dann fast ebenso weit bis zum Kopierer gehen und das Formular schließlich zu mir bringen. In der Zwischenzeit wurde die Schlange hinter mir immer länger. Als ich diesen ineffizienten Vorgang sah, fragte ich mich, warum diese drei Abläufe nicht zusammengefasst würden. Dies ist ein Beispiel für die unerwarteten Verbesserungen, die Sie allein durch die Beobachtung von Menschen bei der Arbeit erreichen können. Ich bin mir nicht sicher, ob der Angestellte diese Ineffizienzen überhaupt bemerkt hat!

Solche Momente gibt es viele in unserem täglichen Leben. Halten Sie inne und denken Sie für eine Sekunde an ein schwerfälliges System, das Ihnen einmal aufgefallen ist. Vielleicht war es das Bezahlsystem in der U-Bahn? Ein Gesundheitsportal? Eine App? Was hätte den Prozess für Sie reibungsloser gemacht? Wenn Sie einmal mit solchen Beobachtungen begonnen haben, können Sie gar nicht mehr damit aufhören. Glauben Sie mir: Ihre Kinder, Freunde und Bekannten werden von nun an Geduld haben müssen mit Ihnen und Ihren »hilfreichen Tipps«!

JEDES INTERVIEW KANN KONTEXTUELL SEIN

Weil ein so großer Erinnerungsanteil kontextuell ist und unsere Kunden so vieles unbewusst tun, können wir sehr viel lernen, wenn wir in ihre Welt eintauchen. Das bedeutet, sich mitten in Pennsylvania mit Bauern zu treffen, mit Brokern vor ihren riesigen Bildschirmen an der Wall Street zu sitzen, eine Happy Hour mit vermögenden Jetsettern am Strand zu verbringen (verflixt!), Leute zu beobachten, die sich in ihren fensterlosen Büros über Steuerformulare beugen, oder sogar mit Millennials über ihre Bio-Avocado-Toasts zu plaudern. Der springende Punkt dabei ist, dass alle diese Menschen das tun, was sie auch sonst tun würden.

Kontextinterviews ermöglichen es den Forschern, die Haftnotizen der Arbeitenden auf deren Schreibtischen zu sehen, zu prüfen, welche Papierstapel in Gebrauch sind und welche Staub ansetzen, wie oft die Leute bei der Arbeit unterbrochen werden und welche Vorgehensweise sie tatsächlich wählen (dies unterscheidet sich oft von der Beschreibung in einem traditionellen Interview). Ihr Produkt oder Ihre Dienstleistung muss für die Kunden nützlich und angenehm sein, und das bedeutet, dass Sie beobachten müssen, wie sie arbeiten. Je umfassender und alltagsnäher diese Erfahrung ist, desto besser (Abbildung 8.1).

Abbildung 8.1
Beobachten, wie ein Kleinunternehmer sein Geschäft führt

Während ich in Kontextinterviews manchmal einfach still dasitzen und nur beobachten möchte, stelle ich meinen Probanden auch Fragen wie:

- Was müsste ich wissen, um Ihren Job erfolgreich zu erledigen (zum Beispiel, wenn ich Sie im Krankheitsfall vertreten müsste)?
- Wo müsste ich anfangen?
- Was müsste ich beachten?
- Was könnte schiefgehen?
- Was macht Sie manchmal verrückt?

WORAUF SIE BEI KONTEXTINTERVIEWS ACHTEN SOLLTEN

Bei der Durchführung von Kontextinterviews werden in der Regel folgende Punkte berücksichtigt:

Gegenstände

Was liegt auf dem Tisch (Abbildung 8.2)? Welche Papiere, Dateien, Tabellen und so weiter verwendet diese Person, um den Überblick zu behalten? Was gibt es sonst noch in der Umgebung?

Kommunikation

Wie wird die Arbeit kommuniziert oder überprüft (E-Mail, Software, Diskussion etc.)? Wie viele andere Personen arbeiten mit dem Kunden zusammen?

Unterbrechungen

Welche Unterbrechungen gibt es für den Kunden? Wie oft finden sie statt? Muss er sich häufig bewegen? Wie ist der Geräuschpegel? Wie oft unterbricht das Handy ihn? Hört er ständig laute Mitteilungen über den Dow-Jones-Index? (Das war tatsächlich bei einigen Börsenhändlern der Fall, die ich beobachtete. Ihr Arbeitsplatz war so laut und stressig, dass sie im Wesentlichen eine Art Aus-Schalter benötigten, was einfach war und ihre Arbeit erleichterte.)

Weitere Faktoren

Welche weiteren Aufgaben erledigt der Proband neben denjenigen, die Sie eigentlich beobachten? Wie viele Programme nutzt er auf seinem Computer? Ist er immer am Computer? Benutzt er sein Handy?

Abbildung 8.2
Schreibtisch eines Probanden (ich frage mich, warum das Psychologiebuch »Influence« in der Mitte liegt)

WESHALB KEINE UMFRAGEN ODER USABILITY-TESTERGEBNISSE VERWENDEN? ERFAHREN SIE NICHT NUR DAS »WAS«, SONDERN AUCH »WARUM«

Manchmal versichern mir die Kunden, dass ihre Benutzerforschung auf soliden Füßen steht und sie keine weiteren Daten benötigen, weil sie Tausende von Umfrageantworten erhalten haben. Tatsächlich vermitteln diese Daten dem Kunden ein genaues Bild von dem unmittelbaren Problem (zum Beispiel, dass das System zu langsam, Schritt drei eines Prozesses problematisch oder die mobile App zu schwerfällig ist). Aber als Produkt- und Dienstleistungsentwickler müssen wir uns mit dem eigentlichen Grund des Problems befassen: mit den zugrunde liegenden Ursachen und Beweggründen.

Möglicherweise überfordert das Aussehen einer Benutzeroberfläche den Anwender, er hat etwas anderes erwartet oder die von Ihnen verwendete Sprache verwirrt ihn. Hundert verschiedene Ursachen kommen infrage. Es ist äußerst schwierig, aus einer Umfrage oder durch Gespräche mit den Entwicklern des Produkts oder der Dienstleistung die eigentliche

Wurzel eines Problems abzuleiten. Wir können die Denkweise der Kunden nur dann richtig verstehen, wenn wir sie besuchen und im Kontext beobachten.

Als Beispiel sei auf die Ergebnisse des Usability-Tests in Abbildung 8.3 verwiesen. Können Sie sagen, warum die Teilnehmer im vierten Balken »Probleme mit der Navigation vom Code aus« haben? (Ich nicht!) Klassische Usability-Testergebnisse liefern oft solche *Was*-Informationen. Sie informieren Sie darüber, dass die Benutzer bei einigen Aufgaben gut und bei anderen schlecht abgeschnitten haben, aber oft liefern sie nicht die benötigten Hinweise, um zum *Warum* zu gelangen. An dieser Stelle kommt die Nutzerforschung nach dem Modell der sechs Erfahrungsebenen ins Spiel.

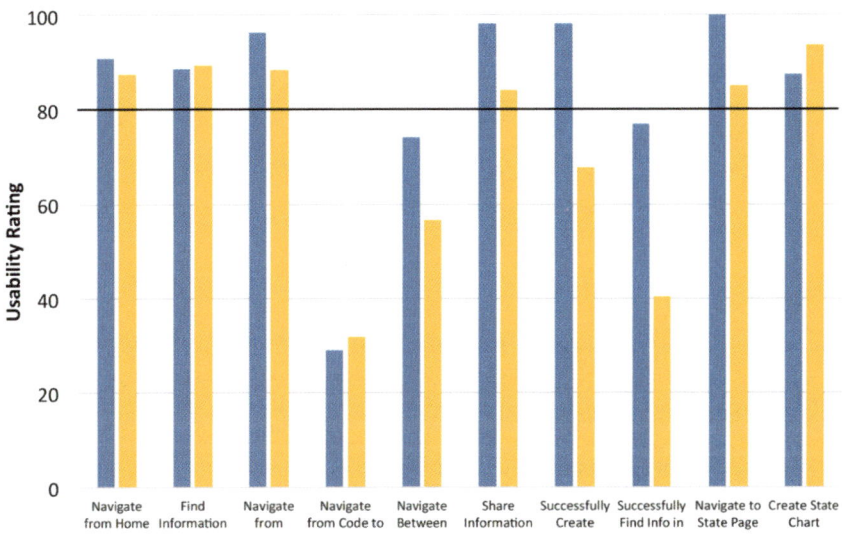

Abbildung 8.3
Ergebnisse eines Usability-Tests nach Aufgabe

Empfohlener Ansatz für Kontextinterviews und deren Analyse

Wie ich in diesem Kapitel bereits angedeutet habe, können Sie durch die Beobachtung von Personen im Kontext ihrer eigentlichen Arbeit sowohl eindeutige Verhaltensweisen als auch Nuancen erkennen, derer sich die Probanden möglicherweise gar nicht bewusst sind. Je deutlicher diese Benutzer Ihnen die einzelnen Schritte ihrer Vorgehensweise demonstrieren, desto exakter werden sie sie wieder abrufen können.

Ich möchte, dass sie anhand der sechs Erfahrungsebenen nicht nur die Situation im Kontext erleben, sondern auch aktiv über die vielen verschiedenen mentalen Repräsentationen im Kopf Ihrer Kunden nachdenken:

Sehen/Aufmerksamkeit

Worauf achten sie? Wonach suchen sie? Warum?

Wegfindung

Wie navigieren sie durch bestehende Produkte und Dienstleistungen? Wie sollten sie ihrer Meinung nach mit ihnen interagieren?

Sprache

Welche Wörter verwenden sie? Was sagen diese über ihren Kenntnisstand aus?

Erinnerung

Welche Annahmen treffen sie über die Funktionsweise des Produkts/ der Dienstleistung? Wann sind sie überrascht und verwirrt?

Entscheidungsfindung

Was wollen sie ihrer Aussage zufolge erreichen? Was verrät das darüber, wie sie das Problem eingrenzen? Welche Entscheidungen treffen sie? Welche »Barrieren« stehen im Weg?

Emotion

Was sind ihre Ziele? Worüber machen sie sich Sorgen? Inwiefern könnten zukünftige Produkte oder Dienstleistungen besser auf ihre Bedürfnisse, Erwartungen, Wünsche und Ziele zugeschnitten sein?

Die bisher beschriebene Art der Beobachtung konzentriert sich hauptsächlich auf Menschen bei der Arbeit, aber sie kann auch im Consumer-Bereich eingesetzt werden. Abhängig vom Endprodukt beziehungsweise der Dienstleistung könnten Sie eine Familie beobachten, die zu Hause fernsieht (natürlich mit ihrer Erlaubnis), mit ihr im Einkaufszentrum einkaufen gehen oder eine Happy Hour oder einen Kaffee mit ihren Freunden genießen. Glauben Sie mir: Sie werden bei Ihrer Rückkehr ins Büro eine Menge Geschichten über die unerwarteten Handlungen Ihrer Kunden zu erzählen haben!

Dieser Teil macht wahrscheinlich am meisten Spaß und sollte bei korrekter Anwendung überhaupt nicht einschüchternd sein. Ich gebe Ihnen die Erlaubnis (und von den Teilnehmern oder ihren Eltern sollten Sie ebenfalls eine schriftliche Einwilligung erhalten), neugierig und interessiert zu sein, und empfehle Ihnen, alle bestehenden Annahmen wirklich auf den Prüfstand zu stellen. In Vorstellungsgesprächen frage ich die Kandidaten oft, ob sie gerne in ein Straßencafé gehen, um dort einfach Leute zu beobachten. Das ist dann mein Forschertyp: Wir sind völlig fasziniert davon, was die Menschen denken, was sie tun und warum. Warum ist diese Person hier? Warum ist sie so gekleidet? Wohin geht sie? Woran denkt sie? Wie tickt sie? Was würde sie zum Lachen bringen?

Es gibt mehrere hervorragende Bücher, die sich mit Kontextinterviews beschäftigen und die ich am Ende des Kapitels auflisten werde. Ich überlasse es diesen Büchern, alle Details zu den Interviews zu vermitteln, möchte aber auf jeden Fall, dass Sie mit der folgenden Einstellung in Ihre Meetings gehen:

Sie sind hier, um zu lernen und zu beobachten.
> Das bedeutet, dass Sie sich anpassen müssen. Sie sind nicht die Hauptperson (Ihr Kunde ist es). Stellen Sie offene Fragen und lassen Sie Ihre Annahmen, Perspektiven und Meinungen außen vor. Versetzen Sie sich in die Lage eines Schauspielers, der seine Rolle einstudiert, oder stellen Sie sich vor, dass Sie während der Elternzeit für Ihren Kunden einspringen – Sie würden ihm nie sagen, dass er etwas falsch macht, oder ihm zeigen, wie man eine Sache angeht. Sie möchten herausfinden, wie er die Dinge auf seine eigene Art und Weise erledigt und wie er denkt.

Übernehmen Sie die Gewohnheiten der Probanden.
> Versuchen Sie, sich Ihrer Zielgruppe entsprechend zu kleiden, damit Sie weder einschüchternd noch auffallend wirken. Es ist Ihr Ziel, sich anzupassen und die Situation nicht zu beeinflussen. Wenn die Kunden ihre Schuhe vor der Tür ausziehen, sollten Sie es auch tun. Seien Sie bereit, auf dem Boden zu sitzen oder Pizza direkt aus der Schachtel zu essen.

Versuchen Sie, ihre Sprache zu sprechen.
Mit anderen Worten, vermeiden Sie Fachjargon, wenn Sie mehr über das Thema wissen als der Kunde. Geben Sie sich Mühe, nicht die internen Spezialbegriffe Ihres Unternehmens zu verwenden. Tun Sie vielmehr das Gegenteil – fragen Sie die Kunden, wie sie ein Konzept oder eine Aktion nennen würden, und machen Sie sich diese Begriffe zu eigen.

Fragen Sie, warum.
Zwar haben die Menschen manchmal rationale und unmittelbare Gründe für eine Aktivität, aber es ist immer interessant zu sehen, welche Lösung sie finden. Oft hilft es, ihren Deutungsrahmen eines Problems oder einer Entscheidung zu verstehen und Hinweise auf die zugrunde liegenden Annahmen zu erhalten.

Versuchen Sie, Ihren Einfluss auf ihre Handlungen zu minimieren.
Wenn man ein Produkt oder eine Dienstleistung entwickelt hat und weiß, dass es eine perfekte, in einer bestimmten Situation nützliche Funktion besitzt, fällt es sehr schwer, nicht zu demonstrieren, zu lehren oder zu unterstützen. Aber das ist nicht Ihre Aufgabe. (Zumindest jetzt noch nicht!) Sie müssen die Perspektive des Kunden beobachten – egal wie schwierig es für Sie sein mag – und die tatsächliche Realität kennenlernen.

Stellen Sie sicher, dass Sie die Probanden in Aktion beobachten.
Wenn Sie einen Probanden in seinem Büro besuchen möchten, schlägt er oft den Konferenzraum vor. Auch wenn das vielleicht bequemer wäre, ist es besser, sich um den Schreibtisch zu kauern und den Probanden in seiner natürlichen Umgebung in Aktion zu beobachten. Sie möchten schließlich sehen, wie er die Arbeit erledigt, die Sie durch Ihre Produkte oder Dienstleistungen verbessern wollen.

Nehmen Sie nur wenige Personen zum Kontextinterview mit.
Eins bis drei ist eine ideale Zahl. Versuchen Sie, einen kleinen Fußabdruck zu hinterlassen. Ihre Kunden sollten sich nicht so fühlen, als müssten sie vor Publikum auftreten. Und Sie sollten vermeiden, dass allein durch die Größe Ihrer Gruppe keine normalen alltäglichen Handlungen mehr möglich sind.

Erfassen Sie die Informationen auf unauffällige Weise.
>Liebe ich Video- und Audioaufnahmen? Na klar! Bringe ich Studiolampen, Ausleger und extravagante Mikrofone mit? Nein! Nehmen Sie ein drahtloses Mikrofon, das der Proband schnell vergessen wird, eine kompakte Videokamera und Ihr Handy (für Bilder). Es ist ein gutes Zeichen, wenn jemand ans Telefon oder aus dem Büro geht, um einer Kollegin eine Frage zu stellen, weil er seiner normalen Routine nachgeht und nicht das Gefühl hat, Sie zuvorkommend behandeln zu müssen.

Nehmen Sie ein Notizbuch, keinen Computer.
>Machen Sie sich sofort Notizen und vergeuden Sie keine Zeit mit dem Hochfahren des Computers oder dem Verbinden mit dem WLAN. Und ich sage es aus Erfahrung: Nehmen Sie einen zusätzlichen Stift mit! Einer Ihrer Kollegen hat seinen eigenen bestimmt vergessen.

Fragen Sie die Probanden nach ihrer Person und ihrer Perspektive.
>Wie lange machen Sie das schon? Wie haben Sie angefangen? Was gefällt Ihnen an dem Job? Was machen Sie, wenn Sie nicht hier sind? Was hoffen Sie zu erreichen? Was macht Sie am glücklichsten? Als Beobachter sollten Sie die Welt durch die Augen der Teilnehmer sehen und verstehen, was sie bewegt. Beginnen Sie mit normalen, gesellschaftlich akzeptierten Fragen (zum Beispiel: »Wie war Ihre Anfangszeit in diesem Job?«) und kommen Sie allmählich zu tiefer gehenden Fragen (zum Beispiel: »Was ist Ihnen im Leben am wichtigsten?« »Was würde dazu führen, dass Sie sich erfüllt/glücklich/zufrieden fühlen?«).

Häufig gestellte Fragen

Hier einige Fragen, die im Zusammenhang mit Kontextinterviews anfangs oft aufkommen:

Wie viele Personen muss ich interviewen?
>Im Allgemeinen versuche ich, die passende Anzahl entsprechend ihrem Lebensstil oder ihrer Rolle festzulegen (so könnte ich beispielsweise Realschüler, Gymnasiasten und Hochschulabsolventen in einer schulischen Fragestellung interviewen. In einer medizinischen Fragestellung könnte ich Allgemeinmediziner, Fachärzte, Krankenschwestern und Verwaltungsangestellte befragen). Sie benötigen etwa

acht bis zwölf Personen pro Gruppe, um Trends zu erkennen. Wenn jedoch Realität und Idealfall kollidieren, denken Sie daran, dass jede Anzahl auf jeden Fall besser als null ist!

Wie lange sollten die Kontextinterviews dauern?

Ich empfehle 90-minütige Interviews. Kleine Kinder halten vielleicht nicht so lange durch, und viel beschäftigten Ärzten könnte dies zu lange dauern. In anderen Fällen können Sie längere Zeiträume (zum Beispiel morgens oder nachmittags) »mitfahren«. Sie benötigen eine ausreichend lange Dauer, um das typische Aktivitätsmuster der Teilnehmer zu beobachten und mit ihnen über sie selbst und ihre Perspektive zu sprechen.

Wie rekrutiere ich die Teilnehmer?

Ich rate zu einem professionellen Recruiting-Service. Die Zeit, die Sie für Planung, Erinnerung, Neuplanung, Diskussion, Vorauswahl und so weiter benötigen, dauert viel länger, als Sie sich vorstellen können, wenn Sie so etwas noch nie gemacht haben. Recruiter können das Geld (und die damit verbundene Vermeidung von Ärger) durchaus wert sein. Wenn Sie sich für eine selbstständige Rekrutierung entscheiden und auf der Suche nach Berufstätigen sind, beginnen Sie mit Berufsverbänden. Suchen Sie nach Teilnehmern aus der breiten Öffentlichkeit, können Netzwerkarbeit und Kleinanzeigen Sie überraschend weit bringen. Wenn Sie jedoch durch das Land ziehen müssen, um Interviews zu führen, können die Kosten für die professionelle Rekrutierung durchaus lohnenswert sein, weil Sie damit die Situation vermeiden, dass Sie am Zielort ankommen und dort niemanden vorfinden, mit dem Sie ein Interview führen können.

Sollte ich Fragen vorbereiten?

Ja, aber ... Ich ermutige Sie, dem »Flow« der Testperson zu folgen. Sie müssen den Spagat schaffen zwischen Ihrer eigentlichen Aufgabe und der Arbeits- oder Lebenswelt der Probanden. Stellen Sie sich ein Kontextinterview nicht so vor, als ob Sie in einem Formular alle Felder ausfüllen müssten. Sie sollten vielmehr die benötigten Informationen sammeln, um in die Welt der Probanden einzutreten. Häufig werden Sie auf ganz natürliche Weise erfahren, was die Teilnehmer wissen, wie sie ein Problem eingrenzen und was ihnen im Leben wichtig ist. Menschen sind unterschiedlich, und deshalb ist es wichtig, mehrere Interviews zu führen, um Kundensegmente zu definieren (dazu später mehr).

Von Daten zu Erkenntnissen

Viele Leute kommen über diesen Schritt nicht hinaus. Sie haben eine Anzahl Kunden befragt und sind von all den Ergebnissen, Aussagen, Bildern und Videos überfordert. Ist es wirklich möglich, durch diese Beobachtungen zu erfahren, was wir wissen müssen? All diese differenzierten Beobachtungen können überwältigend sein, wenn sie nicht richtig organisiert sind. Wo sollen Sie anfangen?

Um Hunderte von Datensätzen in wertvolle Erkenntnisse über die Gestaltung Ihres Produkts oder Ihrer Dienstleistung zu verwandeln, müssen Sie Muster und Trends identifizieren. Dazu benötigen Sie das richtige Organisationsmuster. So sieht meine Herangehensweise aus:

SCHRITT 1: ÜBERPRÜFEN UND BEOBACHTUNGEN NIEDERSCHREIBEN

Bei der Durchsicht meiner Notizen und Videoaufnahmen ziehe ich aus diesen stückweisen Aussagen und Einblicken in die Handlungen der Benutzer meine Erkenntnisse. Ich schreibe diese auf Haftnotizen (oder mit einer App wie Mural, der Kurznotizen-App (Windows) oder der Notizzettel-App (Mac) auf virtuelle Klebezettel). Welche Beobachtungen sind wichtig? Alles, was für unsere sechs Erfahrungsebenen relevant sein könnte:

Sehen/Aufmerksamkeit
   Worauf achten die Probanden?

Wegfindung
   Wie nehmen sie den (virtuellen) Raum wahr und wie bewegen sie sich darin?

Erinnerung
   Welche Sichtweisen haben sie auf die Welt?

Sprache
   Welche Wörter verwenden sie?

Entscheidungsfindung

Wie grenzen sie das Problem ein? Was möchten sie wirklich erreichen (tieferes Bedürfnis)? Welche »Barrieren« stehen im Weg?

Emotion

Worüber machen sie sich Sorgen? Was sind ihre größten Ziele?

Wenn es außerdem relevante soziale Interaktionen gibt (zum Beispiel der Umgang des Vorgesetzten mit seinen Mitarbeitern), schreibe ich diese ebenfalls auf (Abbildung 8.4).

Abbildung 8.4
Beispiele für Ergebnisse aus Kontextinterviews

SCHRITT 2: DIE ERGEBNISSE JEDES TEILNEHMERS DEN SECHS ERFAHRUNGSEBENEN ZUORDNEN

Nachdem ich dies für jeden der Teilnehmer getan habe, hefte ich alle Notizen nach den sechs Erfahrungsebenen sortiert an eine Wand. Dann ordne ich sie in sechs Spalten an, eine für jede Erfahrungsebene (Abbildung 8.5). Ein Kommentar wie »Findet die Merken-Funktion nicht« kann der Spalte Sehen/Aufmerksamkeit hinzugefügt werden, während »Will sofort wissen, ob die Seite PayPal akzeptiert« als Entscheidungsfindung gelten kann. In den nächsten Kapiteln folgen dazu noch zahlreiche Details.

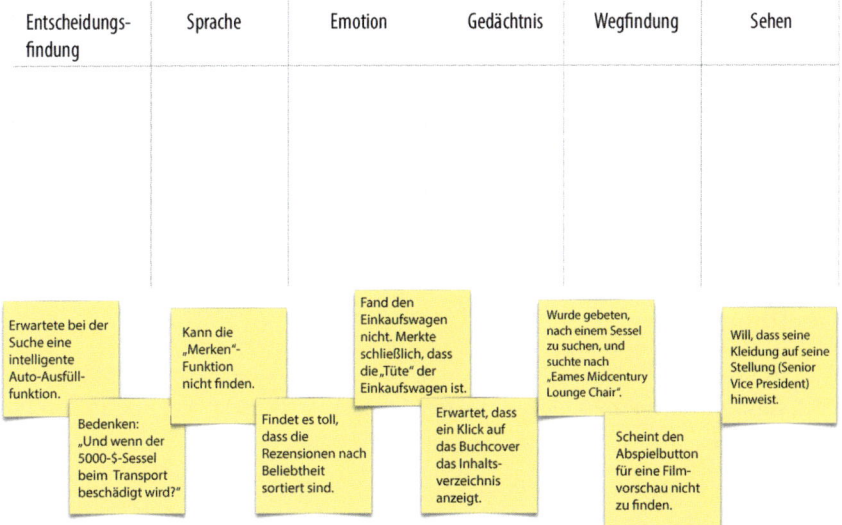

Abbildung 8.5
Vorbereitung auf die Zuordnung der Ergebnisse zu den sechs Erfahrungsebenen

Wenn Sie es mit dieser Methode probieren, werden Sie zwangsläufig Überschneidungen erkennen, damit müssen Sie auf jeden Fall rechnen. Damit diese Übung für Sie sinnvoll bleibt, möchte ich Sie jedoch bitten, zu bestimmen, welche Komponente für Sie als Designer am wichtigsten ist, und sie entsprechend zu kategorisieren. Ist das größte Problem die visuelle Gestaltung? Das Interaktionsdesign? Ist die Sprache anspruchsvoll genug? Stimmt der Bezugsrahmen? Bieten Sie den Menschen die richtigen Werkzeuge zur Lösung der Probleme, vor denen sie auf dem Weg zu einer umfassenderen Entscheidung stehen? Verärgern Sie sie in irgendeiner Weise?

SCHRITT 3: NACH TRENDS BEI DEN TEILNEHMERN SUCHEN UND EINE ZIELGRUPPENSEGMENTIERUNG ERSTELLEN

In Teil III dieses Buches beschäftigen wir uns mit der Zielgruppensegmentierung. Wenn Sie teilnehmergruppenübergreifend nach Trends suchen, werden Sie Gemeinsamkeiten beobachten, die Ihnen wichtige Erkenntnisse über die zukünftige Ausrichtung Ihrer Produkte und Dienstleistungen liefern können. Die Einteilung der Ergebnisse in die sechs Erfahrungsebenen kann Ihnen zudem helfen, Produktverbesserungen zu erzielen. Sie können das Feedback zur Entscheidungsfindung an Ihren UI-Experten weitergeben, der am Ablaufdesign gearbeitet hat, das Feedback zu Sehen/Aufmerksamkeit an Ihren Grafikdesigner und so weiter. Am Ende werden Sie eine bessere Benutzererfahrung erhalten.

Die nächsten Kapitel enthalten konkrete Beispiele von realen Teilnehmern, die ich in einer E-Commerce-Studie beobachtet habe. Sie sollen in der Lage sein, interessante Messwerte zu erkennen, und über einige Besonderheiten nachdenken, die sich aus den gewonnenen Erkenntnissen ergeben.

Übung

In meinen Online-Kursen zu den sechs Erfahrungsebenen stelle ich den Teilnehmern einen kleinen Datensatz zur Verfügung, der von realen Probanden stammt (ich habe ihn jedoch fiktionalisiert, um keine Geschäftsgeheimnisse zu verraten).

Die Abbildungen 8.8 bis 8.13 zeigen die Notizen von sechs Teilnehmern an einer E-Commerce-Forschungsstudie. Sie wurden gebeten, Kaufentscheidungen zu treffen, und suchten entweder einen Lieblingsartikel oder wählten einen Online-Film zum Kauf und zur Ansicht aus. Der Schwerpunkt der Studie lag auf der Suche und Auswahl des Artikels (nicht hingegen auf dem Bezahlprozess). Die folgenden Hinweise spiegeln die Ergebnisse wider, die bei Kontextinterviews gesammelt wurden.

Aufgabe: Bitte ordnen Sie jede Notiz der am besten geeigneten Kategorie in Abbildung 8.7 zu (Sehen, Wegfindung etc.).

Kommen Sie nicht weiter? Eventuell ist Abbildung 8.6 hilfreich.

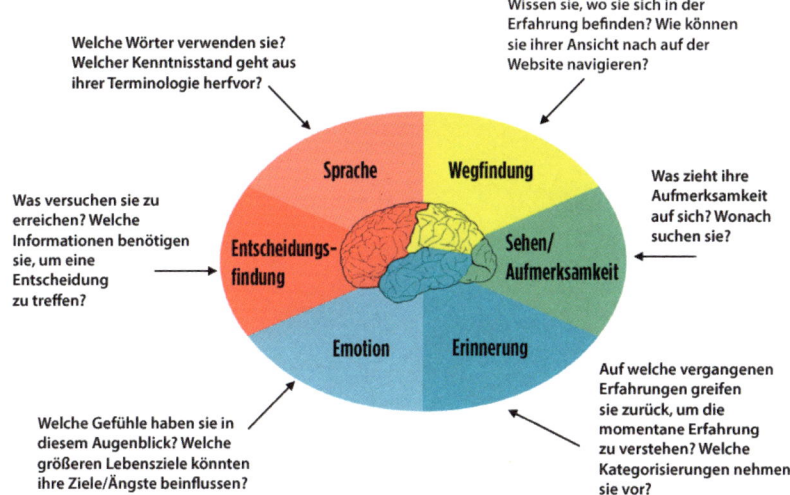

Abbildung 8.6
Die sechs Erfahrungsebenen

Wenn Sie der Ansicht sind, dass eine Notiz in mehr als eine Kategorie eingeordnet werden sollte, können Sie das tun. Versuchen Sie aber, sich auf die wichtigste Kategorie zu beschränken. Was haben Sie über die Denkweise der einzelnen Probanden erfahren? Gab es Teilnehmerübergreifende Trends?

Proband: _____

Entscheidungs-findung	Sprache	Emotion	Gedächtnis	Wegfindung	Sehen

Abbildung 8.7
In welche der sechs Kategorien würden Sie die einzelnen Ergebnisse einsortieren?

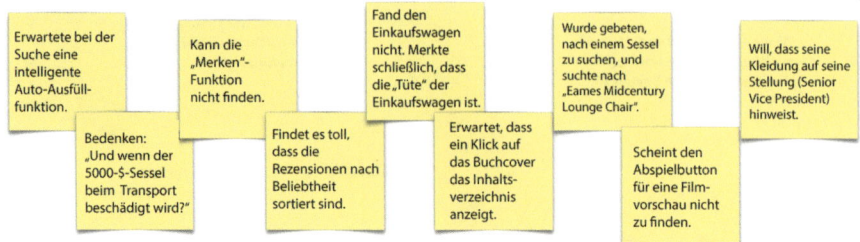

Abbildung 8.8
Ergebnisse von Teilnehmer 1

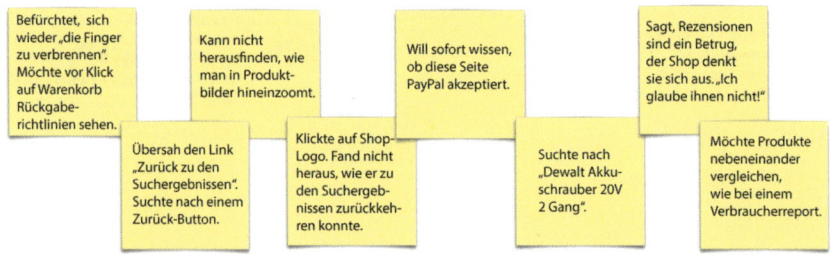

Abbildung 8.9
Ergebnisse von Teilnehmer 2

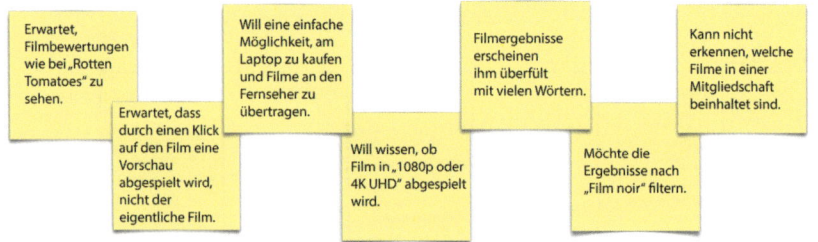

Abbildung 8.10
Ergebnisse von Teilnehmer 3

Abbildung 8.11
Ergebnisse von Teilnehmer 4

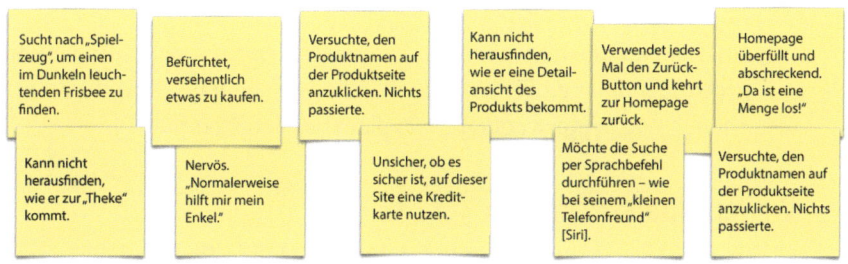

Abbildung 8.12
Ergebnisse von Teilnehmer 5

Ich komme bei passender Gelegenheit in den folgenden Kapiteln auf diese fünf Teilnehmer zurück und stelle Ausschnitte des Datensatzes zur Verfügung, um einige Details konkret zu veranschaulichen und Ihnen zu helfen, Ihr analytisches Schwert zu schärfen und zu beurteilen, wie Sie in verschiedenen Situationen mit Ihren Daten umgehen sollten.

Sie können es kaum erwarten, die Übung abzuschließen und sie mit Ihren Freunden zu teilen? Großartig! Bitte laden Sie die (englische) Apple-Keynote- oder Microsoft-PowerPoint-Version herunter, um die Fertigstellung und Freigabe zu erleichtern (*http://bit.ly/six-minds-exercise*).

Konkrete Empfehlungen

- Beobachten Sie die Menschen an ihrem Arbeitsplatz, statt sie nur zu befragen (viele weitere kontextuelle Erinnerungen treten zutage, wenn sie »im Jetzt« sind).

- Beobachten Sie, wie die Menschen ihre Aufgaben erledigen, statt nur über ihre Bedürfnisse zu sprechen (auch hier treten mehr kontextuelle Erinnerungen und unbewusste Verhaltensweisen auf).

- Versuchen Sie, Annahmen über die dem Verhalten zugrunde liegende Welt abzuleiten (das ermöglicht Ihnen, sich vorzustellen, dass Sie die Schmerzpunkte und Probleme des Verbrauchers entdecken und ihm dann helfen können).

- Analysieren Sie das wahrnehmbare Verhalten und nicht nur, was die Probanden über ein Thema sagen (Wie oft schauen sie auf ihr Smartphone? Wie oft verwenden sie Papier statt den Computer?).

Weiterführende Literatur

Chipchase, J. (2007). »The Anthropology of Mobile Phones.« TED Talk. Aufgerufen am 15. Januar 2019 auf *http://bit.ly/2Uy9J1A*.

Chipchase, J., Lee, P., & Maurer, B. (2011). »Mobile Money: Afghanistan.« *Innovations: Technology, Governance, Globalization* 6(2): 13–33.

IDEO.org. (2015). »The Field Guide to Human-Centered Design.« Aufgerufen am 15. Januar 2019 auf *http://www.designkit.org//resources/1*.

[9]

Sehen: Was guckst du?

Nachdem wir uns mit der Durchführung von Kontextinterviews und der Beobachtung von Menschen bei der Interaktion mit einem Produkt oder einer Dienstleistung beschäftigt haben, denken wir darüber nach, inwiefern solche Interviews relevante Hinweise für die sechs Erfahrungsebenen liefern können.

Wir beginnen mit der Ebene Sehen/Aufmerksamkeit (Abbildung 9.1). Dabei versuchen wir, die folgenden Fragen über die Kunden zu beantworten:

- Wo schauen ihre Augen hin? (Worauf fokussieren sie? Was zieht ihre Aufmerksamkeit auf sich? Was sagt uns das darüber, was sie suchen und warum?)

- Haben sie das Gesuchte gefunden? Wenn nicht, warum nicht? Welche Schwierigkeiten gab es bei der Suche?

- Auf welche Weise können neue Designs ihre Aufmerksamkeit auf das Gesuchte lenken?

Wir werden nicht nur untersuchen, wo die Kunden hinschauen und was sie dabei erwarten, sondern auch, was diese Daten darüber aussagen, was für sie visuell wichtig ist. Wir werden prüfen, ob die Nutzer das Erhoffte finden, welchen Bezugsrahmen und welche Ziele sie haben könnten.

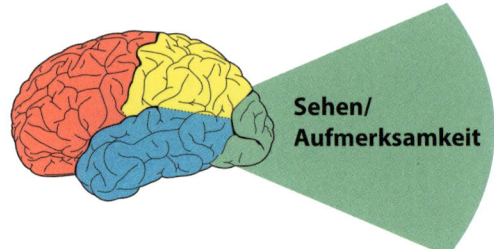

Abbildung 9.1
Sehen und visuelle Aufmerksamkeit im Okzipitalkortex

Wohin wandern ihre Augen? Eye-Tracking kann Ihnen einiges verraten, aber nicht alles

Wenn es um die Verbesserung von Benutzeroberflächen oder Dienstleistungen geht, beginnen wir dort, wohin die Teilnehmer tatsächlich auf einer Benutzeroberfläche oder in einer App blicken.

Eye-Tracking-Geräte und digitale Heatmaps sind für solche Analysen nützlich und helfen uns zu erkennen, wohin unsere Benutzer blicken. Solche Analysen können uns helfen, die Platzierung der Inhalte auf der Seite anzupassen.

Aber Sie brauchen nicht immer Eye-Tracking, sondern können auch die guten altmodischen Beobachtungsmethoden verwenden, die Sie im vorigen Kapitel kennengelernt haben. Wenn ich ein Kontextinterview führe, versuche ich, mich in einem 90-Grad-Winkel zum Teilnehmer zu setzen (sodass ich mich ein wenig hinter ihm befinde, ohne in ihn hineinzukriechen, wie Abbildung 9.2 zeigt). Das hat mehrere Gründe:

- Es wäre etwas umständlich für den Probanden, zu mir hinüberzuschauen und mit mir zu reden. Das bedeutet, dass er in erster Linie auf den Bildschirm blickt (oder was auch immer er tut), und nicht auf mich. So kann ich besser erkennen, woran er arbeitet, worauf er klickt und so weiter.

- Ich sehe, was er sieht. Natürlich nicht hundertprozentig, aber im Großen und Ganzen kann ich erkennen, ob er oben oder unten auf den Bildschirm schaut oder nach unten auf ein Blatt Papier, in einem Ordner zu einer bestimmten Seite blättert und so weiter.

Abbildung 9.2
Ein Kontextinterview moderieren

Wenn wir gerade dabei sind, wo sich die Augen der Probanden befinden, werfen Sie einen Blick auf Abbildung 9.3. Diese zeigt nebeneinander zwei Bildschirme eines Elektronikunternehmens – etwas verschwommen, mit abgeschwächter Farbe. Genau mit dieser Darstellung versucht Ihr eigenes visuelles System herauszufinden, wohin Sie als Nächstes schauen sollen.

Im linken Bild sehen Sie vier Uhren mit jeweils zwei Buttons darunter. Sie können zwar auf den ersten Blick erkennen, dass es sich um Schaltflächen handelt, aber aus den visuellen Merkmalen und dieser Darstellungsebene geht nicht eindeutig hervor, welches der »Kaufen«- und welches der »Merken«-Button ist. Diesen Punkt würden wir gemeinsam mit einem Grafikdesigner optimieren.

Im rechten Bild weisen die Buttons nicht genügend visuellen Kontrast auf, um die Aufmerksamkeit auf sich zu ziehen. Vielmehr verschmelzen sie einfach mit dem Hintergrund, sodass man sie leicht übersehen kann.

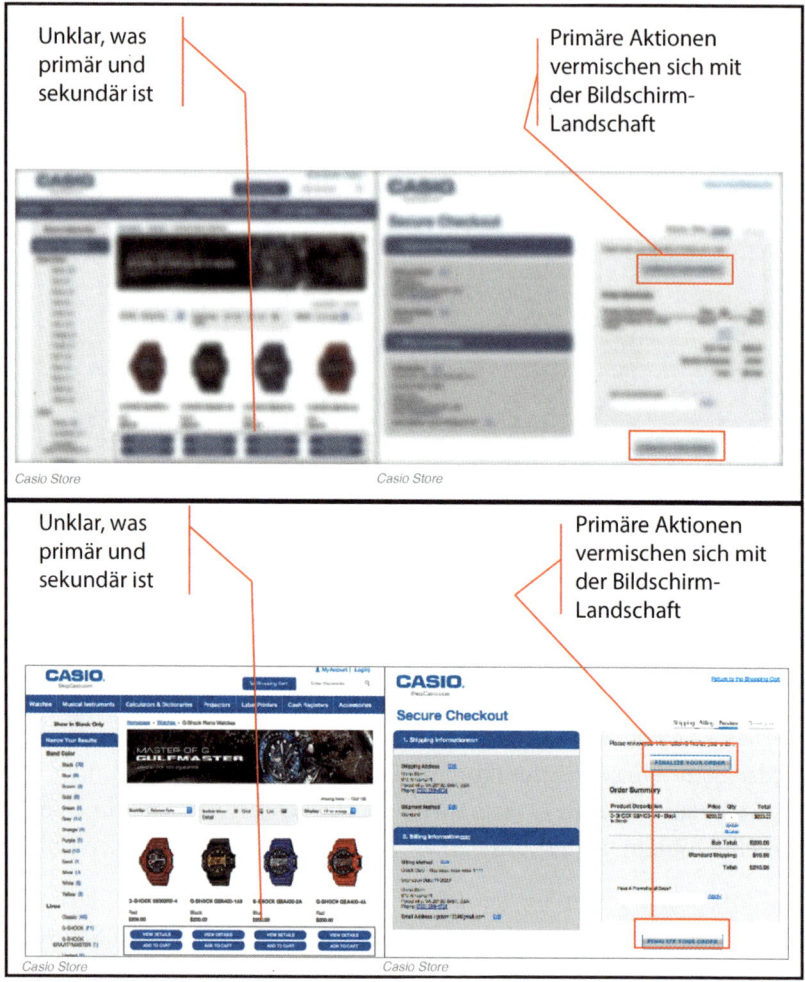

Abbildung 9.3
So arbeitet Ihr visuelles Aufmerksamkeitssystem beim Betrachten eines Bilds.

FALLSTUDIE: SICHERHEITSABTEILUNG

Aufgabe: Viele meiner Beispiele betreffen digitale Schnittstellen. Als Designer müssen wir die Aufmerksamkeit aber auch in einem breiteren Kontext betrachten. Im folgenden Fall arbeitete ich mit einer Gruppe Menschen, die eine enorme Verantwortung trug: die Überwachung der Sicherheit für eine Organisation in Footballstadion-Größe (und/oder eines tatsächlichen Stadions).

Die Aufmerksamkeit dieser Menschen war auf sehr vielfältige Weise geteilt. Im Folgenden finden Sie alle Systeme und Tools (zusammen mit ihren jeweiligen Warnungen, Klingel- und Pieptönen), die sie zu einem bestimmten Zeitpunkt überwachen mussten:

- buchstäblich Hunderte von Kameras, wobei die Anzahl der Kameras ständig zunahm
- spezielle Kameras, die sich auf Problemzonen konzentrierten (zum Beispiel die Tür, über die sich häufig Leute einschlichen)
- Funkgeräte mit Updates von Laufpatrouillen
- E-Mails
- Textnachrichten
- der lokale Polizeifunk (mit ständiger Kommunikation)
- Magnetkartensysteme für automatisch gesteuerte Türen (die mehrmals pro Minute piepten)
- Beschallungsanlagen
- Fernsehnachrichten
- Feuermelder
- Aufzugsalarme
- Elektrische Alarme
- Telefonanlagen

Wenn Sie beeindruckt davon sind, dass man in einer so hektischen Umgebung überhaupt arbeiten kann, sind Sie nicht alleine; ich war schockiert (und ein wenig skeptisch, ob all diese lärmenden Systeme hilfreich wären und nicht vielmehr die Leistungsfähigkeit beeinträchtigten). Hier lag also eine unglaubliche Herausforderung in den Ablenkungen, die weitaus gravierender waren als in einem Großraumbüro (das bereits viele Menschen als störend empfinden).

Empfehlung: Durch die enormen visuellen und auditiven Ablenkungen mussten wir die wichtigsten Punkte herausfiltern, um die sich die Mitarbeiter zu einem bestimmten Zeitpunkt kümmern sollten. Mein Team entwickelte ein System, das einem scrollenden Facebook-Newsfeed sehr ähnlich war, allerdings mit extremer Filterung, um die Relevanz des

Feeds sicherzustellen (ohne Katzenbilder!). Jedem potenziellen Anliegen (Terror, Feuer, Türblockaden und so weiter) war eine eigene Kette von Handlungselementen zugeordnet, und die Mitarbeiter konnten jedes Problem nach Standort filtern. Das System enthielt zudem eine hervorgehobene Liste der wichtigsten Prioritäten zum aktuellen Zeitpunkt, um die ungeheure Anzahl von Eindrücken in den Griff zu bekommen, die um die Aufmerksamkeit konkurrierten. Es gab einen einzigen Bildlauf, der so eingestellt werden konnte, dass er sich auf einen einzelnen Punkt oder auf alle Aspekte konzentrierte, aber erst, wenn diese eine bestimmte Relevanzstufe erreicht hatten. Infolgedessen wussten die Mitarbeiter, worauf sie achten mussten und wie das (eindeutige) Geräusch eines Alarms klang.

Schnell, eine Heatmap …

Heatmaps der Augenbewegung zeigen uns, wohin die Augen unserer Benutzer auf einer Oberfläche wandern. Wir können eine Darstellung der gesamten Zeitspanne erhalten, in der die Probanden verschiedene Teile des Bildschirms betrachten. Bereiche, auf die sie sich länger konzentrieren, wirken »heißer« als andere Stellen (Abbildung 9.4).

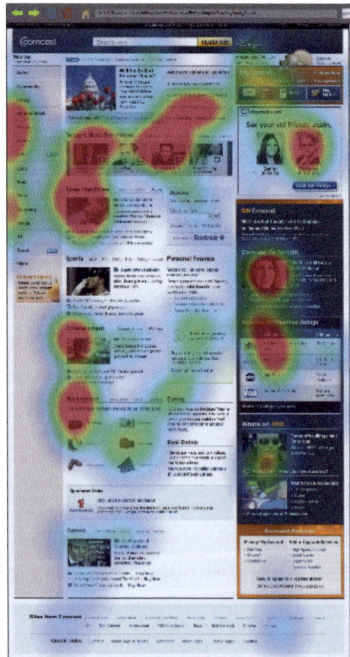

Abbildung 9.4
Heatmaps

FALLSTUDIE: WEBSITE-HIERARCHIE

Aufgabe: Im Falle der in Abbildung 9.4 (*Comcast.net*, der Vorläufer von Xfinity, einem Telekommunikationsunternehmen) in der Originalversion (links) dargestellten Website betrachteten die Verbraucher überwiegend einen Bereich in der oberen linken Ecke, ignorierten aber den unteren und den rechten Bereich der Seite. Wir entnahmen das sowohl dem Eyetracking als auch der Tatsache, dass die Partnerlinks weiter unten auf der Seite keine Klicks erhielten (worüber die Werbepartner gar nicht glücklich waren). Das Problem war der visuelle Kontrast. Die linke obere Ecke der alten Seite war optisch viel dunkler als der Rest der Seite und wirkte durch Videos und Bilder interessanter – und zwar in dem Maße, dass sie die visuelle Aufmerksamkeit der Nutzer völlig in Anspruch nahm.

Empfehlung: Wir gestalteten die Seite neu, um sicherzustellen, dass im natürlichen visuellen Fluss nicht nur die großen Überschriften, sondern auch die anderen Informationen weiter unten enthalten waren. Wir hoben die vernachlässigten Bereiche der Seite durch ausgleichende Eigenschaften wie visuellen Kontrast, Bildgrößen, Farben, Schriften und Leerraum stärker hervor. Durch diese Gestaltungsmittel konnten wir die Nutzer dazu bringen, den Bereich »unter dem Falz« zu beachten. Dies machte einen deutlichen Unterschied bei der Frage, wohin die Menschen auf der Seite schauten, und das sorgte sowohl beim Endnutzer als auch bei Comcast und den zahlenden Werbepartnern für deutlich mehr Zufriedenheit.

Diese Fallstudie zeigt, dass Tools wie Eyetracking und Heatmaps äußerst hilfreich sein können. Aber ich möchte dem Irrglauben entgegentreten, dass solche Werkzeuge alleine ausreichen würden, um sinnvolle Anpassungen an Ihrem Produkt vorzunehmen. Ähnlich wie die Umfrageergebnisse und die im letzten Kapitel erwähnten Usability-Tests können Heatmaps Ihnen viele Informationen zum Was, aber nicht zum Warum liefern: Die Heatmaps sagen Ihnen nicht, welche Probleme die Benutzer zu lösen versuchen.

Um diese Antworten zu erhalten, müssen wir ...

Mit dem Strom schwimmen

Wir versuchen, die Bedürfnisse der Kunden gleich bei ihrer Entstehung zu befriedigen. Deshalb müssen wir in jeder Phase der Problemlösung wissen, wonach die Benutzer suchen, was sie erwarten und was sie sich davon versprechen. Dann können wir den Ablauf mit ihrer Erwartungshaltung in jeder Phase des Prozesses abgleichen.

Wenn ich einen Probanden bei der Interaktion mit einer Website beobachte, stelle ich oft Fragen wie: »Welches Problem versuchen Sie zu lösen?« »Was sehen Sie gerade?« Das hilft mir zu erkennen, was für ihn in diesem Moment am interessantesten ist, und seine Ziele zu verstehen.

Es gibt viele unausgesprochene Strategien und Erwartungen der Benutzer. Über diese können wir nur etwas erfahren, wenn wir sie in ihrem natürlichen Fluss beobachten. Diese Erkenntnisse wiederum helfen uns bei der visuellen Gestaltung, dem Layout und der Informationsarchitektur, da sie zeigen, welche einzelnen Schritte vorhanden sein sollten, wie diese dargestellt werden und wo sie sich befinden sollten.

FALLSTUDIE: AUKTIONSWEBSITE

Aufgabe: Ein Beispiel für solche unausgesprochenen Erwartungen, die wir bei Kontextinterviews beobachten können, ist der Test einer staatlichen Auktionswebsite. Ich erhielt von der Zielgruppe das Feedback: »Warum funktioniert das nicht wie bei eBay«? Obwohl diese Seite sogar größer war als eBay, waren die Nutzer mit eBay wesentlich vertrauter und brachten ihre Erfahrungen und Erwartungen hinsichtlich der Funktionsweise von eBay in ihre Interaktionen mit dieser neuen Benutzeroberfläche ein.

Die Eyetracking-Funktion bestätigte die Erwartungen und Unsicherheiten der Benutzer: Sie starrten auf ein leeres Feld unter dem Bild eines Artikels und gingen davon aus, dass hier – wie bei eBay-Artikeln – ein »Gebot«-Button sitzen müsse. Zwar gab es den »Gebot«-Button durchaus, aber an einer anderen Stelle. Die Nutzer sahen ihn nicht, weil sie ihn an derselben Stelle wie bei eBay erwarteten.

Empfehlung: Dies ist einer der Fälle, in denen ich meinen Kunden ermutigen muss, nicht »anders zu denken«, sondern anzuerkennen, dass Systeme wie eBay die Erwartungen der Benutzer hinsichtlich der Platzierung der Elemente auf der Site gefestigt haben. Wir änderten die Position des Buttons (und einige andere Aspekte der Website-Architektur), um den Erwartungen der Benutzer gerecht zu werden. Dadurch verbesserte sich die Performance unmittelbar. Wir wussten, wo die Nutzer nach einem speziellen Feature suchten, und wir wussten, dass sie es an dieser Stelle nicht fanden. Es lag nicht an der Sprache oder dem visuellen Design, sondern an der Erfahrung mit anderen, ähnlichen Websites und den damit verbundenen Erwartungen.

Beispiele aus der Praxis

Ich weiß nicht, ob Sie bereits Gelegenheit hatten, meine Kategorisierungsmethode mit Haftnotizen in die Praxis umzusetzen, aber ich möchte einige Beispiele für die Erkenntnisse nennen, die ich im vorherigen Kapitel durch Tests mit Probanden erhalten habe, die mit einer Video-Streaming- sowie mit einer E-Commerce-Website interagierten (Abbildungen 9.5 – 9.8). Sie erhalten dadurch einen Eindruck davon, worauf wir bei der Unterteilung der Daten in die sechs Erfahrungsebenen achten sollten, in diesem Fall mit Fokus auf Sehen und Aufmerksamkeit. Denken Sie daran, dass es oft Überschneidungen gibt, aber vor allem interessiert mich das größte Problem, das jedem Kommentar zugrunde liegt:

»Kann die Merken-Funktion nicht finden.«

In diesem Fall suchte der Benutzer auf dem Bildschirm nach einem bestimmten Feature und konnte es nicht finden, was eine visuelle Herausforderung darstellte. Bei der Verarbeitung des Feedbacks wollen wir prüfen, ob tatsächlich eine »Merken«-Funktion vorhanden war und, wenn ja, warum der Proband sie nicht finden konnte. Falls das Feature vorhanden war, aber unter einem anderen Namen (zum Beispiel »Speichern« oder »Für später ablegen«), läge ein Sprachproblem vor. Bevor wir Änderungen vornehmen, sollten wir herausfinden, ob andere Teilnehmer ein ähnliches Problem haben. Wenn die Funktion jedoch tatsächlich vorhanden war, aber die Aufmerksamkeit des Kunden nicht darauf gelenkt wurde, dann läge tatsächlich ein Sehen/Aufmerksamkeitsproblem vor. Beachten Sie jedoch, dass bestimmte Kommentare, die sich auf das »Finden« in einer visuellen Szene beziehen, nicht unbedingt visuelle Probleme darstellen müssen (zum Beispiel könnten sie auch sprachliche oder andere Schwierigkeiten betreffen).

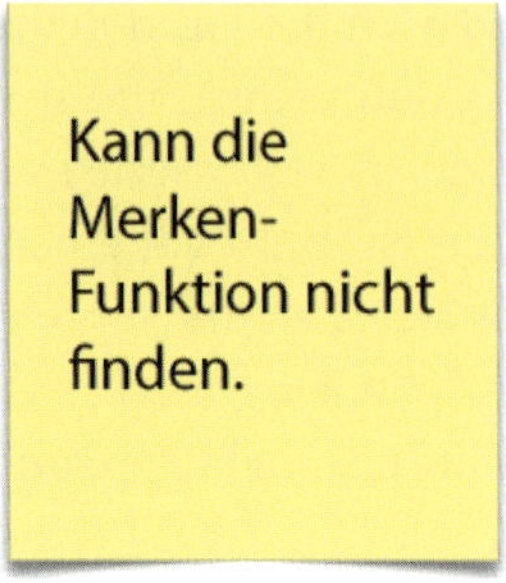

Abbildung 9.5
Beobachtung:
Teilnehmer konnte
die Merken-Funktion
nicht finden.

> Kann die Merken-Funktion nicht finden.

Warnung

Bei der Überprüfung Ihrer Ergebnisse werden Sie viele Kommentare mit Begriffen wie »sehen«, »finden«, »bemerken«, »entdecken« und so weiter finden. Solche Wörter mögen auf ein visuelles Problem hinweisen, aber Vorsicht, wenn Sie solche Ergebnisse automatisch in die Kategorie »Sehen« eintragen! Bei der Überprüfung der einzelnen Beobachtungen sollten Sie sich fragen, ob diese eine Erwartung impliziert (Erinnerung), sich auf die Navigation durch den Raum bezieht (Wegfindung) oder auf den Wissensstand des Nutzers (Sprache), bevor Sie den Begriff wörtlich nehmen und diese Beobachtung in die Kategorie »Sehen« einsortieren.

»Homepage überfüllt und abschreckend. ›Da ist eine Menge los!‹«
Das klingt nach einem Problem mit Sehen und Aufmerksamkeit. Wir sollten die Struktur dieser Seite und ihre Informationsdichte überprüfen.

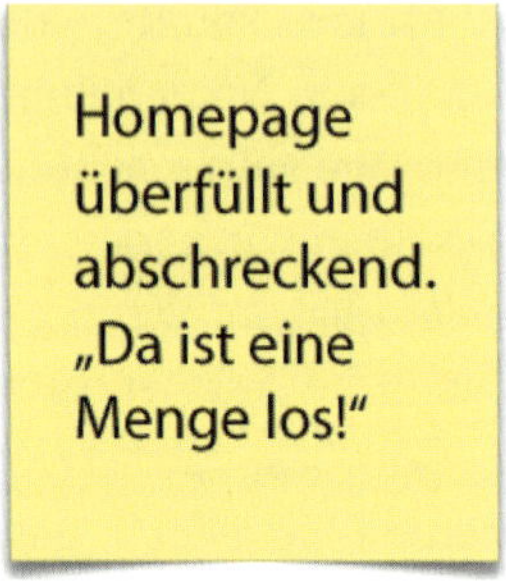

Abbildung 9.6
Beobachtung:
Teilnehmerin
bemerkt die visuelle
Komplexität der
Homepage.

> Homepage überfüllt und abschreckend. „Da ist eine Menge los!"

»Betrachtet Ergebnisse, kann aber ›La La Land‹ nicht finden.«

Hier scheint der Benutzer auf der Seite etwas übersehen zu haben. Vielleicht boten die verschiedenen Suchergebnisse nicht genügend visuellen Kontrast oder es gab kein Bild, das die Aufmerksamkeit des Benutzers auf sich zog. Oder vielleicht war die Seite einfach zu verwirrend. Sie können dieses Feedback direkt an Ihren Grafikdesigner weitergeben. Ein Video dieser Situation könnte besonders wertvoll sein, um aufzuzeigen, welche Verbesserungen vorgenommen werden sollten.

Abbildung 9.7
Beobachtung: Teilnehmer konnte Suchergebnis auf der Seite nicht finden.

> Betrachtet Ergebnisse, kann aber „La La Land" nicht finden, obwohl es in den Suchergebnissen angezeigt wird.

»Bemerkt den Link ›Zurück zu den Ergebnissen‹ nicht. Sucht nach einem ›Zurück‹-Knopf.«

Dies ist ein großartiges Beispiel für die Nuancen, auf die wir achten müssen. Wenn Sie »nicht bemerkt« lesen, könnten Sie automatisch davon ausgehen, dass es sich um ein visuelles Problem handelt. Aber lassen Sie sich nicht täuschen – es könnte auch ein Sprachproblem zugrunde liegen. Um herauszufinden, worum es wirklich geht (Sehen oder Sprache), müssten Sie mithilfe Ihrer Beobachtungs- und/oder Eyetrackingdaten ermitteln, wohin der Benutzer in diesem Moment blickte. Wenn er direkt auf den Link »Zurück zu den Ergebnissen« starrte und trotzdem nicht zurechtkam, dann wissen Sie, dass er ein Sprachproblem hatte – die Formulierung hatte nicht den gesuchten semantischen Inhalt (die Wortwahl war unpassend).

Sobald Sie alle Rückmeldungen Ihrer Kunden überprüft und das Hauptproblem destilliert haben, können Sie dieses dem Grafikdesign-Team mit ganz spezifischen Anregungen und Verbesserungsvorschlägen zur Verfügung stellen.

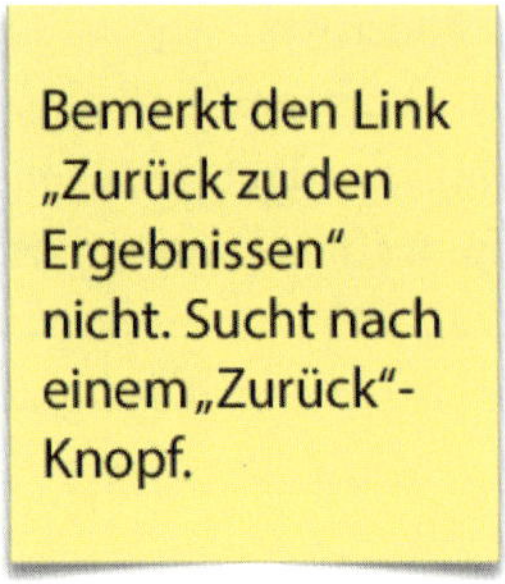

> Bemerkt den Link „Zurück zu den Ergebnissen" nicht. Sucht nach einem „Zurück"-Knopf.

Abbildung 9.8
Beobachtung: Teilnehmer fand einen Button nicht, weil er nach einem anderen Begriff Ausschau hielt.

Konkrete Empfehlungen

- Setzen Sie sich rechtwinklig zum Probanden und beobachten Sie, wohin er für die nächsten Schritte auf den Bildschirm/die Benutzeroberfläche schaut.

- Ermitteln Sie, was er sucht und warum (was ist für diesen Teilnehmer im Moment am wichtigsten und wie kann er es seiner Meinung nach finden?).

- Welche Annahmen trifft er hinsichtlich des Systems, die diese Erwartungen rechtfertigen (zum Beispiel: »Ich suche das Menü, weil ich dieses Wort fett formatieren will, aber ich sehe hier oben kein Menü, sondern nur ganz viele Wörter«)?

- Was sagt das Interaktionsmuster des Probanden noch über seine Annahmen und unausgesprochenen Strategien zu diesem System aus?

- Erstellen Sie ein mentales Modell des Denkprozesses des Teilnehmers aus seiner Perspektive und beobachten Sie seine Augenbewegungen und sein Verhalten.

[10]

Sprache: Hat er das gerade wirklich gesagt?

In diesem Kapitel erhalten Sie Empfehlungen, wie Sie Interviews aufzeichnen und analysieren können, wobei ich besonders auf die Worte und den Satzbau der Probanden achte – und was uns dies über ihren Kenntnisstand zu einem bestimmten Themenbereich sagt.

Im Zusammenhang mit der Sprache (Abbildung 10.1) betrachten wir die folgenden Fragen:

- Welche Wörter verwenden Ihre Kunden am häufigsten?
- Was verbinden sie mit diesen Worten?
- Wie differenziert sind die verwendeten Wörter? Welches Maß an Sachkenntnis setzt dies voraus?
- Verwenden sie denselben Wortschatz, den wir intern (als Produktdesigner) verwenden? Nutzen wir einen Fachjargon, der für sie schwer verständlich sein könnte?

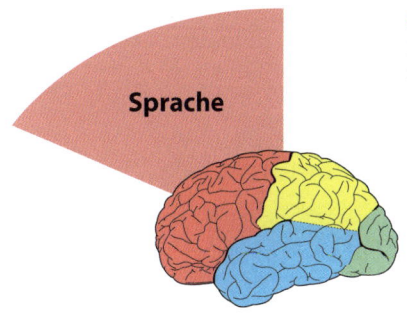

Abbildung 10.1
Sprache und Sprachverarbeitung

Interviews aufzeichnen

Wie bereits erwähnt, empfehle ich bei Kontextrecherchen die Aufzeichnung von Interviews. Diese müssen nicht aufwendig konzipiert sein. Klar, drahtlose Mikrofone können nützlich sein, aber in Wirklichkeit kann Ihnen auch ein Camcorder für 200 Euro ein ganz ordentliches Audioergebnis liefern. Er ist kompakt und unauffällig und eignet sich daher hervorragend für Interviews, sowohl für Audio- als auch für Videoaufnahmen. Versuchen Sie es mit einem möglichst einfachen System, das für den Teilnehmer so unauffällig wie möglich bleibt und ihn nur minimal beeinträchtigt. Das Video können Sie danach importieren, mit verschiedenen Apps wiedergeben und auch eine Transkription anfertigen.

Rohdaten vorbereiten: aber, aber, aber ...

Wenn Sie die Transkripte nach der Aufzeichnung Ihrer Interviews auf Wortnutzung und -häufigkeit analysieren, werden Sie feststellen, dass die häufigsten Wörter wie »aber«, »und«, »oder« und so weiter völlig irrelevant sind. Uns sind die Wörter wichtig, mit denen die Menschen ihre Ideen vermitteln. Entfernen Sie deshalb alle Konjunktionen und andere unwichtige Wörter, um die Begriffe herauszukristallisieren, die für Ihr Produkt oder Ihre Dienstleistung von Bedeutung sind. Überprüfen Sie dann, wie oft diese Wörter verwendet werden. Häufig unterscheidet sich der Wortgebrauch je nach Gruppe, Alter, Lebensstatus und so weiter; diese Unterschiede sollten wir herausfinden. Wir sollten auch durch die Wortwahl ein Gefühl dafür bekommen, inwiefern die Nutzer das vorliegende Thema wirklich verstanden haben. Es gibt immer wieder neue Werkzeuge, um die Worthäufigkeit in einer Textstelle zu messen. Ich empfehle Ihnen, nach »Worthäufigkeitsanalyse« oder »word frequency analysis« zu googeln, um die aktuellsten Tools zu finden.

Zwischen den Zeilen lesen: Fachkenntnisse

Die Sprache, die wir als Produkt- und Dienstleistungsdesigner verwenden, kann dazu beitragen, dass ein Kunde uns vertraut oder aber misstraut. Als Kunden sind wir oft überrascht von den Wörtern, die im Zusammenhang mit einem Produkt oder einer Dienstleistung verwendet werden. Glücklicherweise lässt sich das auch umkehren: Wenn wir die richtige Ausdrucksweise wählen und unsere Wörter zu dem Jargon unserer Kunden passen, werden sie mehr Vertrauen in unser Angebot bekommen.

Wenn wir zwischen den Zeilen des Gesagten lesen, können wir »hören«, ob das Thema den Nutzern vertraut ist, und das bietet uns Aufschluss über ihren Kenntnisstand. Letztendlich führt es auch dazu, dass wir mit diesen Kunden auf der richtigen Ebene über das Thema kommunizieren.

Das gilt für digitale Sicherheit oder Kryptografie, Scrapbooking oder die französische Küche. Wir kennen uns in der einen oder anderen Sache aus und verwenden eine Sprache, die dieser Kompetenz angemessen ist. Ich bin ein Fan von Spiegelreflexkameras und liebe es, über »F-Stops«, »anaphorische Objektive« und »ND-Filter« zu sprechen. Ihnen sagt das möglicherweise gar nichts. Ich bin sicher, dass Sie hingegen über Expertise auf einem Gebiet verfügen, das mir nicht vertraut ist, und dass ich da viel von Ihnen lernen könnte.

Als Produkt- und Dienstleistungsentwickler müssen wir herausfinden, was unsere typischen Kunden über das Thema wissen. Dann können wir bestimmen, wie wir mit ihnen über das Problem sprechen wollen, das sie zu lösen versuchen. Steuerfachleute wissen zum Beispiel, was die Rücklagenbildung nach § 6b und § 6c EStG bedeutet. Diese Leute sind oft völlig baff, wenn andere Menschen einfach nur wissen wollen, wie sie ihre Steuererklärung mithilfe von Quicksteuer von Lexware erledigen sollen, und gar nichts über das Innenleben des doch recht komplexen Steuersystems wissen möchten. Quicksteuer kommuniziert mit Laien in allgemein verständlicher Sprache, zum Beispiel: Wie hoch war Ihr Einkommen in diesem Jahr? Haben Sie einen landwirtschaftlichen Betrieb? Sind Sie umgezogen?

Die Quintessenz lautet: Finden Sie heraus, wie Ihre Kunden sprechen, was das über ihre Fachkompetenz in diesem Bereich aussagt, und holen Sie Ihre Kunden dort mit Begriffen ab, die sie verstehen können.

FALLSTUDIE: MEDIZINISCHE FACHBEGRIFFE

Aufgabe: Die in Abbildung 10.2 gezeigte MedlinePlus-Website des NIH (National Institutes of Health – das nationale Gesundheitsinstitut der USA) bietet eine ausgezeichnete und umfassende Liste mit verschiedenen medizinischen Themen. Die Schwierigkeit für die Nutzer der Website bestand darin, dass MedlinePlus medizinische Befunde mit ihrem Fachbegriff auflistete, etwa »TIA« oder »transiente ischämische Attacke« – die meisten Leute würden dies als »mini-stroke« – auf Deutsch »Schlägelchen« oder »Mini-Schlaganfall« – bezeichnen. Würde das NIH nur TIA aufführen, wäre der durchschnittliche Websitenutzer wahrscheinlich nicht in der Lage, das Gesuchte in der Suchergebnisliste zu finden.

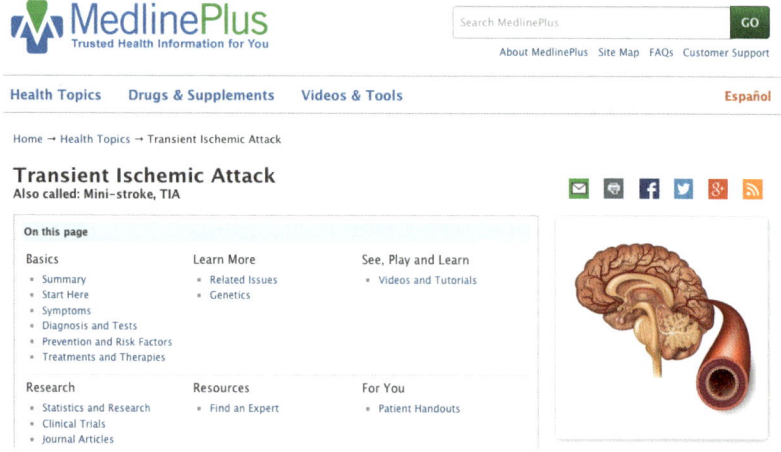

Abbildung 10.2
MedlinePlus

Empfehlung: Wir rieten dem NIH dazu, in die Suchfunktion sowohl Fachbegriffe als auch gängige Ausdrücke aufzunehmen. Wir wussten, dass beide Begriffe an prominenter Stelle präsentiert werden sollten, denn wenn jemand bei der Suche nach einem »mini-stroke« kein passendes Ergebnis erhielt, bekäme er wahrscheinlich den Eindruck, die Suchfunktion sei fehlerhaft. Oftmals werden die Experten in einem Unternehmen (und die Ärzte der NIH und sowie die Mitarbeiter eines Steuerbüros) sich mit umgangssprachlichen Formulierungen schwertun, weil diese nicht immer exakt sind. Wenn wir jedoch entscheiden müssen, ob wir eher Einsteiger oder Experten ansprechen sollten, bin ich der Ansicht, dass wir als Designer uns stärker auf die zuerst Genannten konzentrieren sollten. Oder – wenn möglich – folgen Sie dem Stil von *Cancer.gov*, mit dem ich mich in Kapitel 5 beschäftigt habe. Hier haben die Benutzer bei jedem medizinischen Befund die Wahl, entweder die Version für Ärzte oder die für Patienten aufzurufen.

Beispiele aus der Praxis

Die Abbildungen 10.3 bis 10.5 zeigen, welche Haftnotizen wir in der Spalte »Sprache« platzieren sollten:

»Fand den Warenkorb nicht. Merkte schließlich, dass die ›Einkaufstüte‹ der Warenkorb ist.«

> Wenn wir wissen, dass auf unserer Website eine Funktion »Warenkorb« existiert, gibt es zwei mögliche Gründe, warum der Proband sie nicht finden konnte: (a) Es gab ein visuelles Problem, das ihn daran hinderte, das Feature tatsächlich zu sehen, oder (b) er starrte auf das richtige Feature, verstand aber nicht, dass es die gesuchte Funktion war, weil er mit einem anderen Begriff rechnete (»Einkaufstüte« versus »Warenkorb«). Um zu ermitteln, welche Inhalte Ihre Website haben sollte, sind Ihre Notizen oder Videos hilfreich: Anhand dieser Materialien können Sie herausfinden, wo der Benutzer in diesem Moment tatsächlich hinschaute. Im vorliegenden Fall deuteten meine Notizen darauf hin, dass der Benutzer schließlich herausfand, dass die »Einkaufstüte« der »Warenkorb« war. Das lässt vermuten, dass es sich tatsächlich um ein sprachliches Problem handelte.

> Dies ist ein großartiges Beispiel dafür, dass ein und dasselbe Wort in verschiedenen Ländern ganz unterschiedliche Bedeutungen haben kann. Amerikaner stellen sich im Zusammenhang mit »Einkaufswagen« SUV-große Einkaufstrolleys vor, während in vielen Teilen der Welt Einkaufstaschen oder -körbe die Regel sind. Finden Sie heraus, ob andere Teilnehmer ein ähnliches Problem hatten. Dann können Sie entscheiden, ob Sie die Terminologie ändern sollten.

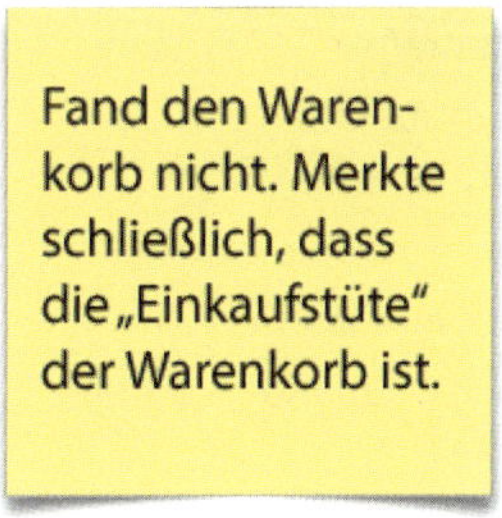

Fand den Warenkorb nicht. Merkte schließlich, dass die „Einkaufstüte" der Warenkorb ist.

Abbildung 10.3
Beobachtung:
Proband nutzt
abweichenden Begriff

»Suchte nach ›Eames Midcentury Lounge Chair‹, als er aufgefordert wurde, nach einem Sessel zu suchen.«

Hier würde ich behaupten, dass der durchschnittliche Kunde höchstwahrscheinlich nicht weiß, dass es einen »Eames-Sessel« gibt, und dass es sich dabei um einen Lounge-Sessel aus der Mitte des vergangenen Jahrhunderts handelt. Diese Suchbegriffe deuten darauf hin, dass der Proband sehr gut über Möbel aus dieser Epoche Bescheid weiß. Dies zeigt das hohe Maß an Fachwissen dieses speziellen Kunden und die Sprache, die wir verwenden müssen, um ihn zu erreichen. Wenn wir hier einen Trend feststellen können, müssen wir die Content-Experten informieren, um diesem Anspruch gerecht zu werden.

Suchte nach „Eames Midcentury Lounge Chair", als er aufgefordert wurde, nach einem Sessel zu suchen.

Abbildung 10.4
Beobachtung: Suchbegriffe deuten auf umfangreiche Kenntnisse dieses Themas hin.

Warnung

Wenn man diese Ergebnisse zu wörtlich interpretiert, könnte man »Suchen« als visuelle Funktion betrachten (das heißt das Scannen einer Seite, um das Gesuchte zu finden). In diesem Fall meint »Suchen« jedoch die Eingabe eines Begriffs in eine Suchmaschine. Wenn Sie sich bei einem aus dem Zusammenhang gerissenen Kommentar oder einer Feststellung unsicher sind, sollten Sie immer Ihre Notizen, Ihr Videomaterial oder Eyetracking zu Hilfe nehmen und prüfen, ob der Benutzer tatsächlich überall auf der Seite nach einem Fahrrad gesucht oder etwas in eine Suchmaschine eingegeben hat. Wenn Sie Notizen machen, achten Sie darauf, dass diese so eindeutig wie möglich sind, da Wörter wie »Suche« auf unterschiedliche Weise interpretiert werden können.

»Möchte die Ergebnisse nach ›Film noir‹ filtern.«

Dieser Punkt spricht für die Fachkompetenz der Person, die Raffinesse ihrer Sprache und das Hintergrundwissen, das sie in Bezug auf die Filmbranche hat. Wir erkennen hier auch eine Erinnerungskomponente, die auf das mentale Modell des Benutzers verweist, in dem die Ergebnisse nach Genre geordnet sind – vielleicht sind auf einer ähnlichen Website die Ergebnisse so sortiert.

Abbildung 10.5
Beobachtung: Suchbegriff deutet auf tiefergehende Kenntnisse der Filmbranche hin.

Möchte die Ergebnisse nach „Film noir" filtern.

In dieser Übung habe ich Ihnen einen kleinen Vorgeschmack auf die Bandbreite der verschiedenen sprachlichen Reaktionen gegeben, nach denen wir suchen. Sie reichen von falsch benannten Schaltflächen über kulturelle Wortbedeutungen bis hin zur Nomenklatur, die mit einer Interaktion/Navigation verbunden ist sowie dem Grad der Komplexität.

Stellen Sie die Wortnutzung Ihrer Kunden der Sprache Ihrer Website oder App gegenüber und überlegen Sie, wie sich dies auf Ihr Produkt- oder Dienstleistungsdesign auswirken könnte. Wenn die Wortwahl Ihrer Kunden eine große fachliche Bandbreite nahelegt, könnten Sie zu dem Schluss kommen, dass Sie in Ihrem Design sowohl die Bedürfnisse von Anfängern als auch die von Experten stärker berücksichtigen sollten.

FALLSTUDIE: INSTITUTE OF MUSEUM AND LIBRARY SERVICES

Aufgabe: Das Beispiel in Abbildung 10.6 zeigt die Bedeutung geeigneter Namen nicht nur für den Inhalt, sondern auch für Navigationsmenüs. Diese staatlich geförderte Einrichtung leistet hervorragende Arbeit bei der Unterstützung von Bibliotheken und Museen in den USA. Sehen Sie sich die Gliederung der Website-Navigation an. Sie ist ziemlich typisch: Über uns, Fördermittel, Publikationen, Forschung & Entwicklung und ... Problemfelder. Als wir die Site mit Benutzern testeten, fiel ihnen die Registerkarte »Problemfelder« (»Issues«) auf. Alle unsere Teilnehmer nahmen an, dass es bei den »Problemfeldern« um Dinge ging, die im Institut schiefgingen. Weit gefehlt: Der »Issues«-Bereich stellte tatsächlich die zentralen Bereiche des Instituts dar und beinhaltete eine Reihe von Themen, die für Museen und Bibliotheken in ganz Amerika wichtig sind (Bestandserhaltung, Digitalisierung, Barrierefreiheit und so weiter).

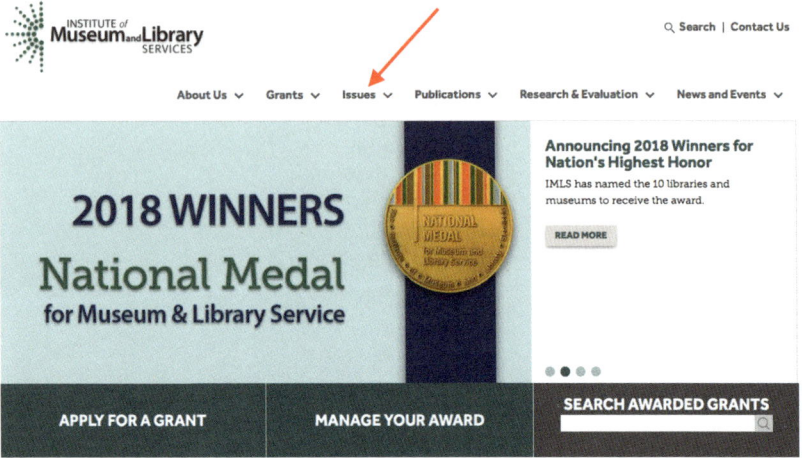

Abbildung 10.6
Die Website der Institute of Museum and Library Services

Empfehlung: Entscheidend war, dass wir nicht nur die Sprache insgesamt an die Erwartungen der Kunden anpassen mussten, sondern auch die Terminologie der Navigation. In Zukunft wird das Institut die Inhalte von »Issues« unter einem anderen Namen an einen anderen Ort verschieben, der diese Inhalte besser vermittelt.

Konkrete Empfehlungen

- Zeichnen Sie alle Interviews auf und transkribieren Sie sie mit einem automatisierten Tool.

- Ermitteln Sie die Häufigkeit des Wortgebrauchs und den Grad der Komplexität des Vokabulars (zum Beispiel »Gehirnverletzung« versus »linksseitiges medio-parietales subdermales Hämatom«), um einen Hinweis auf die Fachkenntnisse des Kunden in Bezug auf ein Thema zu erhalten.

- Achten Sie auf die Reihenfolge und Verwendung der Wörter, insbesondere beim Aufbau von KI-Systemen (um diese entsprechend trainieren zu können und sicherzustellen, dass bestimmte syntaktische Muster korrekt verarbeitet werden).

[11]

Wegfindung:
Wie kommen Sie dorthin?

Nun beschäftigen wir uns mit Erkenntnissen, die sich auf die Wegfindung beziehen (Abbildung 11.1). In Kapitel 2 haben Sie erfahren, dass es bei der Wegfindung darum geht, wo sich die Nutzer ihrer Meinung nach im Raum befinden, was sie dort ihrer Ansicht nach tun und wie sie sich bewegen können und welche Herausforderungen ihnen dort möglicherweise begegnen. Wir möchten ein Verständnis dafür entwickeln, wie die Menschen den Raum wahrnehmen – in unserem Fall den virtuellen Raum – und wie sie darin interagieren können.

Erinnern Sie sich an die Geschichte von der Ameise in der Wüste? Es ging darum, wie sie ihrer Meinung nach zum Bau zurückgelangen konnte. Die Grundlage war ihr Weltverständnis (wobei sie sich nicht vorstellen konnte, dass man angehoben und an eine andere Stelle versetzt werden könnte). Ganz ähnlich wollen wir beobachten, wie unsere Kunden navigieren und ihren Weg suchen, und die bei dieser Interaktion mit unseren Produkten und Dienstleistungen auftretenden Probleme identifizieren.

Mit Blick auf die Wegfindung suchen wir Antworten auf die folgenden Fragen:

- Wo stehen Ihre Kunden ihrer Ansicht nach?
- Wie können sie ihrer Ansicht nach von A nach B gelangen?
- Was wird ihrer Ansicht nach als Nächstes geschehen?
- Welche Erwartungen haben sie und worauf basieren diese?
- Auf welche Herausforderungen im Interaktionsdesign sind sie aufgrund ihrer Annahmen gestoßen?

In diesem Kapitel sehen wir uns an, wie die Zielgruppe »die Lücken füllt«, indem sie versucht vorauszusagen, wie typische Interaktionen aussehen könnten und wie es als Nächstes weitergeht. Besonders im Hinblick auf das Design und den Serviceablauf müssen wir ermitteln, was unsere Kunden erwarten, und ihre nächsten Schritte voraussehen. So können wir Vertrauen aufbauen und diese Erwartungen erfüllen.

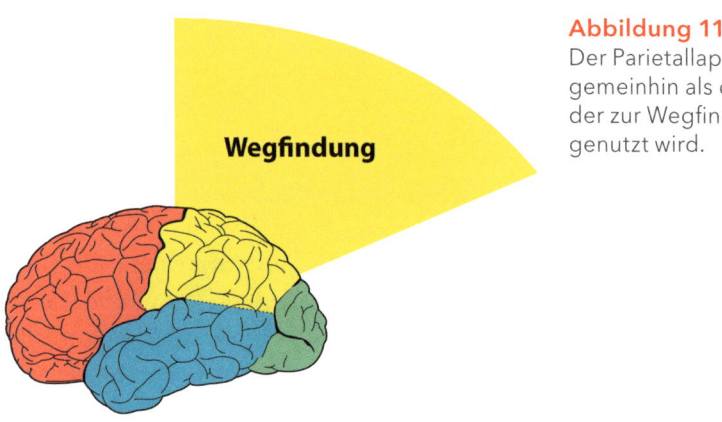

Abbildung 11.1
Der Parietallappen gilt gemeinhin als der Teil, der zur Wegfindung genutzt wird.

Wo befinden sich die Nutzer ihrer Ansicht nach?

Beginnen wir mit dem elementarsten Teil der Wegfindung: Wo befinden sich die Nutzer ihrer Ansicht nach wirklich im Raum? Beim Produktdesign geht es oft um den virtuellen Raum, aber auch dort ist es hilfreich, die Vorstellung des Nutzers vom physischen Raum zu beachten.

FALLSTUDIE: EINKAUFSZENTRUM

Herausforderung: Damit Sie herausfinden können, ob Sie Ihr Ziel erreicht haben, müssen Sie wissen, wo Sie sind oder – falls nicht – wie Sie dorthin gelangen. Wir kommen zurück zu dem Bild von dem Einkaufszentrum in der Nähe meines Hauses. Sie erkennen, dass alles gleichförmig aussieht: die Stühle, die Decke, die Anordnung (Abbildung 11.2). Bei vielen Läden kann man noch nicht einmal die Namen erkennen. Diese Anordnung bietet nur wenig Hinweise darauf, wo man sich befindet und wo man hingehen kann (physisch und philosophisch, besonders, wenn man so viel Zeit wie ich damit verbracht hat, den Weg aus Einkaufszentren hinaus zu finden!). Dies ähnelt ein wenig dem in Kapitel 3 erläuterten Snapchat-Problem, nur im physischen Raum: Es gibt keine Möglichkeit, herauszufinden, wo man ist, keine eindeutigen Hinweise.

Abbildung 11.2
Welche Hinweise zeigen Ihnen in diesem Einkaufszentrum Ihren Standort?

Empfehlung: Ich hatte noch keinen Kontakt mit dem Designteam unseres Einkaufszentrums, aber ich würde ihnen wahrscheinlich empfehlen, eindeutige Hinweise hinzuzufügen – etwa verschiedenfarbige Stühle in den unterschiedlichen Flügeln. Außerdem würde ich einige Säulen entfernen, weil diese den Blick auf die Läden versperren. Wir brauchen ein paar Hinweise, die uns zeigen, wo wir sind und wohin wir gehen. Dasselbe gilt für digitales Design: Gibt es Hinweise, die unseren Kunden zeigen, wo sie sich im virtuellen Raum befinden? Sind die Eingänge, Ausgänge und andere Knotenpunkte deutlich markiert?

Wie gelangen sie ihrer Ansicht nach von A nach B?

Wenn Sie Ihre Kunden bei der Interaktion mit Ihrem Produkt beobachten, bemerken Sie Tendenzen, Notlösungen und »Tricks«, die sie nutzen, um sich zurechtzufinden – oft auf eine Art und Weise, die Sie bei der Entwicklung des Systems gar nicht erwartet hätten.

FALLSTUDIE: SUCHBEGRIFFE

Herausforderung: Ich finde es bemerkenswert, wie oft die Nutzer von Expertentools und Datenbanken bei der Suche Begriffe oder Fachwörter verwenden, von denen sie annehmen, dass sie bei der Nutzung solcher

High-End-Tools sinnvoll sein könnten. Bei der Beobachtung einer Gruppe von Steuerfachleuten erkannte ich, dass sie dachten, sie bräuchten einen bestimmten Fachbegriff (einen bestimmten Steuercode), um die gewünschte Seite in einem von uns verwendeten Tool zu finden, und dass sie diese nicht durch Navigation im System erreichen würden. Anstatt zum Steuercode zu navigieren, googelten sie den Namen des Steuergesetzes, um den Fachbegriff, den Code, zu ermitteln, kehrten zum Tool zurück und gaben ihn in die Suchleiste ein. Als Designer wissen wir, dass sie vor allem Probleme mit der Navigation des Expertentools hatten, sodass sie andere Wege finden mussten, um dieses Problem zu umgehen.

Empfehlung: Bei der Gestaltung von Produkten oder Dienstleistungen müssen wir sicherstellen, dass wir nicht nur unser Produkt berücksichtigen, sondern auch andere »Helfer« und Tools – Suchmaschinen sind nur ein Beispiel –, die unsere Zielgruppe in Verbindung mit unseren Produkten nutzt. Nur so können wir vollständig erkennen, wie die Nutzer ihrer Ansicht nach von A nach B gelangen können.

Worauf basieren diese Erwartungen?

Bei der Durchführung Ihrer eigenen Kontextuntersuchungen werden Sie zahlreiche Überlappungen zwischen Wegfindung, Sprache und Erinnerung bemerken. Denn jedes Mal, wenn jemand mit Ihrem Produkt oder Ihrer Dienstleistung in Berührung kommt, bringt er Grundannahmen aus seiner Erinnerung ins Spiel.

Ich möchte versuchen, eine Grenze zwischen Wegfindung und Erinnerung zu ziehen. Wenn ich von Erinnerung spreche, geht es um die übergeordnete Erwartung, wie eine Erfahrung funktionieren sollte (zum Beispiel in einem schönen Restaurant essen gehen oder zur Autowaschanlage fahren). Mit Wegfindung oder Interaktionsdesign meine ich hingegen Erwartungen, die mit der Bewegung im Raum (real oder virtuell) zu tun haben.

Hier ein Beispiel für die feinen Unterschiede: Bei manchen neueren Aufzugsmodellen müssen Sie die gewünschte Etage an einem zentralen Display auf der Außenseite der Aufzugsreihe eintippen und bekommen angezeigt, welchen Aufzug Sie nehmen sollten, um dorthin zu gelangen. In den Aufzügen selbst gibt es keine Etagenknöpfe mehr. Das verstößt gegen die herkömmlichen Vorstellungen mancher Menschen, wie man mithilfe eines Aufzugs vom Erdgeschoss zu einer bestimmten Etage gelangt. Da es sich aber um eine Bewegung im Raum handelt, obwohl gespeicherte Erinnerungen und Schemata aufgegriffen werden, würde ich behaupten, dass es sich um ein Beispiel für Wegfindung handelt. In diesem Fall geht es bei den aktivierten Erinnerungen um ein Interaktionsdesign (wie man beispielsweise vom Erdgeschoss in den fünften Stock gelangt), und nicht um den gesamten Bezugsrahmen.

Beispiele aus der Praxis

Kehren wir zu unseren Haftnotizen zurück. Abbildungen 11.3 bis 11.7 zeigen die Haftnotizen, die wir als Ergebnisse im Zusammenhang mit der Wegfindung einstufen würden.

»Erwartete, dass die Suche eine intelligente Auto-Ausfüllfunktion enthält.«

Das ist zwar nicht vergleichbar mit der Ameise, die sich im Raum bewegt, aber ich denke doch, dass diese Aussage mit dem Interaktionsdesign verknüpfbar ist. Die Notiz verwendet das Wort »erwartet«, wodurch Erinnerung impliziert wird. Wichtiger ist jedoch meiner Meinung nach, dass es darum geht, wie man von A (zum Beispiel der Suchfunktion) nach B (zum Beispiel den relevanten Suchergebnissen) gelangt.

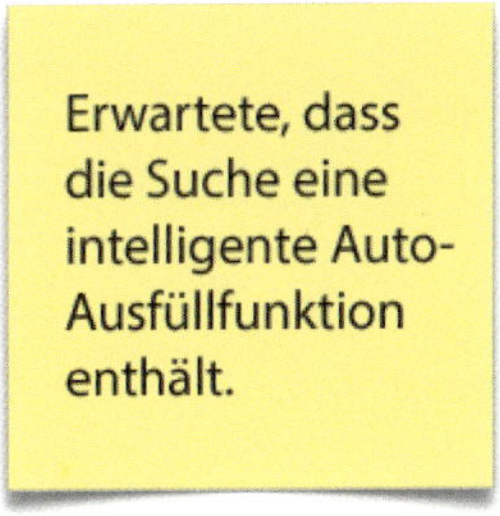

Abbildung 11.3
Beobachtung: Erwartungen an die Suchinteraktion

Erwartete, dass die Suche eine intelligente Auto-Ausfüllfunktion enthält.

»Erwartete, dass der Klick auf ein Buchcover das Inhaltsverzeichnis anzeigt.«

Das ist eine Erwartung an das Interaktionsdesign. Diese Person hat bestimmte Erwartungen, was geschehen wird, wenn sie auf ein Buchcover klickt. Auch wenn die meisten elektronischen Bücher so nicht funktionieren, ist es gut zu wissen, dass der Nutzer diese Erwartung hatte.

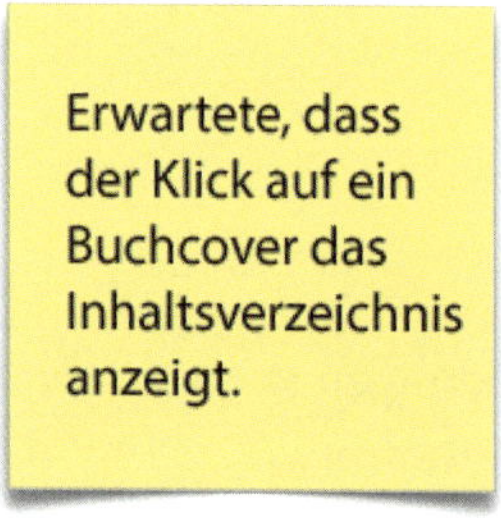

Abbildung 11.4
Beobachtung: Abweichende Erwartung an Interaktion

»Erwartet, ›wie auf dem Smartphone wischen‹ zu können, um zu browsen.«

Das ist ein Beispiel für die Wegfindung. Wir stoßen immer häufiger darauf, je öfter wir mit »Digital Natives« arbeiten. Wie die meisten von uns nutzt diese Person ihr Smartphone für fast alles. Die Erwartung, überall wischen zu können, wird immer mehr zum Standard. Wir Designer müssen das berücksichtigen. Man könnte argumentieren, dass es hier eine Erinnerungs-/Framing-Komponente gibt, aber ich würde entgegnen, dass es bei dieser Erinnerung um interaktives Design geht und um die Fortbewegung im virtuellen Raum.

Abbildung 11.5
Beobachtung: Smartphone-Interaktion wird auch auf anderen Oberflächen erwartet.

»Frustriert, dass in dieser App Sprachbefehle nicht funktionieren.«

Dies ist beim Interaktionsdesign ein berechtigter Punkt: Der Nutzer möchte nicht nur beispielsweise tippen oder das Telefon schütteln, damit etwas passiert, sondern zusätzlich die Sprachsteuerung benutzen. Dies ist ein gutes Beispiel dafür, dass es bei der Wegfindung um mehr geht als um eine physische Aktion im Raum. Man könnte argumentieren, dass es hier auch eine Sprachkomponente gibt, aber wir sind nicht sicher, ob dieser Proband wirklich eine Sprachsteuerung erwartete. Wir wissen nur, dass er gerne eine gehabt hätte. Anhand weiterer Daten könnten wir herausfinden, ob die Erinnerung an ein anderes Tool verantwortlich für diese Frustration war.

> Frustriert, dass in dieser App Sprachbefehle nicht funktionieren.

Abbildung 11.6
Teilnehmer wünschte sprachbasierte Interaktion (Sprachsteuerung).

»Erwartet, dass durch einen Klick auf den Film eine Vorschau abgespielt wird, nicht der eigentliche Film.«

Diese Person erwartete eine Filmvorschau mit einer Benutzeroberfläche wie bei Roku, einem Streaming-Gerät, oder Netflix. In diesem speziellen Fall bekommt man entweder eine kurze Beschreibung oder den ganzen Film, aber kein Zwischending. Das widerspricht den Erwartungen des Nutzers an die Wegfindung. Gäbe es hier eine Vorschauoption, die der Nutzer jedoch aus irgendeinem Grund nicht finden kann, würden wir ein visuelles Problem erkennen.

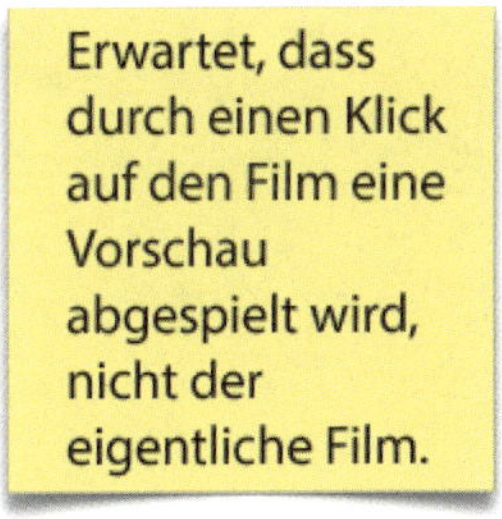

> Erwartet, dass durch einen Klick auf den Film eine Vorschau abgespielt wird, nicht der eigentliche Film.

Abbildung 11.7
Beobachtung: Erwartungen, die auf früheren Erfahrungen basieren

Fallstudie: Filmvorführung mit Ablenkungen

Herausforderung: Da wir gerade beim Thema Smartphones waren, möchte ich eine Studie erwähnen, bei der ich Teilnehmer beobachtete, die auf ihr Smartphone und einen Fernseher schauten und dabei auch noch von ihrem Roku zu anderen TV-Kanälen wie Hulu, Starz, ESPN und so weiter wechselten. In diesem Fall interessierte uns, wie die Teilnehmer (die eine Eyetracking-Brille trugen, siehe Abbildung 11.8) ihrer Meinung nach innerhalb der Benutzeroberfläche von einem Ort zum anderen gelangen konnten. (Würden sie mit der sprachgesteuerten Fernbedienung sprechen? Würden sie etwas anklicken? Würden sie wischen? Würden sie sonst etwas tun?)

Empfehlung: Zwei Aspekte zeigten sich in aller Deutlichkeit. Erstens ist der typische »flache« Design-Stil nicht so gut geeignet. Für die Nutzer ist oft schwierig zu erkennen, welches Element auf dem Bildschirm gerade ausgewählt ist, sodass sie echte Probleme haben, herauszufinden, wo sie sich in der Benutzeroberfläche befinden. Zweitens war das Roku-Gerät sehr viel besser als der Rest. Warum? Wegen eines einzigen Elements auf der Fernbedienung: des Zurück-Knopfs! Egal wo man sich in der Benutzeroberfläche oder in welchem Kanal man sich befand, der Zurück-Knopf funktionierte immer. Ein hervorragendes Beispiel für die Übereinstimmung von Nutzererwartung und Seitennavigation!

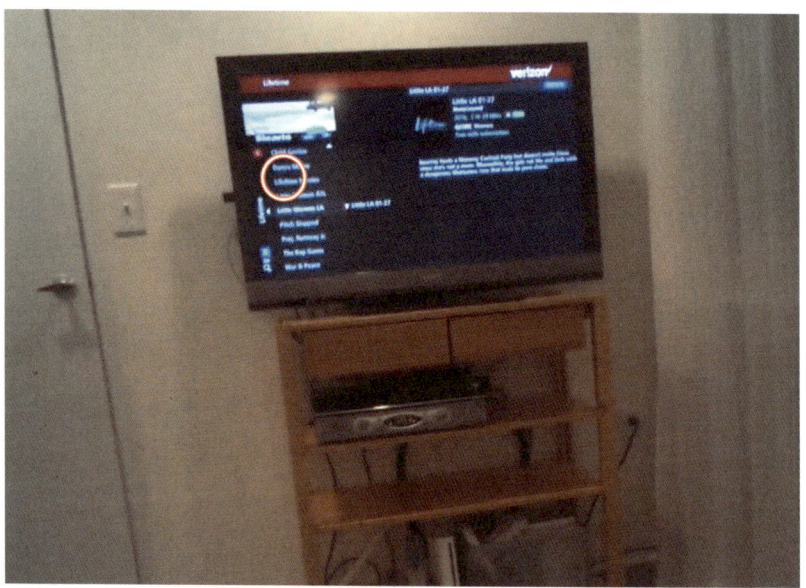

Abbildung 11.8
Mit einem auf dem Kopf des Probanden befestigten Eyetracker wird die Aufmerksamkeit bei einer TV-basierten Benutzeroberfläche ermittelt.

Konkrete Empfehlungen

- Fragen Sie die Nutzer, wie sie sich die Funktionsweise eines Systems vorstellen, bevor sie irgendetwas damit tun. Lernen Sie so viel wie möglich über die Nutzererwartungen.

- Stellen Sie während des Kontextinterviews folgende Fragen: Was wird als Nächstes passieren? Was müssen Sie tun? Was geschieht, wenn Sie einen Fehler machen? Woher wissen Sie, dass es funktioniert hat?

- Nach einem Schritt können die Beobachter fragen (oft kennen Sie die Antwort, aber nicht die Erklärung): Haben Sie das erwartet? Warum/Warum nicht? Was hätte passieren sollen? Hat Sie das überrascht?

[12]

Erinnerung: Erwartungen und Lücken füllen

In diesem Kapitel beschäftigen wir uns mit den semantischen Assoziationen unserer Kunden. Damit meine ich nicht nur Wörter und ihre Bedeutungen, sondern auch Vorstellungen und Erwartungen (Abbildungen 12.1).

Unter anderem stellen wir folgende Fragen:

- Welches sind die Bezugsrahmen unserer Zielgruppe?
- Was erwarteten sie zu finden?
- Wie hätte das Gesamtsystem ihrer Ansicht nach funktionieren sollen?
- Welche Stereotypen, mentalen Modelle oder Schemata beeinflussen diese Erwartungen?
- Wie unterscheiden sich die Stereotypen der Kunden von unseren Experten-Schemata oder -Stereotypen?
- Durch welche Änderungen könnten wir sicherstellen, dass wir die Erwartungen der Kunden erfüllen?

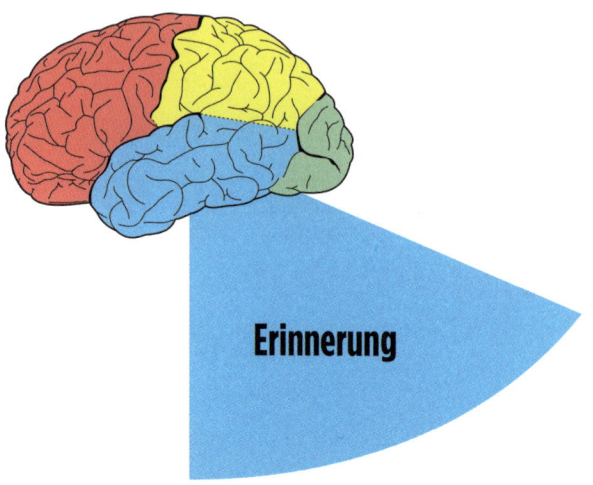

Abbildung 12.1
Für die Erinnerung ist der Temporallappen des Gehirns zuständig.

Bedeutung und Stereotypen

Kommen wir auf die in Kapitel 3 erwähnten Stereotypen zurück. Diese sind nicht notwendigerweise negativ, wie die stereotype Interpretation von »Stereotyp« glauben machen könnte – Sie haben bereits gesehen, dass es für alles Mögliche Stereotypen gibt: wie eine Seite oder ein Tool aussehen sollte oder wie eine bestimmte Benutzererfahrung unserer Ansicht nach funktionieren sollte.

Nehmen Sie beispielsweise die Erfahrung, bei McDonald's essen zu gehen. Wenn ich Sie frage, was Sie von dieser Erfahrung erwarten, rechnen Sie höchstwahrscheinlich weder mit weißen Tischdecken noch mit einem Oberkellner. Sie erwarten, sich in die Schlange einzureihen, Ihre Bestellung aufzugeben und neben der Theke zu warten, um Ihr Essen abzuholen. Bei einem modernen McDonald's könnten Sie auch ein Touchscreen-Bestellsystem erwarten. Ich kenne jemanden, der kürzlich einen Test-McDonald's, in dem neue Rezepte und Konzepte getestet werden, besuchte und erschüttert darüber war, dass er eine Tischnummer bekam, sich an den Tisch setzen sollte und das Essen zu ihm gebracht wurde. Diese Erfahrung ruinierte seine stereotype Ansicht, wie ein Schnellrestaurant funktionieren sollte.

Andere Beispiele für Stereotypen sind der Kauf eines Smartphone-Ladekabels oder eines neuen Autos im Internet. Beim zuerst Genannten erwarten Sie, dass Sie einen Artikel aussuchen, angeben, wohin er geschickt werden soll, die Zahlung tätigen, sie bestätigen und nach ein paar Tagen ein Päckchen erhalten. Beim Fahrzeugkauf suchen Sie hingegen ein Auto online aus, erwarten aber nicht, dass Sie es dann auch gleich online kaufen. Wahrscheinlich rechnen Sie damit, dass der Händler Sie nach Ihren Kontaktdaten fragt und einen Termin ausmacht, an dem Sie sich den Wagen anschauen können. Wenn Sie das Auto kaufen, werden Sie auch mit den Leuten in der Kreditabteilung des Autohauses verhandeln müssen. Das sind zwei sehr unterschiedliche Erwartungen an die Interaktion eines Kaufs.

FALLSTUDIE: PRODUKTHERSTELLUNG VERSUS UNTERNEHMENSFÜHRUNG

Herausforderung: Bei einem Projekt mit mehreren Kleinunternehmern erkannten wir, dass unsere Zielgruppe sich im Großen und Ganzen in zwei Kategorien aufteilte:

1. **Leidenschaftliche Handwerker**
   Sie liebten die Kunst, ihr Produkt herzustellen, waren aber weniger daran interessiert, Geld zu verdienen. Es ging ihnen darum, möglichst schöne Dinge herzustellen. Die Kunden sollten begeistert von ihrer Arbeit sein. Sie schätzten es, Beziehungen zu ihren Kunden herzustellen.

2. **Geschäftsleute**
   Ihnen war es nicht so wichtig, was sie verkauften und welche Qualität die Ware hatte. Sie wollten ihr Geschäft erfolgreich und effizient führen und waren nicht so kundenorientiert.

Ergebnis: Wir erkannten, dass die Erwartungen von Kleinunternehmen nicht notwendigerweise homogen sind. Es gibt hier eher zwei sehr unterschiedliche Muster, jeweils mit unterschiedlicher Fachkompetenz und Anspruchshaltung. Die eine Gruppe erarbeitet gerne Prognosen in Tabellenkalkulationsprogrammen, wohingegen die andere Gruppe damit nichts zu tun haben will. Die eine Gruppe war sehr erfolgreich im Kundenkontakt, die andere arbeitete lieber im Hintergrund. Jede Gruppe hatte unterschiedliches Fachwissen. Deshalb brauchten sie Produkte, Dienstleistungen und eine Ansprache, die zu ihren jeweiligen Stärken passten. Diese Geschichte zeigt, dass die Identifizierung Ihrer verschiedenen Zielgruppen das Design Ihres Produkts durchaus beeinflussen kann. Mehr über die Zielgruppensegmentierung erfahren Sie in Teil III.

Alles zusammensetzen

Beachten Sie alle Dimensionen der vorprogrammierten Nutzererwartungen: wie etwas aussehen und wie es funktionieren sollte, wie man zum nächsten Schritt kommt und ganz allgemein, wie das Gesamtsystem nach Meinung der Kunden funktionieren sollte. Während Sie daran arbeiten, die Erwartungen Ihrer Kunden an die Erfahrung des Produkts oder der Dienstleistung zu entschlüsseln, sollten Sie daran denken, wie unterschiedlich Einsteiger und Experten sich verhalten können. Wie Sie schon bei der Sprache gesehen haben, ist es entscheidend, den Nutzer bei seinem Kenntnisstand abzuholen.

FALLSTUDIE: STEUERKÜRZEL

Herausforderung: Für einen Kunden beobachteten wir Buchhalter und Anwälte, die Steueranalysen durchführten. Konkret interessierte uns, wie sie nach bestimmten Steuerinformationen suchten. Die Informationen waren chronologisch nach dem Typ der Publikation (zum Beispiel Journal, Buch) geordnet, doch die Erwartungen und Denkweise der Endnutzer bewegte sich in ganz unterschiedlichen Dimensionen (nationale versus internationale Steuern, Grundsteuer versus Körperschaftssteuer, Leitlinien versus Steuergesetz und so weiter). Die Interaktionsmodelle, die ihnen zur Verfügung standen, entsprachen nicht der mehrdimensionalen Darstellung, die sie sich vorstellten.

Empfehlung: Bei der Entwicklung eines für diese Gruppe hilfreichen Werkzeugs müssten die Designer ihr bisheriges Modell so überarbeiten, dass es besser zur Denkweise der Nutzer passt. Auch müssten sie ihnen Filter bieten, die ihrem mentalen Modell entsprechen (Abbildung 12.2).

So denkt Ihre Zielgruppe ...

Abbildung 12.2
Steuerexperten verfügen über eine mehrdimensionale Vorstellung von steuerrechtlichen Informationen.

Beispiele aus der realen Welt

Zurück zu unseren Haftnotizen: Wir beschäftigen uns nun mit der Erinnerung und prüfen, welche Untersuchungsergebnisse sich darauf beziehen (Abbildung 12.3, 12.4 und 12.6).

»›Ich hätte gerne, dass sie mich so gut kennen wie bei Stitch Fix.‹«

Hier geht es um einen Bezugsrahmen. (»Stitch Fix« ist ein Fashion-Service, der Ihnen monatlich Kleidungsstücke schickt. Nachdem Sie dem Service Ihren Modestil mitgeteilt haben, wird Ihre Lieferung mithilfe von Experten und computergenerierten Auswahlmöglichkeiten zusammengestellt. Sie probieren sie zu Hause an, zahlen für die Artikel, die Ihnen gefallen, und schicken den Rest zurück.) Hier sind definitiv Emotionen im Spiel: Der Nutzer hat bei diesem Tool das Gefühl, man würde ihn persönlich kennen, und erwartet möglicherweise eine erstklassige, professionelle Kundenerfahrung. Der wichtigste Punkt dieser Beobachtung ist jedoch in meinen Augen der allgemeinen Bezugsrahmen des Nutzers bei der Verwendung Ihres Tools. Wenn Sie das erwartete Interaktionsmodell des Nutzers kennen, können Sie leichter feststellen, was diese Person wirklich in Ihrer Website sucht.

> „Ich hätte gerne, dass sie mich so gut kennen wie bei Stitch Fix."

Abbildung 12.3
Beobachtung: weitreichende Erwartungen, basierend auf Erfahrung mit anderer Site

»*Kann nicht herausfinden, wie er zur ›Theke‹ kommt.*«

Hier scheint der Nutzer das Gefühl zu haben, er befinde sich in einem realen Kaufladen. Man könnte dies in die Kategorie »Sehen« einordnen wollen, da der Nutzer das Gesuchte nicht finden kann. Man könnte auch sagen, es sei ein Sprachproblem, da er nach einem Element namens »Theke« (checkout counter) sucht. Genauso könnte man argumentieren, dass es ein Wegfindungsproblem sei, da der Kunde an einen bestimmten Ort gelangen möchte. Oder ist es ein Erinnerungsproblem? Nichts davon ist falsch und hier sollte man – falls möglich – das Video-/Bildmaterial und/oder die Eyetracking-Daten konsultieren. Der Kernpunkt ist jedoch meiner Meinung nach, dass die Perspektive des Nutzers (und die verbundenen Erwartungen an einen echten Laden) stark von der Funktionalität einer Website abweichen. Hier liegen also Erinnerung- und Erwartungsaspekte vor.

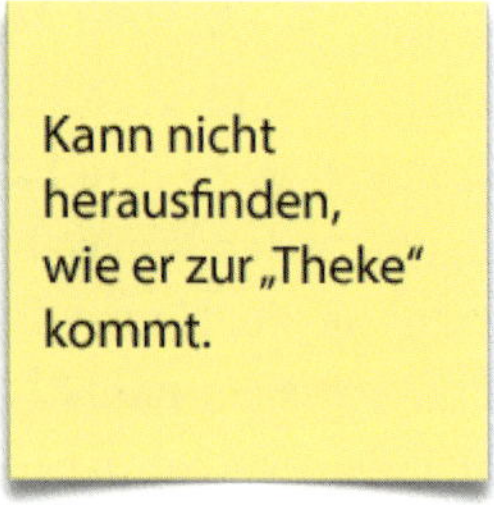

> Kann nicht herausfinden, wie er zur „Theke" kommt.

Abbildung 12.4
Beobachtung: Die Erwartungen der Teilnehmer entsprechen nicht dem momentanen Design.

Dieser Kommentar lässt mich an ein interessantes Tool namens Wayback Machine denken, das Sie einmal ausprobieren sollten. Dieses Internetarchiv ermöglicht Ihnen eine Zeitreise: Sie können sich alte Versionen von Websites ansehen. Die Vorstellung von einer Theke erinnert mich an eine frühe Version der Southwest-Airline-Website (Abbildung 12.5).

Southwest Airlines Home Gate
The Home of Southwest Airlines on the World Wide Web

Updated February 23, 1999:

Abbildung 12.5
Die erste Version von Southwest.com

Wie Sie erkennen können, versuchte Southwest bei seinen frühen Designs, einen echten Schalter nachzuempfinden. Das Ergebnis war diese allzu realistische Darstellung, die wie eine echte Theke funktionierte, inklusive einer Waage, Zeitungen und so weiter. All diese Features waren äußerst konkrete Repräsentationen der tatsächlichen Funktionsweise einer Kasse. Auch wenn solche realistischen Darstellungen aus digitalen Benutzeroberflächen mittlerweile verschwunden sind (ebenso wie viele Entsprechungen dieser Interaktionen in der realen Welt), ist es wichtig, frühere Verhaltensmuster im Kopf zu behalten, wenn man für Zielgruppen der älteren Generation gestaltet, deren Erwartungen vielleicht mehr in Richtung der früheren Kassenschalter gehen.

ANMERKUNG

Da dieser Kommentar so einzigartig ist (nur von einem einzigen Teilnehmer erwähnt wurde), werden wir diesen speziellen Punkt möglicherweise nicht in unserer Designarbeit berücksichtigen. Wenn Sie alle Kommentare gemeinsam betrachten, werden Sie auf Aussagen stoßen, die nur für eine einzige Person gelten und sich nicht zu einem Muster zusammensetzen, das für alle Probanden gilt. Anhand der Gesamtheit der Kommentare dieser Person konnten wir auch erkennen, dass es sich um einen Neuling im Bereich des Online-Shoppings handelte (mehr dazu in Teil III, in dem wir uns mit der Zielgruppensegmentierung beschäftigen).

»Erwartet, Filmbewertungen wie bei ›Rotten Tomatoes‹ zu sehen.«

Ich denke, dass dies auf eine Erwartung hindeutet, wie Bewertungen auf anderen Websites funktionieren. Diese Erfahrung beeinflusst die Interaktion des Nutzers mit unserem Produkt. Dies ist ein weiteres Beispiel dafür, dass eine zu wortwörtliche Interpretation der Ergebnisse Sie in die Irre führen kann. Wenn Sie »erwartet zu sehen« lesen, sollten Sie sich davor hüten, anzunehmen, dass das Wort »sehen« auf die Kategorie »Sehen« hinweist. In diesem Fall geht es meiner Ansicht nach vor allem darum, dass der Benutzer eine Erinnerung oder Erwartung daran hat, was auf der Seite erscheinen sollte. Man könnte argumentieren, dass die Erwartung mit dem Wunsch verbunden ist, eine Entscheidung zu treffen, also würde ich sagen, dass diese Aussage entweder in die Kategorie »Erinnerung« oder »Entscheidungsfindung« gehört.

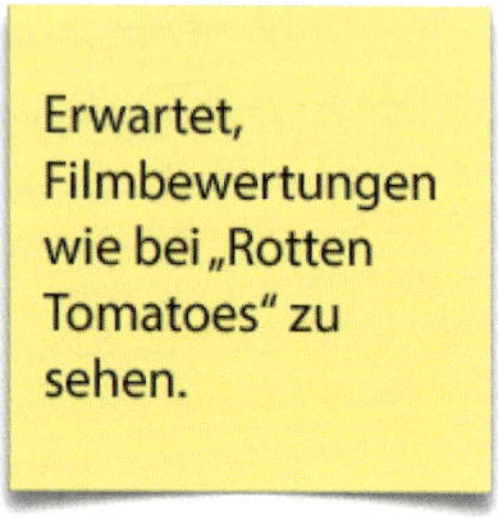

Erwartet, Filmbewertungen wie bei „Rotten Tomatoes" zu sehen.

Abbildung 12.6
Beobachtung: Teilnehmer, die sich auf frühere Erfahrung beziehen, suchen etwas Gleichwertiges, nicht den exakt gleichen Inhalt.

Mögliche Entdeckungen

In unserer Übung haben wir die Erwartungen des Nutzers an andere Tools, Produkte und Unternehmen untersucht und uns die entsprechenden Interaktionsgewohnheiten der Zielgruppe angesehen. Wir haben auch erfahren, inwiefern die Nutzer diese Erwartungen auf unser Produkt oder unseren Kundenservice übertragen. Das sind die Aspekte, nach denen wir normalerweise in der Kategorie »Gedächtnis« suchen. Wir halten nach Überraschungsmomenten Ausschau, die die Vorstellungen unserer Zielgruppe oder die zugrunde liegenden Erinnerungen offenbaren. Wir haben uns auch ein wenig mit der Sprache und dem Kenntnisstand beschäftigt, da dieser ein Anhaltspunkt dafür sein kann, was unsere Nutzer erwarten.

Wir möchten die mentalen Modelle unserer Zielgruppe verstehen und die richtigen aktivieren, sodass wir ein intuitives Produkt anbieten können, dessen Funktionsweise nur minimal erklärungsbedürftig ist. Wenn wir die richtigen Modelle aktivieren, kann unsere Zielgruppe die konzeptionellen Schemata aus anderen Situationen in Anspruch nehmen, um die notwendigen Schritte zu unternehmen. Dadurch stärken wir das Vertrauen in unser Produkt oder unsere Dienstleistung.

FALLSTUDIE: ZEITLEISTE FÜR AKADEMIKER

Herausforderung: Für einen Kunden beschäftigten wir uns mit dem Äquivalent von LinkedIn oder Facebook für Professoren, Wissenschaftler oder Doktoranden auf der Suche nach einem Job. Wie Sie vielleicht wissen, können Sie auf Facebook Ihren Familienstand anzeigen lassen, wo Sie zur Schule gegangen und wo Sie aufgewachsen sind, sogar die Filme, die Ihnen gefallen. Für die Akademiker auf Jobsuche sollten zum Beispiel Mentoren, Veröffentlichungen, Partnerschaften im Labor und so weiter aufgeführt werden. Wir stellten fest, dass es bei der Darstellung des Lebens und Werks eines Forschers zahlreiche Einzelelemente gab.

Empfehlung: Die kontextuelle Untersuchung zeigte uns, was sich ein Juniorprofessor von einem potenziellen Doktoranden wünschte und dass ein Fakultätsleiter die Ergebnisse einer Bewerbung möglicherweise auf ganz andere Weise bewertete. Wir lernten viel über die Erwartungen der Nutzer an die gewünschten Informationskategorien und deren Organisation sowie die Unterschiede zu einem typischen Lebenslauf oder Curriculum Vitae (Abbildung 12.7).

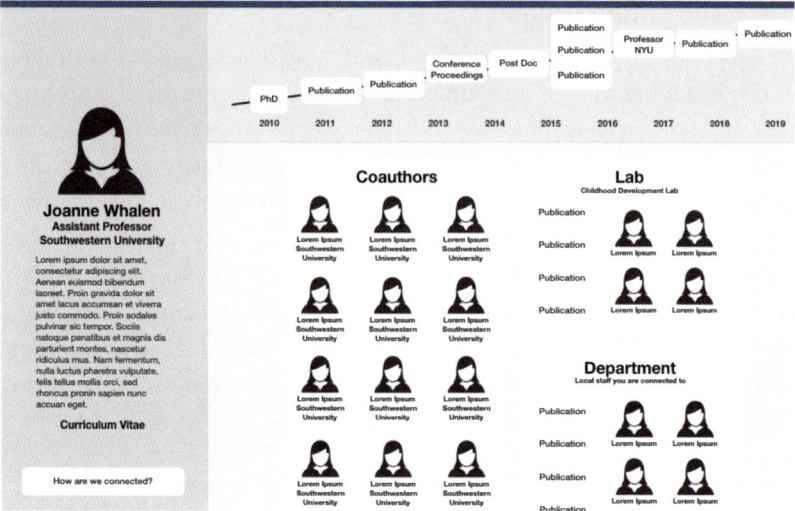

Abbildung 12.7
Fiktive Webseite für ein akademisches Profil

Konkrete Empfehlungen

- Fragen Sie die Zielgruppe nach der Quelle ihrer Erwartungen: Worauf gründen Sie Ihre Erwartungen? Was haben Sie genutzt, das so funktionierte?

- Erstellen Sie nicht nur eine Persona (mehr dazu in Teil III), sondern eine Reihe von Hypothesen über diese Persona in Bezug auf Wortnutzung, Erwartungen und Deutungsrahmen des Problems.

- Dokumentieren Sie visuelle Aufmerksamkeitsverschiebungen, die Wörter/Handlungen, nach denen die Benutzer suchen, die Wortnutzung und die mit diesen Wörtern verbundene Bedeutung, die Syntax der Satzkonstruktion, die vom Nutzer erwarteten Antworten und den erwarteten Fluss des Systems.

- All das kann zusammen wertvolle Hinweise darauf liefern, wie Sie das System am besten an die Bedürfnisse der Nutzer anpassen können.

[13]

Entscheidungsfindung: den Brotkrumen folgen

Bei der Entscheidungsfindung versuchen wir festzustellen, welche Probleme die Kunden wirklich lösen möchten und welche Entscheidungen sie dabei treffen müssen (Abbildung 13.1). Was wollen sie erreichen und welche Informationen benötigen sie, um zum jetzigen Zeitpunkt eine Entscheidung zu treffen?

Bei der Entscheidungsfindung stellen sich etwa folgende Fragen:

- Was versuchen die Nutzer zu erreichen?
- Wie sieht ihr gesamter Entscheidungsprozess aus?
- Welche Fakten benötigen sie, um ihre Entscheidung zu treffen und ihr Problem zu lösen?
- Was brauchen sie in den einzelnen Phasen der Problemlösung?
- Wann wirken sie überfordert und greifen auf Satisfizierung zurück?
- Auf welche durchschnittliche, »zweckmäßige« Option setzen sie standardmäßig?

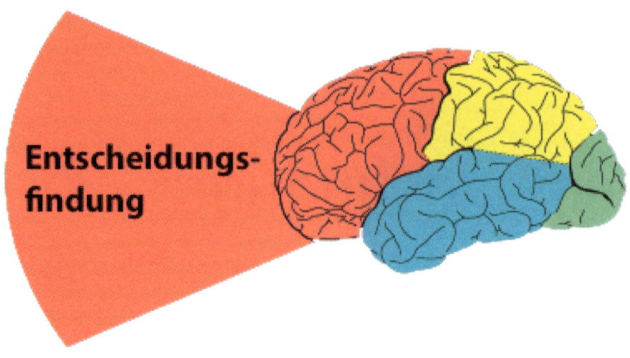

Abbildung 13.1
Die Entscheidungsfindung (und -hemmung) findet in den vorderen Bereichen des Frontallappens statt.

Was mache ich jetzt? Ziele und Wege

Konzentrieren wir uns auf alle Teilziele, die die Kunden erreichen müssen, um vom Ausgangszustand zum Endziel zu gelangen.

Ihr Kunde könnte zum Endziel haben, einen Kuchen zu backen. Um dorthin zu gelangen, muss er sich auf eine Reise mit etlichen Etappen begeben: Zuerst muss er ein Rezept finden, alle Zutaten besorgen und sie nach den Anweisungen des Rezepts zusammen rühren. Im Rahmen der Rezeptur gibt es noch viele weitere Schritte – den Backofen einschalten, die richtige Backform holen, das Mehl sieben, die trocknen Zutaten mischen etc. Wir sollten jeden Mikroschritt identifizieren, der mit unseren Produkten verbunden ist, und herausfinden, wie wir unsere Endkunden bei ihrer endgültigen Entscheidungsfindung oder Zielerreichung unterstützen können.

FALLSTUDIE: E-COMMERCE-ZAHLUNG

Aufgabe: Für einen Kunden beobachteten wir eine Gruppe, die zu entscheiden versuchte, welches Zahlungsmittel sie für einen Online-Einkauf verwenden sollte (PayPal, Stripe, Rechnung, Vorkasse und so weiter). Durch Interviews sammelten wir eine Reihe Fragen oder Bedenken und – wie Sie bereits vermuten – hielten sie allesamt auf Haftnotizen fest (zum Beispiel: »Was ist, wenn ich Hilfe brauche?« »Wie funktioniert das?« »Kann das in Verbindung mit meinem speziellen E-Commerce-System funktionieren?« »Gibt es Sicherheitsprobleme?«). Es gab

- Java 3
- Programmierung 4
- Webentwicklung 5
- Microsoft 6
- Softwareentwicklung 7
- Softwarearchitektur 9
- Softwarequalität & Testen 10
- Agile Methoden 12
- Agile Leadership 15
- IT & Business 17
- Administration & IT-Sicherheit 18
- Design & Publishing 19

Stand: 07/2019

H. Mössenböck

Sprechen Sie Java?
Eine Einführung in das systematische Programmieren

Dieses Buch zeigt von Grund auf, wie man Software systematisch entwickelt. Es beschreibt Java in allen Einzelheiten und vermittelt darüber hinaus allgemeine Programmiertechniken: algorithmisches Denken, systematischer Programmentwurf, moderne Softwarekonzepte und Programmierstil.

5., überarbeitete und erweiterte Auflage
2014, 360 Seiten, Broschur, € 29,90 (D)
ISBN 978-3-86490-099-0

M. Inden

Der Weg zum Java-Profi
Konzepte und Techniken für die professionelle Java-Entwicklung. Aktuell zu Java 9.

Diese umfassende Einführung in die professionelle Java-Programmierung vermittelt das notwendige Wissen, um stabile und erweiterbare Softwaresysteme auf Java-SE-Basis zu bauen. Die Neuauflage wurde durchgehend überarbeitet, aktualisiert und erweitert. Natürlich darf das aktuelle Java 9 nicht fehlen.

4., überarbeitete und aktualisierte Auflage
2018, 1416 Seiten, Festeinband, € 49,90 (D)
ISBN 978-3-86490-483-7

M. Inden

Java – die Neuerungen in Version 9 bis 12
Modularisierung, Syntax- und API-Erweiterungen

Dieses Buch richtet sich an Leser, die bereits solides Java-Know-how besitzen und sich prägnant über die wichtigsten Neuerungen in den Java-Versionen 9 bis 12 informieren und ihr Wissen auf den neuesten Stand bringen möchten. Vertiefen können Sie ihr Wissen durch eine Vielzahl an Übungen.

2019, 344 Seiten, Broschur, € 26,90 (D)
ISBN 978-3-86490-672-5

J. Bloch

Effective Java
Best Practices für die Java-Plattform

Dieser Klassiker wird oft als Pflichtlektüre für Java-Entwickler bezeichnet und liegt jetzt endlich auch in deutscher Sprache vor. Joshua Bloch taucht mit Best Practices und in verständlicher Sprache in die Tiefen der Sprach- und Bibliotheksfunktionen von Java ein – inklusive der Neuerungen von Java 8 und 9.

3. Auflage, 2018, 410 Seiten, Broschur, € 36,90 (D)
ISBN 978-3-86490-578-0

S. Ruppert

Kotlin in Produktion
Vom Java- zum Kotlin-Entwickler

Koltin eignet sich nicht nur für Android-Entwickler, auch für Backend-Entwickler hat die Programmiersprache einiges zu bieten. Dieses Buch zeigt den Weg von objektorientierter zur funktionaler Programmierung. Für den Praxisfokus sorgen Tipps und Methoden rund um Integration, Migration und Testing.

1. Quartal 2020, ca. 250 Seiten, Broschur, ca. € 29,90 (D)
ISBN 978-3-86490-706-7

Programmierung

K. Spichale
API-Design
Praxishandbuch für Java- und Webservice-Entwickler

Mit APIs bzw. Schnittstellen zum Zweck der Arbeitsteilung, Wiederverwendung oder Modularisierung haben Entwickler täglich zu tun. Dieses Buch zeigt, was gute APIs ausmacht. Nach der erfolgreichen Lektüre können Sie APIs für Softwarekomponenten und Webservices entwerfen, dokumentieren und anpassen.

2., überarbeitete und erweiterte Auflage
2019, 382 Seiten, Broschur, € 36,90 (D)
ISBN 978-3-86490-611-4

M. Bancila
Die C++-Challenge
Echte Probleme lösen und zum C++-Experten werden – 100 Aufgaben und ausprogrammierte Lösungen

Dieses Buch zeigt dir viele bemerkenswerte Features, die C++ zu bieten hat, und wie du sie implementierst. Jedes Problem ist einzigartig und testet nicht nur deine Sprachkenntnisse, sondern ebenso deine Fähigkeit, über den Tellerrand hinaus zu denken und die besten Lösungen zu finden.

2019, 306 Seiten, Broschur, € 29,90 (D)
ISBN 978-3-86490-626-8

D. Bader
Python-Tricks
Praktische Tipps für Fortgeschrittene

Wenn du schon eine Weile in Python programmierst und bereit bist, in die Tiefe zu gehen, deine Kenntnisse abzurunden und deinen Code pythonischer zu machen, dann ist dieses Buch genau das Richtige für dich. Du wirst einen wahren Schatz an praktischen Tipps und Entwurfsmustern finden, die dir helfen, ein noch besserer Python-Programmierer zu werden.

2018, 210 Seiten, Broschur, € 29,90 (D)
ISBN 978-3-86490-568-1

H. Mössenböck
Kompaktkurs C# 7

Dieses Buch beschreibt in kompakter Form den gesamten Sprachumfang von C# 7. Es richtet sich an Leser, die bereits Erfahrung mit einer anderen Programmiersprache wie Java oder C++ haben und sich rasch in C# einarbeiten wollen, um damit produktiv zu werden. Mit zahlreichen Beispielen und weit über 100 Übungsaufgaben mit Musterlösungen.

2019, 344 Seiten, Broschur, € 29,90 (D)
ISBN 978-3-86490-631-2

M. Simons
Spring Boot 2
Moderne Softwareentwicklung mit Spring 5

Spring Boot verdrängt seit einigen Jahren zunehmend »klassische« Spring-Anwendungen. Dieses Buch bietet eine umfassende und praktische Einführung in die von Spring Boot 2 unterstützten Spring-Module und -Technologien. Behandelt werden dabei Themen wie Testen, Security, Deployment und Dokumentation.

2018, 460 Seiten, Broschur, € 36,90 (D)
ISBN 978-3-86490-525-4

Webentwicklung

R. Preißel · B. Stachmann
Git
Dezentrale Versionsverwaltung im Team
Grundlagen und Workflows

Nach einer kompakten Einführung in die wichtigen Konzepte und Befehle von Git beschreiben die Autoren ausführlich deren Anwendung in typischen Workflows, z. B. »Mit Feature-Branches entwickeln«, »Ein Release durchführen«, »Große Projekte aufteilen« oder »Continuous Delivery« und parallele Releases.

5., aktualisierte und erweiterte Auflage
3. Quartal 2019, 360 Seiten, Broschur, € 34,90 (D)
ISBN 978-3-86490-649-7

L. D. Gardner
JavaScript für Raspi, Arduino & Co.
Roboter, Maker-Projekte und IoT-Geräte programmieren und steuern

Verwenden Sie JavaScript zur Steuerung von kleinen Robotern, kreativen Maker-Projekten und IoT-Geräten. Mit dem Node.js-Ökosystem funktioniert Hardware-Prototyping intuitiv. Dieses ansprechend illustrierte Buch lehrt, wie man Plattformen wie Arduino, Tessel 2 und Raspberry Pi einsetzt.

2018, 514 Seiten, Broschur, € 32,90 (D)
ISBN 978-3-86490-554-4

E. Matthes
Python Crashkurs
Eine praktische, projektbasierte Programmiereinführung

Zunächst werden Sie mit grundlegenden Programmierkonzepten wie Listen, Wörterbüchern, Klassen und Schleifen vertraut gemacht. Sie erlernen das Schreiben von sauberem Code und wie Sie ihn sicher testen. In der zweiten Hälfte des Buches werden Sie Ihr neues Wissen mit drei praxisnahen Projekten umsetzen.

2017, 622 Seiten, Broschur, € 32,90 (D)
ISBN 978-3-86490-444-8

F. Maurice
PHP 7 und MySQL
Ihr praktischer Einstieg in die Programmierung dynamischer Websites

Mit diesem Buch meistern Sie elegant den Einstieg in die Programmierung dynamischer Webseiten mit PHP & MySQL. Anhand vieler Beispiele und Übungen und immer gut vermittelt Ihnen Florence Maurice verständlich Grundlagen und fortgeschrittene Techniken für die Entwicklung sicherer Websites.

5., aktualisierte und erweiterte Auflage
2019, 600 Seiten, Festeinband, € 22,90 (D)
ISBN 978-3-86490-601-5

F. Malcher · J. Hoppe · D. Koppenhagen
Angular
Grundlagen, fortgeschrittene Themen und Best Practices – inklusive NativeScript und NgRx

Suchen Sie einen Schnelleinstieg in das populäre JavaScript-Framework von Google? Dieses Buch führt Sie anhand eines Beispielprojekts schrittweise an die Entwicklung heran und vermittelt, wie Sie strukturierte und modularisierte Single-Page-Anwendungen mit dem neuen Angular (ab Version 8) programmieren.

2., aktualisierte und erweiterte Auflage
2019, 746 Seiten, Festeinband, € 36,90 (D)
ISBN 978-3-86490-646-6

Microsoft

M. Schmidt
Microsoft Office 365 im Team nutzen – Das Praxisbuch
Der Einsatz der Online-Apps für Anwender

In diesem Praxisbuch erfahren Sie, welche Anwendungen wie SharePoint Online, Teams und OneDrive for Business Ihnen mit Office 365 im Unternehmen zur Verfügung stehen. Sie erkunden deren Einsatz anhand vieler praktischer Beispiele, um so die für Sie relevanten Anwendungen erkennen und auswählen zu können.

4. Quartal 2019, ca. 400 Seiten, Festeinband, ca. € 39,90 (D)
ISBN 978-3-96009-102-8 (O'Reilly)

T. Joos
Microsoft Windows Server 2019 – Das Handbuch
Von der Planung und Migration bis zur Konfiguration und Verwaltung

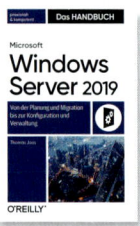

Dieses Standardwerk gibt Ihnen einen tiefgehenden Einblick in den praktischen Einsatz von Windows Server 2019, egal ob Sie Neueinsteiger, Umsteiger oder Profi sind. Planung, Migration, Konzepte und Werkzeuge zur Administration sowie die wichtigsten Konfigurations- und Verwaltungsfragen werden praxisnah erklärt.

2019, 1124 Seiten, Festeinband, € 59,90 (D)
ISBN 978-3-96009-100-4 (O'Reilly)

T. Joos
Microsoft Exchange Server 2019 – Das Handbuch
Von der Einrichtung bis zum reibungslosen Betrieb

Dieses Handbuch bietet Ihnen einen tiefgehenden Einblick in den Einsatz von Microsoft Exchange Server 2019. Sowohl Neueinsteiger als auch Umsteiger von Vorgängerversionen profitieren vom Expertenwissen des Autors in den Bereichen Konfiguration und Verwaltung von Exchange Server.

4. Quartal 2019, ca. 700 Seiten, Festeinband, ca. € 59,90 (D)
ISBN 978-3-96009-101-1 (O'Reilly)

T. Lee
Windows Server 2019 Automatisierung mit PowerShell – Das Kochbuch
Praxiserprobte Rezepte zur Automatisierung und Verwaltung von Administrationsaufgaben

Mit über 90 praxisnahen Rezepten zu allen wichtigen Themen wie z. B. Active Directory, Hyper-V, Azure und Container lernen Sie, wie Sie Windows Server 2019 mithilfe von PowerShell automatisieren, um einfacher, schneller und effektiver zu arbeiten.

4. Quartal 2019, ca. 600 Seiten, Festeinband, ca. € 49,90 (D)
ISBN 978-3-96009-126-4 (O'Reilly)

E. Bott · C. Stinson
Windows 10 für Experten
Insider-Wissen – praxisnah & kompetent

Geschrieben von einem Expertenteam erklärt Ihnen dieses Buch alles, was Sie über Windows 10 wissen müssen: von der Verwendung der neuen Zeitachse über Sicherheitsfragen bis zum fortgeschrittenen System-Management, mit vielen zeitsparenden Lösungen und Tipps.

3., aktualisierte Auflage
2019, 854 Seiten, Festeinband, € 36,90 (D)
ISBN 978-3-86490-638-1 (Microsoft Press)

Softwareentwicklung

R. G. Haselier · K. Fahnenstich
Microsoft Office 2019 – Das Handbuch
Für alle Editionen inklusive Office 365

Ob auf dem Desktop oder in der Cloud mit Office 365 – dieses umfassende Handbuch bietet Ihnen das notwendige Know-how für den Einsatz von Word 2019, Excel 2019, PowerPoint 2019 und Outlook 2019.

2019, 960 Seiten, Festeinband, € 29,90 (D)
ISBN 978-3-96009-103-5 (O'Reilly)

B. Jelen · T. Syrstad
Microsoft Excel 2019 VBA und Makros

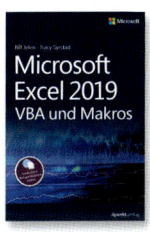

In diesem praktischen Leitfaden erfahren Sie, wie Sie mithilfe von VBA und Makros nahezu jede Excel-Routineaufgabe automatisieren und zuverlässigere und effizientere Excel-Arbeitsblätter erstellen, um in kürzerer Zeit mehr Aufgaben zu erledigen.

2019, 706 Seiten, Broschur, € 39,90 (D)
ISBN 978-3-86490-693-0 (Microsoft Press)

W. Assaf · R. West · S. Aelterman · M. Curnutt
SQL Server Administration
Insider-Wissen – praxisnah & kompetent

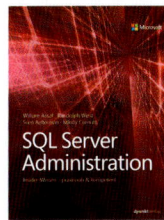

Dieses von Experten für Experten geschriebene Handbuch ist vollgepackt mit hilfreichen Tipps, zeitsparenden Problemlösungen und allem, was Sie zum Planen, Implementieren, Verwalten und Sichern von SQL Server benötigen – egal ob am eigenen Standort, in der Cloud oder in einer Hybridinstallation.

2019, 674 Seiten, Festeinband, € 49,90 (D)
ISBN 978-3-86490-584-1 (Microsoft Press)

T. Geis · G. Tesch
Basiswissen Usability und User Experience
Systematisch und strukturiert vom Nutzungskontext zum gebrauchstauglichen Produkt
Aus- und Weiterbildung zum UXQB® Certified Professional for Usability and User Experience – Foundation Level (CPUX-F)

Gebrauchstaugliche Produkte, die ein positives Benutzererlebnis erzeugen, sind das Ergebnis eines systematischen Prozesses. Die Autoren geben einen fundierten Einstieg sowie einen Überblick über die Kompetenzfelder »Usability und User Experience« und deren Zusammenspiel anhand zahlreicher Beispiele für Gestaltungsprinzipien und Gestaltungsregeln.

2019, 282 Seiten, Festeinband, € 34,90 (D)
ISBN 978-3-86490-599-5

T. Geis · K. Polkehn
Praxiswissen User Requirements
Nutzungsqualität systematisch, nachhaltig und agil in die Produktentwicklung integrieren
Aus- und Weiterbildung zum UXQB® Certified Professional for Usability and User Experience – Advanced Level »User Requirements Engineering« (CPUX-UR)

Im Buch wird fundiert aufgezeigt, wie mit User Requirements erfolgreich die Usability & User Experience und damit die Nutzungsqualität von Produkten maximiert werden kann. Die systematische Herleitung, Spezifikation und Strukturierung von Nutzungsanforderungen aus dem Nutzungskontext werden im Detail erörtert.

2018, 220 Seiten, Festeinband, € 32,90 (D)
ISBN 978-3-86490-527-8

M. Unterauer
Workshops im Requirements Engineering
Methoden, Checklisten und Best Practices für die Ermittlung von Anforderungen

Dieses Buch zeigt, wie Workshops zur schrittweisen Ermittlung von Anforderungen effektiv gestaltet werden können. Der Autor geht dabei über eine theoretische Betrachtung allgemeiner Methoden hinaus und tief hinein in die Mühen der täglichen Arbeit als Projektleiter, Business Analyst oder Requirements Engineer. Die 2. Auflage enthält weitere Workshop-Ideen speziell für agile Teams.

2., überarbeitete und erweiterte Auflage
4. Quartal 2019, ca. 218 Seiten, Festeinband, ca. € 29,90 (D)
ISBN 978-3-86490-695-4

T. Weilkiens · A. Huwaldt · J. Mottok · S. Roth · A. Willert
Modellbasierte Softwareentwicklung für eingebettete Systeme verstehen und anwenden

Das Buch beschreibt den effektiven Einsatz der Modellierung eingebetteter Software von den Anforderungen über die Architektur bis zum Design, der Codegenerierung und dem Testen. Für jede Phase werden Paradigmen, Methoden, Techniken und Werkzeuge beschrieben, wobei die praktische Anwendung im Vordergrund steht.

2018, 384 Seiten, Broschur, € 39,90 (D)
ISBN 978-3-86490-524-7

K. Pohl · C. Rupp
Basiswissen Requirements Engineering
Aus- und Weiterbildung nach IREB®-Standard zum Certified Professional for Requirements Engineering – Foundation Level

Dieses Lehrbuch für die Zertifizierung zum Foundation Level des CPRE umfasst Grundlagenwissen in den Gebieten Ermittlung, Dokumentation, Prüfung und Abstimmung, Verwaltung von Anforderungen sowie die Werkzeugunterstützung. Die 4. Auflage ist konform zum IREB®-Lehrplan Foundation Level Version 2.2.

4., überarbeitete Auflage
2015, 192 Seiten, Festeinband, € 29,90 (D)
ISBN 978-3-86490-283-3

V. Vernon
Domain-Driven Design kompakt
Aus dem Englischen von Carola Lilienthal und Henning Schwentner

Dieses Buch bietet einen kompakten Einstieg in die wesentlichen DDD-Konzepte, wie Ubiquitous Language, Bounded Contexts, Aggregates, Entities und Subdomänen. Nach der Lektüre sind Sie in der Lage, in Projekten eine gemeinsame Sprache für Fachanwender und Entwickler auch über Teamgrenzen hinweg zu finden.

2017, 158 Seiten, Broschur, € 29,90 (D)
ISBN 978-3-86490-439-4

C. Lilienthal
Langlebige Software-Architekturen
Technische Schulden analysieren, begrenzen und abbauen

Auch als englische Ausgabe erhältlich

Die Autorin beschreibt, wie langlebige Softwarearchitekturen entworfen, umgesetzt und erhalten werden können. Sie erörtert an Beispielen aus real existierenden Systemen, wie die typischen Fehler in Softwarearchitekturen aussehen und was sinnvolle Lösungen sind. Hinzugekommen in der 2. Auflage sind u.a. der Modularity Maturity Index und Mob Architecting.

2., überarbeitete und erweiterte Auflage
2017, 304 Seiten, Broschur, € 34,90 (D)
ISBN 978-3-86490-494-3

Softwarearchitektur

M. Gharbi · A. Koschel · A. Rausch · G. Starke
Basiswissen für Softwarearchitekten
Aus- und Weiterbildung nach iSAQB®-Standard zum Certified Professional for Software Architecture – Foundation Level

Auch als englische Ausgabe erhältlich

Dieses Buch vermittelt das nötige Grundlagenwissen, um eine dem Problem angemessene Softwarearchitektur für Systeme zu entwerfen. Es behandelt die wichtigen Begriffe und Konzepte der Softwarearchitektur sowie deren Bezug zu anderen Disziplinen. Die 3. Auflage ist konform zum iSAQB®-Lehrplan Version 2017.

3., überarbeitete und aktualisierte Auflage
2018, 228 Seiten, Festeinband, € 32,90 (D)
ISBN 978-3-86490-499-8

E. Wolff
Das Microservices-Praxisbuch
Grundlagen, Konzepte und Rezepte

Eberhard Wolff zeigt Microservices-Rezepte, die Architekten anpassen und zu einem Menü kombinieren können. So lässt sich deren Implementierung individuell auf die Anforderungen im Projekt ausrichten. Demo-Projekte und Anregungen für die Vertiefung runden das Buch ab.

2018, 328 Seiten, Broschur, € 36,90 (D)
ISBN 978-3-86490-526-1

E. Wolff
Microservices
Grundlagen flexibler Softwarearchitekturen

Eberhard Wolff bietet hier »einen umfassenden und tiefen Einstieg« (iX) in Microservices, inklusive deren Vor- und Nachteile. Dabei erklärt er die übergreifende Architektur von Microservices-Systemen, die Architektur einzelner Services und die Auswirkungen auf Projektorganisation, Deployment und Betrieb.

2., aktualisierte Auflage
2018, 384 Seiten, Broschur, € 36,90 (D)
ISBN 978-3-86490-555-1

K. Hightower · B. Burns · J. Beda
Kubernetes
Eine kompakte Einführung

Kubernetes vereinfacht das Bauen, Deployen und Warten skalierbarer, verteilter Systeme in der Cloud radikal. Dieser praktische Leitfaden zeigt Ihnen, wie Kubernetes und die Container-Technologie dabei helfen können, in Bezug auf Schnelligkeit, Agilität, Zuverlässigkeit und Effizienz in ganz neue Bereiche vorzudringen.

2018, 204 Seiten, Broschur, € 29,90 (D)
ISBN 978-3-86490-542-1

J. Arundel · J. Domingus
Cloud Native DevOps mit Kubernetes
Bauen, Deployen und Skalieren moderner Anwendungen in der Cloud

Dieses praxisorientierte Buch zeigt wie Kubernetes funktioniert und was es kann. Bauen Sie Schritt für Schritt eine Cloud-native Anwendung und die zugehörige Infrastruktur inkl. Continuous-Development-Pipeline auf, die Sie für Ihre eigenen Anwendungen nutzen können.

3. Quartal 2019, ca. 380 Seiten, Broschur, ca. € 36,90 (D)
ISBN 978-3-86490-698-5

A. Spillner · T. Linz
Basiswissen Softwaretest
Aus- und Weiterbildung zum Certified Tester – Foundation Level nach ISTQB®-Standard

Das Buch umfasst den benötigten Stoff zum Ablegen der Prüfung »Certified Tester« (Foundation Level) nach dem Standard des International Software Testing Qualifications Board (ISTQB®) und ist auch für das Selbststudium geeignet. Die 6. Auflage wurde komplett überarbeitet, beinhaltet praxiserprobte Testverfahren aus dem aktuellen ISO-Standard 29119 und ist konform zum ISTQB®-Lehrplan Version 2018.

6., überarbeitete und aktualisierte Auflage
2019, 378 Seiten, Festeinband, € 39,90 (D)
ISBN 978-3-86490-583-4

A. Spillner · T. Roßner · M. Winter · T. Linz
Praxiswissen Softwaretest – Testmanagement
Aus- und Weiterbildung zum Certified Tester – Advanced Level nach ISTQB®-Standard

In diesem Buch werden Grundlagen, praxiserprobte Methoden und Techniken sowie die täglichen Aufgaben und Herausforderungen des Testmanagements vorgestellt und anhand eines durchgängigen Beispiels erläutert. Es umfasst den benötigten Stoff zum Ablegen der Prüfung Certified Tester – Advanced Level – Testmanager.

4., überarbeitete und erweiterte Auflage
2014, 506 Seiten, Festeinband, € 44,90 (D)
ISBN 978-3-86490-052-5

T. Linz
Testen in Scrum-Projekten – Leitfaden für Softwarequalität in der agilen Welt
Aus- und Weiterbildung zum ISTQB® Certified Agile Tester – Foundation Extension

Entwicklungsleiter, Projektleiter, Testmanager und Qualitätsmanager erhalten in dem Buch Hinweise und Tipps, wie Testen und Qualitätssicherung in agilen Projekten erfolgreich organisiert werden können. Tester erfahren, wie sie in agilen Teams mitarbeiten und ihre Expertise optimal einbringen können. Die 2. Auflage ist konform zum ISTQB®-Lehrplan Foundation Level Agile »Agile Tester«.

2., aktualisierte und überarbeitete Auflage
2017, 270 Seiten, Festeinband, € 34,90 (D)
ISBN 978-3-86490-414-1

G. Bath · J. McKay
Praxiswissen Softwaretest – Test Analyst und Technical Test Analyst
Aus- und Weiterbildung zum Certified Tester – Advanced Level nach ISTQB®-Standard

Das Buch deckt sowohl funktionale als auch technische Aspekte des Softwaretestens ab und vermittelt damit das notwendige Praxiswissen für Test Analysts und Technical Test Analysts – beides entscheidende Rollen in Testteams. Es umfasst den benötigten Stoff zum Ablegen der Prüfung Certified Tester – Advanced Level – TA/TTA.

3., überarbeitete Auflage
2015, 588 Seiten, Festeinband, € 44,90 (D)
ISBN 978-3-86490-137-9

M. Winter · T. Roßner · C. Brandes · H. Götz
Basiswissen modellbasierter Test
Aus- und Weiterbildung zum ISTQB® Foundation Level – Certified Model-Based Tester

Modellbasiertes Testen umfasst die Erstellung und Nutzung von Modellen für die Systematisierung, Formalisierung und Automatisierung von Testaktivitäten. Dieses Buch vermittelt die Grundlagen und gibt einen fundierten Überblick über den modellbasierten Testprozess. Die 2. Auflage ist konform zum ISTQB®-Lehrplan Foundation Level Specialist »Model-Based Tester«.

2., vollständig überarbeitete und aktualisierte Auflage
2016, 474 Seiten, Festeinband, € 44,90 (D)
ISBN 978-3-86490-297-0

Softwarequalität & Testen

M. Daigl · R. Glunz
ISO 29119
Die Softwaretest-Normen verstehen und anwenden

Die ISO/IEC/IEEE 29119 stellt eine neue Normenreihe für Softwareprüfungen dar, die Vokabular, Prozesse, Dokumentation und Techniken für Softwaretesten beschreibt. Das Buch gibt eine praxisorientierte Einführung und einen fundierten Überblick über diese Normen (Teil 1 bis 4) und zeigt insbesondere die Umsetzung der Anforderungen aus der ISO 29119 hinsichtlich der Testaktivitäten auf.

2016, 264 Seiten, Festeinband, € 34,90 (D)
ISBN 978-3-86490-237-6

J. Albrecht-Zölch
Testdaten und Testdatenmanagement
Vorgehen, Methoden und Praxis

Der Leser erfährt in diesem Buch, wie man Testdaten gewinnt, nutzt, archiviert und inwiefern der Datenschutz zu beachten ist. Es zeigt Methoden, Best Practices und ein Vorgehen zum Verbessern eines Testdatenmanagements auf. Mustergliederungen und Checklisten helfen bei der Umsetzung in der Praxis.

2018, 454 Seiten, Festeinband, € 42,90 (D)
ISBN 978-3-86490-486-8

K. Franz · T. Tremmel · E. Kruse
Basiswissen Testdatenmanagement
Aus- und Weiterbildung zum Test Data Specialist
Certified Tester Foundation Level nach GTB

Das Buch gibt einen praxisorientierten Überblick über das Testdatenmanagement sowie konkrete Anregungen für die effiziente Bereitstellung von Testdaten. Der Inhalt ist konform zum Lehrplan »Certified Tester Foundation Level Test Data Specialist« nach GTB und eignet sich gleichermaßen für das Selbststudium wie als Begleitliteratur zu den entsprechenden Schulungen.

2018, 208 Seiten, Festeinband, € 32,90 (D)
ISBN 978-3-86490-558-2

C. Ebert
Systematisches Requirements Engineering
Anforderungen ermitteln, dokumentieren, analysieren und verwalten

Dieses Buch beschreibt praxisorientiert und systematisch das gesamte Requirements Engineering vom Konzept über Analyse und Realisierung bis zur Wartung und Evolution eines Produkts. Die 6. Auflage vertieft Themen wie agile Entwicklung, Design Thinking, verteilt arbeitende Teams sowie Soft Skills.

6., überarbeitete und erweiterte Auflage
2019, 496 Seiten, Broschur, € 39,90 (D)
ISBN 978-3-86490-562-9

F. Simon · J. Grossmann · C. A. Graf · J. Mottok · M. A. Schneider
Basiswissen Sicherheitstests
Aus- und Weiterbildung zum ISTQB® Advanced Level Specialist – Certified Security Tester

Die Autoren geben einen fundierten, praxisorientierten Überblick über die technischen, organisatorischen, prozessoralen, aber auch menschlichen Aspekte des Sicherheitstestens und vermitteln das erforderliche Praxiswissen, um für IT-Anwendungen die Sicherheit zu erhalten, die für eine wirtschaftlich sinnvolle und regulationskonforme Inbetriebnahme von Softwaresystemen notwendig ist.

2019, 414 Seiten, Festeinband, € 39,90 (D)
ISBN 978-3-86490-618-3

Agile Methoden

J. Noack · J. Diaz
Das Design Sprint Handbuch
Ihr Wegbegleiter durch die Produktentwicklung

Design Sprints sind eine ideale Methode, um mit einem klaren Fokus auf Kundenbedürfnisse innovative Lösungen zu entwickeln – egal ob digitale oder physische. Dieses Handbuch dient als Wegbegleiter für den Sprint Master, der den Sprint durchführt. Es ist Ablaufplan, Guideline und Checkliste in einem.

2019, 220 Seiten, Klappenbroschur, € 24,90 (D)
ISBN 978-3-86490-656-5

T. Steimle · D. Wallach
Collaborative UX Design
Lean UX und Design Thinking: Teambasierte Entwicklung menschzentrierter Produkte

Dieses Buch bietet einen praxisorientierten Überblick zu Grundlagen und Anwendungen kollaborativer Methoden des User Experience Design. Von einem durchgängigen Praxisbeispiel ausgehend werden disziplinübergreifende UX-Methoden vorgestellt und in einem kohärenten Vorgehensmodell miteinander verknüpft.

2018, 240 Seiten, Festeinband, € 29,90 (D)
ISBN 978-3-86490-532-2

J. Bergsmann
Requirements Engineering für die agile Softwareentwicklung
Methoden, Techniken und Strategien

Das Buch gibt einen praxisorientierten Überblick über die am weitesten verbreiteten Techniken für die Anforderungsspezifikation und das Requirements Management in agilen Projekten. Es beschreibt sowohl sinnvolle Anwendungsmöglichkeiten als auch Fallstricke der einzelnen Techniken. Die 2. Auflage berücksichtigt den IREB®-Lehrplan RE@Agile Primer.

2., überarbeitete und aktualisierte Auflage
2018, 386 Seiten, Festeinband, € 36,90 (D)
ISBN 978-3-86490-485-1

A. Gerling · G. Gerling
Der Design-Thinking-Werkzeugkasten
Eine Methodensammlung für kreative Macher

Die Autoren beschreiben kompakt und praxisnah den Design-Thinking-Prozess in sechs Phasen. Sie geben dem Leser einen strukturierten und für die tägliche Arbeit nützlichen Werkzeugkasten an die Hand. Die konkret beschriebenen Anleitungen für den gesamten Projektverlauf erleichtern die Entscheidung für das richtige Werkzeug zur richtigen Zeit.

2018, 160 Seiten, Klappenbroschur, € 16,95 (D)
ISBN 978-3-86490-589-6

G. Gerling · M. Breunig
Pragmatische Innovation
Ein Leitfaden für Macher und Manager im Zeitalter der Digitalisierung

Dieses Buch führt Sie an die systematische Entwicklung insbesondere digitaler Innovationen heran. Es vermittelt anschaulich die Phasen des Innovationsprozesses, Innovationsstrategie und -portfolio sowie organisatorische Voraussetzungen. Die Verwendung von Design Thinking und Business Model Canvas wird im Kontext erläutert.

4. Quartal 2019, ca. 250 Seiten, Broschur, ca. € 29,90 (D)
ISBN 978-3-86490-544-5

Agile Methoden

C. Mathis

SAFe – Das Scaled Agile Framework
Lean und Agile in großen Unternehmen skalieren

mit Poster zu SAFe 4.5

Das Buch gibt einen praxisorientierten Überblick über die Struktur, Rollen, Schlüsselwerte und Prinzipien von SAFe und führt den Leser im Detail durch die Ebenen des Frameworks. Dabei steht die Umsetzung in den agilen Teams im Vordergrund. Die 2. Auflage wurde auf SAFe Version 4.5 aktualisiert.

2., überarbeitete und aktualisierte Auflage
2018, 254 Seiten, Broschur, € 34,90 (D)
ISBN 978-3-86490-529-2

K. Bittner · P. Kong · D. West

Mit dem Nexus™ Framework Scrum skalieren
Kontinuierliche Bereitstellung eines integrierten Produkts mit mehreren Scrum-Teams

Das Nexus™-Framework ist ein einfacher und effektiver Ansatz, um Scrum in mehreren Teams über verschiedene Standorte und Zeitzonen hinweg erfolgreich anzuwenden. Die Autoren zeigen in kompakter Form, wie Teams mit Nexus™ ein komplexes Produkt in kurzen Zyklen und ohne Einbußen bei der Konsistenz oder Qualität liefern können.

2019, 166 Seiten, Broschur, € 29,90 (D)
ISBN 978-3-86490-576-6

C. Larman · B. Vodde

Large-Scale Scrum
Scrum erfolgreich skalieren mit LeSS

Das Skalierungsframework LeSS setzt auf Scrum auf und unterstützt Unternehmen dabei, Agilität über den gesamten Projektlebenszyklus hinweg zu skalieren: von der Sprint-Planung bis hin zur Retrospektive. Die Autoren zeigen, welche Anpassungen gegenüber Scrum im Kleinen für einen Einsatz im Großen notwendig sind und wie diese Anpassungen so minimal wie möglich gehalten werden können.

2017, 396 Seiten, Broschur, € 34,90 (D)
ISBN 978-3-86490-376-2

Sven Röpstorff · Robert Wiechmann

Scrum in der Praxis
Erfahrungen, Problemfelder und Erfolgsfaktoren

Anhand zahlreicher Praxisbeispiele erfährt der Leser, wie agile Softwareprojekte aufgesetzt und durchgeführt werden können, welche typischen Fehler dabei auftreten und wie diese zu vermeiden sind. Die 2. Auflage wurde um weitere Praxistipps ergänzt und auf Neuerungen im »Scrum Guide« aktualisiert.

2., aktualisierte und überarbeitete Auflage
2016, 368 Seiten, Festeinband, € 36,90 (D)
ISBN 978-3-86490-258-1

S. Roock · H. Wolf

Openbook zum Thema: www.dpunkt.de/s/spm

Scrum – verstehen und erfolgreich einsetzen

Die Autoren beschreiben in kompakter Form die Scrum-Grundlagen und die hinter Scrum stehenden Werte und Prinzipien sowie die kontinuierliche Prozessverbesserung. Dabei unterscheiden sie zwischen den produktbezogenen Aspekten, den entwicklungsbezogenen Aspekten und dem kontinuierlichen Verbesserungsprozess. Neu hinzugekommen sind in der 2. Auflage Techniken wie Storytelling, Story Mapping, Roadmap Planning sowie Lean Forecasting.

2., aktualisierte und erweiterte Auflage
2018, 264 Seiten, Broschur, € 29,90 (D)

Agile Methoden

U. Vigenschow · B. Schneider · I. Meyrose
Soft Skills für Softwareentwickler
Fragetechniken, Konfliktmanagement, Kommunikationstypen und -modelle

Die Autoren zeigen praxisnahe Wege auf, im Arbeitsumfeld besser miteinander zu kommunizieren und Konflikte frühzeitig zu erkennen, um sie erfolgreich zu lösen. Aus ihrer langjährigen Entwickler- und Projektleiterpraxis heraus vermitteln sie die verschiedensten arbeitspsychologischen Modelle und Techniken anhand konkreter Beispiele aus der IT.

4., überarbeitete Auflage
2019, 376 Seiten, Broschur, € 36,90 (D)
ISBN 978-3-86490-697-8

M. Burrows
Kanban
Verstehen, einführen, anwenden

Openbook zum Thema:
www.dpunkt.de/s/kanb

Mike Burrows vermittelt die Kanban-Methode anhand von neun Werten, wodurch er den Prinzipien und Praktiken Kanbans ein starkes Gerüst verleiht. Weiter werden neuere Konzepte wie die drei »Agenden« und die »Kanban-Linse« sowie die Implementierung von Kanban mittels STATIK (Systems Thinking Approach to Introducing Kanban) vorgestellt.

2015, 272 Seiten, Broschur, € 34,90 (D)
ISBN 978-3-86490-253-6

S. Kaltenecker
Tatort Kanban
Ein agiler Kriminalroman

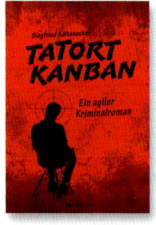

Ein Sicherheitsunternehmen, das sich Agilität auf die Fahnen geschrieben hat. Ein Whiteboard, an dem viele bunte Karten hängen. Ein Mitarbeiter, der vor dem Board tot aufgefunden wird. War es Mord? Bei seiner Ermittlungsarbeit muss Chefinspektor Nemecek ein dichtes Netz an Beziehungen entwirren, entdeckt dabei Kanban und setzt es sogar für die eigenen Untersuchungen ein.

2019, 316 Seiten, Broschur, € 19,95 (D)
ISBN 978-3-86490-653-4

D. J Anderson · A. Carmichael
Die Essenz von Kanban
kompakt

Dieses Buch bietet in einem kompakten Überblick die »Essenz« dessen, was Kanban ist und wie es effektiv eingesetzt werden kann. Es führt in die Werte, die grundlegenden Prinzipien und Praktiken sowie wesentlichen Metriken für die Verbesserungsarbeit ein und gibt einen ersten Einblick in die Implementierung von Kanban in Organisationen.

2018, 112 Seiten, Broschur, € 14,95 (D)
ISBN 978-3-86490-531-5

D. J Anderson · T. Bozheva
Kanban Maturity Model
So werden Unternehmen Fit for Purpose

Das Kanban Maturity Model entstand durch die Arbeit in den letzten zehn Jahren bei der Einführung von Kanban in kleinen und großen Unternehmen verschiedener Branchen. Es spiegelt die Erfahrung wider, dass die angewendeten Kanban-Praktiken zur organisatorischen Reife des Unternehmens passen müssen. Die KMM-Roadmap und konkrete Maßnahmen ermöglichen, die gewünschte Business-Agilität zu erreichen.

4. Quartal 2019, ca. 220 Seiten, Broschur, ca. € 34,90 (D)
ISBN 978-3-86490-608-4

H. Koschek · R. Dräther
Neue Geschichten vom Scrum
Von Führung, Lernen und Selbstorganisation in fortschrittlichen Unternehmen

Drei Jahre nach dem Bau der besten Drachenfalle aller Zeiten hat Scrum viele Anhänger gefunden. Der Open Space beim zweiten Wieimmerländer Scrum-Treffen ist deshalb vollgepackt mit Themen – von Führung über Selbstorganisation bis Vertrauen. Und dann geraten die agilen Werte in Gefahr!

2018, 464 Seiten, Broschur, € 32,90 (D)
ISBN 978-3-86490-273-4

V. Kotrba · R. Miarka
Agile Teams lösungsfokussiert coachen

Sinnvolle Selbstorganisation braucht Vertrauen. Wie können agile Teams zusammen wachsen? Wie kann Kooperation gefördert werden? Die Autoren stellen lösungsorientierte Coaching-Methoden vor und erklären, wie sie im beruflichen Alltag erfolgreich angewendet werden können. Die 3. Auflage enthält zusätzliche Tools und neue Gedanken zum Thema Selbstorganisation.

3., überarbeitete und erweiterte Auflage
2019, 284 Seiten, Broschur, € 32,90 (D)
ISBN 978-3-86490-614-5

S. Kaltenecker
Selbstorganisierte Unternehmen
Management und Coaching in der agilen Welt

Das Buch bietet Ihnen alles, was Sie für die Gestaltung agiler Unternehmen brauchen. Es vermittelt ein solides Grundverständnis sozialer Systeme, beschreibt bewährte Prinzipien und Praktiken der Selbstorganisation und bietet eine breite Palette von Praxisbeispielen, die das Zusammenspiel von Management und Coaching veranschaulichen.

2017, 330 Seiten, Broschur, € 34,90 (D)
ISBN 978-3-86490-453-0

S. Kaltenecker
Selbstorganisierte Teams führen
Arbeitsbuch für Lean & Agile Professionals

Der Autor beschreibt, wie Führung in einem sich selbst organisierenden Umfeld funktioniert, und zeigt, wie die eigenen Führungskompetenzen durch den Einsatz bewährter Techniken systematisch ausgebaut werden können. Die 2. Auflage wurde komplett überarbeitet und um neue Werkzeuge und Fallbeispiele ergänzt.

2., überarbeitete und erweiterte Auflage
2018, 254 Seiten, Broschur, € 32,90 (D)
ISBN 978-3-86490-551-3

M. Burrows
Agendashift™
Ergebnisorientertes Change Management und kontinuierliche Transformation

Agendashift™ ist ein Framework und Teil des Engagement-Modells zur Implementierung einer partizipativen Kultur in Organisationen. Dieses Buch bietet eine pragmatische Anleitung für einen klar strukturierten fünfstufigen Prozess, um kulturelle Veränderungen zu ermöglichen. Dabei werden Techniken und Konzepte aus Lean-Agile, Kanban, Clean Language, Cynefin, Lean Startup und A3 eingesetzt.

4. Quartal 2019, ca. 186 Seiten, Broschur, ca. € 26,90 (D)
ISBN 978-3-86490-665-7

Agile Leadership

C. Avery
The Responsibility Process
Wie Sie sich selbst und andere wirkungsvoll führen und coachen

Der Autor zeigt mit »The Responsibility Process™« den Weg und die Zwischenschritte hin zu echter Verantwortungsübernahme. Er gibt Ihnen konkrete Werkzeuge, Praktiken und Leadership-Weisheiten an die Hand, mit denen Sie lernen, diesen Prozess bewusst einzusetzen, um sich selbst und anderen kraft- und wirkungsvolles Handeln zu ermöglichen.

2019, 294 Seiten, Broschur, € 24,90 (D)
ISBN 978-3-86490-577-3

R. van Solingen
Der Bienenhirte – über das Führen von selbstorganisierten Teams
Ein Roman für Manager und Projektverantwortliche

Auch als Hörbuch erhältlich

Dieses außergewöhnliche Buch handelt von der Geschichte von Mark, einer Führungskraft in einer Supermarktkette, in der auf Selbstorganisation umgestellt wird. Eines Tages erfährt Mark von seinem Großvater, wie dieser vom Schafhirten zum Imker wurde und was er dabei gelernt hat. Seine klugen und praktischen Lektionen scheinen überraschend gut auf Marks Situation zu passen.

2017, 126 Seiten, Broschur, € 19,95 (D)
ISBN 978-3-86490-495-0

J. Hoffmann · S. Roock
Agile Unternehmen
Veränderungsprozesse gestalten, agile Prinzipien verankern, Selbstorganisation und neue Führungsstile etablieren

Agile Unternehmen agieren flexibler am Markt, entwickeln begeisternde Produkte und bieten Mitarbeitern sinnstiftendere Arbeitsplätze. Die Autoren beschreiben, was agile Unternehmen ausmacht, und bieten konkrete Praktiken an, mit denen das eigene Unternehmen schrittweise agiler gestaltet werden kann – mit vielen Fallbeispielen aus der Praxis.

2018, 214 Seiten, Broschur, € 29,90 (D)
ISBN 978-3-86490-399-1

F.-U. Pieper · S. Roock
Agile Verträge
Vertragsgestaltung bei agiler Entwicklung für Projektverantwortliche

Die Autoren beschreiben die vertragsrechtlichen Grundlagen bei agiler Softwareentwicklung, die verschiedenen Varianten der Vertragsgestaltung sowie die einzelnen Vertragsformen mit ihren Eigenschaften, Funktionsweisen, Vorteilen und Risiken, wobei auch eine formalrechtliche Einordnung vorgenommen wird.

2017, 168 Seiten, Broschur, € 26,90 (D)
ISBN 978-3-86490-400-4

P. Koning
Toolkit für agile Führungskräfte
Selbstorganisierte Teams zum Erfolg führen

Sie fühlen sich verantwortlich für Ihre agilen Teams. Sie möchten, dass die Teams wachsen, schneller auf Veränderungen in komplexen und sich schnell verändernden Märkten agieren und selbstorganisiert arbeiten. Was ist das richtige Maß an Selbstorganisation für Ihre Teams? Wann sollten Sie Raum geben, wann eingreifen? Peter Koning zeigt anhand konkreter Werkzeuge zur kontinuierlichen Verbesserung, wie Sie auf neue, effektive Art und Weise führen können.

2019, 192 Seiten, Festeinband, € 26,90 (D)
ISBN 978-3-86490-628-2

IT & Business

A. Rüping
Gute Entscheidungen in IT-Projekten
Unbewusste Einflüsse erkennen, Hintergründe verstehen, Prozesse verbessern

Gute Entscheidungen in IT-Projekten zu treffen, ist nicht einfach. Manchmal fehlt das notwendige Wissen, manchmal kann sich eine gute Meinung nicht durchsetzen. Oft erschweren auch kognitive Verzerrungen die Entscheidungsfindung. Wer jedoch auf diese Hindernisse vorbereitet ist und mit ihnen umzugehen weiß, trifft bessere Entscheidungen; gerade in Projekten, die komplex oder unübersichtlich sind.

2019, 204 Seiten, Broschur, € 29,90 (D)
ISBN 978-3-86490-648-0

D. J Anderson · A. Zheglov
Fit for Purpose
Wie Unternehmen Kunden finden, zufriedenstellen und binden

Dynamische Märkte erfordern an den Kundenbedürfnissen ausgerichtete Produkte. Erfahren Sie, wie Sie Kunden finden, kontinuierlich zufriedenstellen und langfristig binden. Finden Sie konkrete Antworten darauf, ob Produkte an Kundenbedürfnissen ausgerichtet sind und wie diese verbessert werden können. Lernen Sie mit dem »Fit for Purpose«-Framework ein pragmatisches Vorgehen kennen, das Sie hierbei unterstützt.

2019, 302 Seiten, Broschur, € 34,90 (D)
ISBN 978-3-86490-579-7

R. Finger (Hrsg.)
BI & Analytics in der Cloud
Architektur, Vorgehen und Praxis

Die Autoren geben einen fundierten Überblick und behandeln im Detail Themen wie die Cloud als Agilitätshebel für BI und Analytics, Big Data in der Cloud, Cloud Services, Cloud-Nutzungsstrategien für Data Analytics und Social-Media-Integration. Abgerundet wird das Buch mit einem Marktüberblick zu Cloud BI. Die Beiträge spiegeln dabei die konkreten Umsetzungserfahrungen der Autoren wider.

2019, 262 Seiten, Festeinband, € 59,90 (D)
ISBN 978-3-86490-591-9

U. Haneke · S. Trahasch · M. Zimmer · C. Felden (Hrsg.)
Data Science
Grundlagen, Architekturen und Anwendungen

Das Buch bietet eine umfassende Einführung in Data Science und dessen praktische Relevanz für Unternehmen. Es behandelt die wichtigen Aufgabenfelder, Methoden, Rollen- und Organisationsmodelle sowie grundlegenden Konzepte und Architekturen für Data Science. Zahlreiche Anwendungsfälle helfen bei der konkreten Umsetzung in der Praxis.

2019, 336 Seiten, Festeinband, € 59,90 (D)
ISBN 978-3-86490-610-7

M. Knoll
Praxisorientiertes IT-Risikomanagement
Konzeption, Implementierung und Überprüfung

Das Buch beschreibt die Grundlagen sowie Organisationsstrukturen und Elemente des IT-Risikomanagement-Prozesses. Dabei werden gängige Methoden sowie der Einsatz von Werkzeugen anhand von Beispielen aus der Praxis erläutert. Die 2. Auflage wurde komplett überarbeitet und um Themen wie DevOps, Schatten-IT, Industrie 4.0 erweitert.

2., überarbeitete und erweiterte Auflage
3. Quartal 2019, ca. 448 Seiten, Festeinband, ca. € 46,90 (D)
ISBN 978-3-86490-655-8

U. Troppens · N. Haustein
Speichernetze
Grundlagen, Architekturen, Datenmanagement

Lernen Sie die grundlegenden Techniken für die Speicherung von Daten auf Disk- und Flashsystemen, Magnetbändern, Dateisystemen sowie Objektspeichern kennen und erfahren Sie alles über wesentliche Übertragungstechniken wie Fibre Channel, iSCSI, InfiniBand und NVMe sowie deren praktischen Einsatz.

3., aktualisierte und erweiterte Auflage
2019, 960 Seiten, Festeinband, € 69,90 (D)
ISBN 978-3-86490-503-2

L. Betz · T. Widhalm
Icinga 2
Ein praktischer Einstieg ins Monitoring

Die erweiterte und aktualisierte Neuauflage von »Icinga 2« gibt eine umfassende Einführung in das Monitoringprodukt. Dabei zeigt es Umsteigern und Monitoring-Neulingen praxisnah, wie eine Umgebung aufgebaut und Schritt für Schritt immer umfangreicher und umfassender gestaltet wird.

2., aktualisierte und erweiterte Auflage
2018, 686 Seiten, Broschur, € 44,90 (D)
ISBN 978-3-86490-556-8

E. Glatz
Betriebssysteme
Grundlagen, Konzepte, Systemprogrammierung

Dieses Buch bietet eine umfassende Einführung in die Grundlagen der Betriebssysteme und in die Systemprogrammierung. Im Vordergrund stehen die Prinzipien moderner Betriebssysteme und die Nutzung ihrer Dienste für die systemnahe Programmierung. Die 4. Auflage ist in zahlreichen Details überarbeitet. Neu aufgenommen wurden u. a. das Thread-Pool-Konzept, CFS und Container-Systeme.

4., überarbeitete und aktualisierte Auflage
4. Quartal 2019, ca. 718 Seiten, Festeinband, ca. € 42,90 (D)
ISBN 978-3-86490-705-0

Secorvo (Hrsg.)
Datenschutz und Informationssicherheit
Handbuch für Praktiker und Begleitbuch zum T.I.S.P.

Das Grundlagenwerk strukturiert das Basiswissen der Informationssicherheit in 27 aufeinander aufbauenden Kapiteln. Es stammt aus der Feder von Praktikern mit langjähriger Erfahrung in allen Bereichen der IT-Sicherheit. Das Buch eignet sich als Begleitbuch zur T.I.S.P.-Schulung.

3., aktualisierte und erweiterte Auflage
3. Quartal 2019, ca. 826 Seiten, Festeinband, € 84,90 (D)
ISBN 978-3-86490-596-4

J. Forshaw
Netzwerkprotokolle hacken
Sicherheitslücken verstehen, analysieren und schützen

Top-Bug-Hunter James Forshaw befasst sich mit Netzwerken auf Protokollebene aus der Perspektive eines Angreifers, um Schwachstellen zu finden, auszunutzen und letztendlich zu schützen. Das Buch ist damit ein Muss für jeden Penetration Tester, Bug Hunter oder Security-Entwickler.

2018, 366 Seiten, Broschur, € 36,90 (D)
ISBN 978-3-86490-569-8

Design & Publishing

J. Jacobsen
Website-Konzeption
Erfolgreiche und nutzerfreundliche Websites planen, umsetzen und betreiben

In seinem erfolgreichen Klassiker zur Website-Konzeption vermittelt Jens Jacobsen Ihnen, wie Sie eine Website planen, konzipieren, umsetzen und betreiben. Ob Sie alles selbst machen oder mit Agenturen und/oder Auftragnehmern arbeiten – Sie sehen, wie Sie schon in der Konzeptionsphase Fehler vermeiden, die später nur schwer zu korrigieren sind.

8., aktualisierte Auflage
2017, 500 Seiten, Broschur, € 39,90 (D)
ISBN 978-3-86490-427-1

S. Schulze
Auf dem Tablet erklärt
Wie Sie Ihre guten Ideen einfach und digital visualisieren

Lassen Sie sich inspirieren, wie Sie mit einfachen Mitteln Ihre Ideen verdeutlichen, Gedanken strukturieren und Ihre Botschaft visuell darstellen. Von ersten Skizzen bis zur fertigen Präsentation – hier finden Sie Anleitungen, kleine Helfer und hilfreiche Tipps für das Zeichnen mit dem Tablet.

Weitere Titel zum Thema Zeichnen: www.dpunkt.de/s/zeichnen

2018, 316 Seiten, Broschur, € 24,90 (D)
ISBN 978-3-86490-513-1

K. Sckommodau
Magazindesign
Gestaltungsgrundlagen und Umsetzung mit InDesign und Photoshop

Diese Anleitung führt Sie praxisnah durch den gesamten Workflow – von den grundlegenden Überlegungen zur Gestaltung über die Umsetzung in InDesign und die Bildbearbeitung bis hin zur fertigen Druckausgabe. Zudem finden Sie gezielt Lösungen für konkrete Fragestellungen und Checklisten.

2018, 320 Seiten, Festeinband, € 36,90 (D)
ISBN 978-3-86490-530-8

A. Weiss
Sketchnotes & Graphic Recording
Eine Anleitung

Visuell erfassen, festhalten, lernen, präsentieren – diese Anleitung führt vom einfachen Basisbildvokabular über die Umsetzung komplexer Themen in Bilder bis hin zum grafischen Verlaufsprotokoll in Wandgröße. Mit zahlreichen Beispielen, Anregungen, Übungen und Tipps zum simultanen Zeichnen vor Publikum.

2016, 206 Seiten, Festeinband, € 26,90 (D)
ISBN 978-3-86490-359-5

K. Posselt · D. Frölich
Barrierefreie PDF-Dokumente erstellen
Das Praxishandbuch für den Arbeitsalltag –
Mit Beispielen zur Umsetzung in Adobe InDesign und Microsoft Office / LibreOffice

Mit starkem Praxisbezug und anhand vieler Beispiele lernen Sie, barrierefreie PDF-Dokumente zu erstellen. Nach den gesetzlichen Anforderungen und den technischen Grundlagen zeigen die Autoren die praktische Umsetzung in den Standardprogrammen und die abschließende Prüfung und Korrektur der Dokumente.

2019, 614 Seiten, Broschur, € 46,90 (D)
ISBN 978-3-86490-487-5

Konferenzen 2019

3.–5. September 2019, Nürnberg
Die IT-Konferenz mit der Lern-Atmosphäre
www.herbstcampus.de

17.–19. September 2019, Heidelberg
Die Konferenz für Speichernetze und Datenmanagement
www.storage2day.de

// heise devSec()

24.–26. September 2019, Heidelberg
Die Konferenz für sichere Software- und Webentwicklung
www.heise-devsec.de

data2day

22.–24. Oktober 2019, Heidelberg
Die Konferenz zu Big Data, Data Science und Machine Learning
www.data2day.de

» Continuous Lifecycle »
+ [Container Conf]

12.–15. November 2019, Mannheim
Die Konferenz für Continuous Delivery und DevOps
Die Konferenz zu Docker und Co.
www.continuouslifecycle.de
www.containerconf.de

heise MacDev

3.–5. Dezember 2019, Karlsruhe
Die erste Entwicklerkonferenz von Mac & i, dem Apple-Magazin der c't.
www.heise-macdev.de

plus+

Als **plus+**-Mitglied können Sie bis zu zehn E-Books als Ergänzung zu Ihren gedruckten dpunkt.büchern herunterladen. Eine Jahresmitgliedschaft kostet Sie lediglich 9,90 €, weitere Kosten entstehen nicht.

Weitere Informationen unter:
www.dpunkt.plus

O'REILLY®

Weitere Bücher zum Thema Computing unter:
www.oreilly.de

dpunkt.verlag

Wieblinger Weg 17
69123 Heidelberg
fon 0 62 21/14 83 0
fax 0 62 21/14 83 99
hallo@dpunkt.de
www.dpunkt.de

In Kooperation mit:

viele Mikroentscheidungen zu treffen und Fragen, auf die die Menschen Antworten suchten, bevor sie bereit waren, sich für eines dieser Werkzeuge zu entscheiden.

Ergebnis: Durch die Erfassung und Anordnung der einzelnen Teilziele stellen Sie sicher, dass Ihre Designs die Customer Journey unterstützen und alle Fragen zeitnah beantworten. Dies hilft Ihren Kunden, Ihrem Produkt/Ihrer Dienstleistung zu vertrauen und eine Entscheidung zu treffen – und ermöglicht ihnen letztendlich eine bessere Gesamterfahrung, weil sie das Gefühl haben, dass sie eine fundierte Entscheidung getroffen haben.

Gib mir was davon ab! Zeitnahe Bedürfnisse

Erinnern Sie sich an Kapitel 5: Bei Entscheidungen können wir sehr anfällig für ungünstige psychologische Einflüsse sein (deshalb setze ich mich beim Händler nie in ein Auto, das ich nicht zu kaufen beabsichtige). Oftmals sind wir überfordert und begnügen uns am Ende mit der Satisfizierung: Wir akzeptieren eine verfügbare Option als zufriedenstellend. Deshalb waren die Nutzer eher bereit, den Mixer für 349 Dollar zu kaufen, wenn er zwischen einem für 199 Dollar und einem für 499 Dollar gezeigt wurde. Die Wahl der mittleren Option erscheint sinnvoll. Wenn wir als Produktdesigner überlegen, was für unsere Kunden die »sinnvolle« Option ist, sollten wir solche klassischen Framing-Ansätze im Auge behalten.

FALLSTUDE: WEITERBILDUNG FÜR LEHRER

Aufgabe: Wir analysierten eine Gruppe von Lehrern und die zu bestimmten Zeiten des Jahres benötigte Weiterbildung und Expertenunterstützung, mit der sie ihre pädagogischen Fähigkeiten und Unterrichtsstrategien verbessern wollten. Wir erfuhren, dass die Lehrer je nach Jahreszeit ganz unterschiedliche Unterstützung wünschten (Abbildung 13.2).

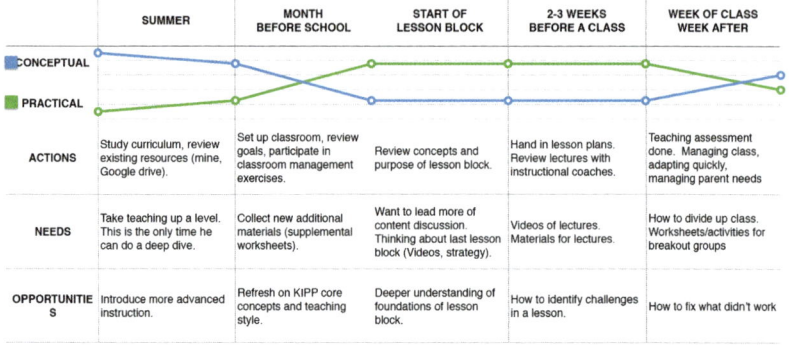

Abbildung 13.2
Zeitplan mit den Schwerpunkten und Interessen eines Lehrers während eines Schuljahres

Ergebnis: Im Sommer hatten die Lehrer mehr Zeit, Konzepte und Grundlagenforschung zur Bildungsphilosophie zu vertiefen. Dies war für sie der beste Zeitpunkt, sich auf ihre eigene Entwicklung als Lehrer zu konzentrieren und sich Gedanken über die Hintergründe ihrer Lehrmethoden zu machen. Kurz vor Beginn des Schuljahrs wurde jedoch statt der konzeptionellen Entwicklung eine sehr pragmatische Unterstützung gewünscht. Die Schüler würden nach den langen Sommerferien schon in Kürze wieder zum Unterricht erscheinen, und die Lehrer müssten mit ihnen – und außerdem den Eltern – klarkommen. Zu diesem Zeitpunkt waren sehr praxisnahe Materialien wie Arbeitsblätter gefragt. Die zu treffenden Mikroentscheidungen lauteten etwa: »Kann ich dieses Arbeitsblatt jetzt ausdrucken?« »Muss es überhaupt ausgedruckt werden?« oder »Können wir es auf unseren Chromebooks einsetzen?« Während des Schuljahrs beschäftigten sich die Lehrer nicht mit dem Warum, sondern mit dem Wie und begnügten sich oft mit Satisfizierung, wenn sie mit zu vielen Informationen überhäuft wurden. Auf Basis dieser Ergebnisse konnten wir zu verschiedenen Jahreszeiten völlig unterschiedliche Content-Arten empfehlen.

Gib mir einen Plan: der Weg zur Entscheidungsfindung

Wir wollen nicht nur wissen, welche Gesamtentscheidungen unsere Kunden insgesamt treffen, zum Beispiel ob sie ein Auto kaufen wollen, sondern auch, welche Mikroentscheidungen in dem Zusammenhang nötig sind: »Hat es Getränkehalter?« »Wird meine Tochter gerne darin mitfahren?« »Kann ich mein Surfbrett transportieren?« »Kann ich einen Dachträger montieren?«

Im Zusammenhang mit Mikroentscheidungen ist das Timing wesentlich. Sobald wir die Fragen identifiziert haben, wollen wir herausfinden, wann der Kunde sie beantworten sollte. Normalerweise geht das nicht alles auf einmal, sondern einen Schritt nach dem anderen. Das ist der Grund, warum die meisten E-Commerce-Websites die Versandinformationen am Ende einfügen, anstatt Ihnen gleich zu Beginn beim Stöbern zu viele Informationen zu präsentieren.

Wir wollen auch wissen, wie unsere Benutzer ihrer Meinung nach vorgehen können, um mit dem System zu interagieren und ihr Problem zu lösen. In der kognitiven Neurowissenschaft sprechen wir von »Operatoren im Problemraum«. Damit sind einfach die Hebel gemeint, die wir unserer Meinung nach bewegen können, um von unserem aktuellen Standort an den gewünschten Zielort zu gelangen. Der tatsächliche Problemraum kann mit den Vorstellungen Ihrer Kunden übereinstimmen oder auch nicht – je nachdem, wie gut sich diese in der Materie auskennen.

Beispiele aus der Praxis

Sehen wir uns noch einmal die Haftnotizen an. Hier einige Ergebnisse, die sich auf die Entscheidungsfindung beziehen (Abbildungen 13.3–13.7):

»Bedenken: ›Und wenn der 5000-$-Sessel beim Transport beschädigt wird?‹«
Dieser Nutzer sagt im Prinzip, dass er mit dem Kauf erst fortfahren wird, wenn er die Antwort auf diese Versand- und Abwicklungsfrage kennt. Man könnte argumentieren, dass hier Sorgen- oder Angstgefühle vorherrschen, aber für mich ist der wichtigste Aspekt eher, dass es sich um eines von mehreren Problemen handelt, die auf der Entscheidungsfindungsreise dieses Benutzers zu lösen sind. Dieses Hindernis muss zur Zufriedenheit des Kunden bewältigt werden, bevor er auf die Schaltfläche »Kaufen« klickt.

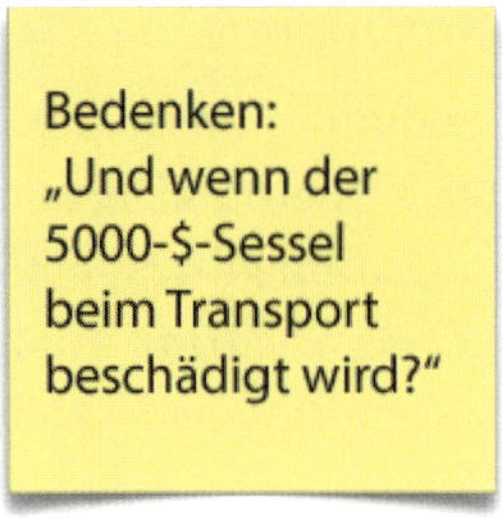

Bedenken:
„Und wenn der 5000-$-Sessel beim Transport beschädigt wird?"

Abbildung 13.3
Beobachtung: ein Grund, warum der Kunde vom Kauf absehen könnte

»Überrascht, dass Gutscheine nicht auf der Produktseite eingegeben werden können, um den Preis zu aktualisieren.«

Ich sehe diese Art Kommentar oft im Zusammenhang mit Online-Shops (wir werden uns gleich eine Fallstudie ansehen). Bei physischen Einkaufsinteraktionen geben wir dem Kassenpersonal in der Regel unsere Gutscheine, bevor wir bezahlen. Wenn die Interaktion in Online-Shops anders angeordnet ist, kann uns das abschrecken und es erschweren, fortzufahren, weil wir nicht sicher sind, ob unser Coupon auch wirklich gültig ist. Plötzlich haben wir kein Interesse mehr daran, zum vollen Preis zu kaufen!

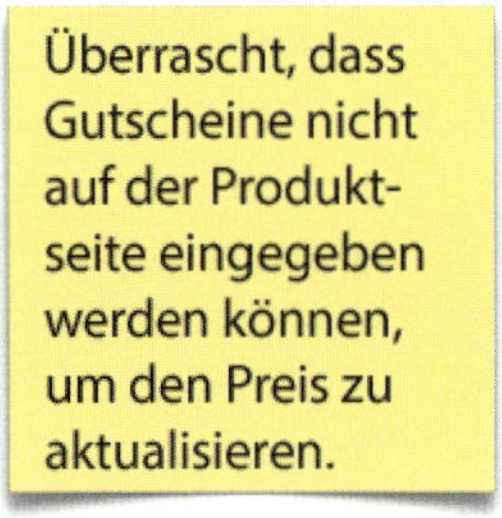

Überrascht, dass Gutscheine nicht auf der Produktseite eingegeben werden können, um den Preis zu aktualisieren.

Abbildung 13.4
Beobachtung: die Bedeutung des erwarteten Kaufablaufs

»Will sofort wissen, ob diese Seite PayPal akzeptiert.«

Hier ist ein weiteres Beispiel für eine Mikroentscheidung, die der Benutzer vorab treffen möchte. Viele Leute haben eine bevorzugte oder vertraute Zahlungsmethode. Auch wenn wir dazu neigen, Zahlungsinformationen am Ende zu platzieren, deutet dieses Feedback darauf hin, dass wir einen Hinweis benötigen, der den Kunden frühzeitig auf die von uns akzeptierten Zahlungsarten aufmerksam macht. Dies ist eine weitere Mikroüberlegung, die der Kunde treffen muss, bevor er bereit ist, weiterzumachen.

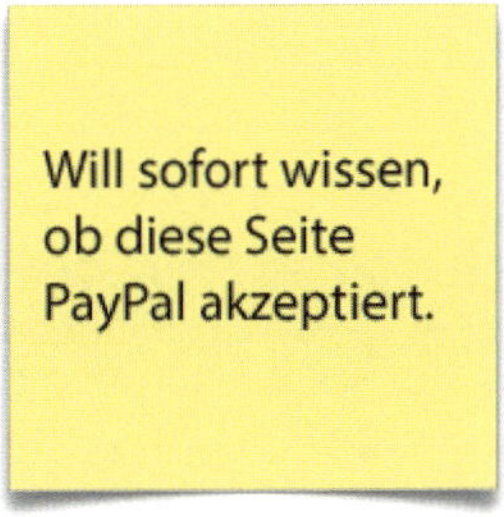

> Will sofort wissen, ob diese Seite PayPal akzeptiert.

Abbildung 13.5
Beobachtung: eine Mikroentscheidung, die vor dem Kauf getroffen werden muss

»Will eine einfache Möglichkeit, am Laptop zu kaufen und Filme auf den Fernseher zu übertragen.«

Dies ist ein gutes Beispiel für eine klassische Problemlösung, die zeigt, wie der Benutzer eine Aufgabe lösen und sich im Problemraum bewegen will. Die Frage ist, ob man für den Kauf und die Nutzung (eines Films) unterschiedliche Geräte verwenden kann. Hier geht es auch ein wenig um Interaktionsdesign, aber ich würde sagen, dass in erster Linie die Lösung eines Problems gefragt ist.

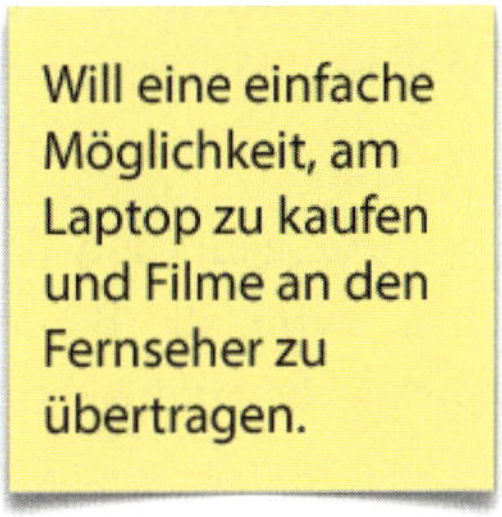

> Will eine einfache Möglichkeit, am Laptop zu kaufen und Filme an den Fernseher zu übertragen.

Abbildung 13.6
Beobachtung: ein konkretes Problem, das der Kunde lösen möchte

»Will nicht, dass Eltern wissen, was sie sich ansieht.«

Diese Kundin fragt in dieser Phase ihres Entscheidungsprozesses nach den Datenschutzeinstellungen. Vielleicht will sie sicherstellen, dass ihre Eltern nicht wissen, dass sie Horrorfilme schaut, bevor sie dieses Dienstleistungsangebot in Anspruch nimmt. Datenschutz-Aspekte wie die aufgezeichneten und protokollierten Daten, der Grad der Privatsphäre und die Weitergabe der Daten sind in unserer Big-Data-Welt sehr aktuelle und wichtige Anliegen.

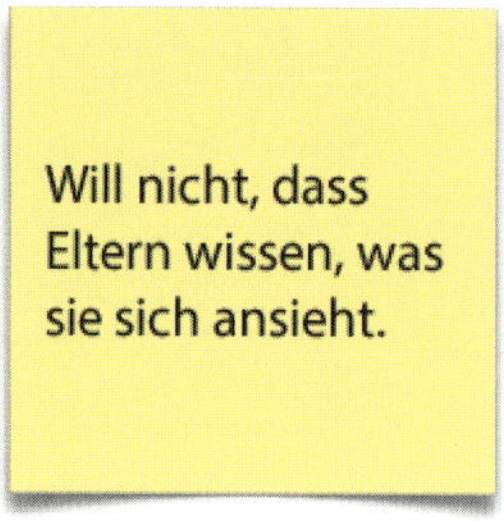

> Will nicht, dass Eltern wissen, was sie sich ansieht.

Abbildung 13.7
Beobachtung: ein sekundäres Problem, das für die Kundin ebenfalls wichtig ist

FALLSTUDIE: GUTSCHEINE

Aufgabe: Wir arbeiteten mit einer Gruppe, die Online-Sprachkurse anbietet. Es wurden Gutscheine angeboten, aber die Programmierer hatten die Gutscheincode-Funktion an das Ende des Kaufprozesses gesetzt (das ließ sich einfacher programmieren). Wer also einen 300-Dollar-Kurs mit einem Drittel Rabatt kaufte, musste zuerst ein Kästchen ankreuzen, dass er den Kurs zum vollen Preis kaufen wollte, dann den Rabatt einlösen und konnte dann endlich den tatsächlichen Preis von 200 Dollar sehen. Die meisten Menschen fühlten sich verunsichert, wenn sie den Kurs zum vollen Preis auswählen und ohne eine Bestätigung, dass ihr Gutscheincode eingelöst wurde, auf »Go« klicken sollten.

Empfehlung: Wir rieten der Gruppe nachdrücklich, die Funktion des Couponcodes im Prozess nach oben zu verschieben, damit die Benutzer ein Kästchen anklicken konnten, das den gewährten Rabatt anzeigte. Hinter Gutscheinen steckt tatsächlich eine Menge Psychologie – aber das hebe ich mir für ein anderes Buch auf.

Konkrete Empfehlungen

- Fragen Sie regelmäßig, was die Nutzer in einem bestimmten Augenblick tun wollen, und legen Sie die Mikroziele fest, die gemeinsam den erwarteten Weg zur Endantwort vorgeben (zum Beispiel Postleitzahl eingeben, Film auswählen, Datum auswählen, Standort ansehen und auswählen, Sitzplätze ansehen und auswählen, Sitzplätze reservieren).
- Erstellen Sie eine Karte der Entscheidungswege – warum sucht der Anwender nach Informationen, welche Informationen wünscht er in diesem Schritt (oder eben nicht) und was benötigt er als Nächstes?

[14]

Emotion: die unausgesprochene Realität

Wir wissen vielleicht, was unsere Kunden auf einer logischen Ebene tun möchten (zum Beispiel ein Auto kaufen), aber was möchten sie auf einer tiefer liegenden Ebene erreichen? Welche Emotionen rufen diese Ziele oder Versagensängste hervor? Wie »Spock-artig« oder analytisch wird der Nutzer auf der Grundlage seiner Emotionen bei der Entscheidungsfindung vorgehen?

In diesem Kapitel kehren wir zur letzten der sechs Erfahrungsebenen zurück: Emotion (Abbildung 14.1). Dabei beschäftigen wir uns mit den folgenden Fragen:

- Welche unmittelbaren Emotionen erleben unsere Nutzer, wenn sie mit unseren Produkten oder Dienstleistungen arbeiten?
- Welche Kommentare betreffen das Selbstverständnis dieser Personen?
- Was versuchen sie, im Leben zu erreichen?
- Welchen Fehlschlag fürchten sie am meisten? Warum?
- Wer sind unsere Kunden auf einer tieferen Ebene?
- Was wird ihnen ein Erfolgsgefühl vermitteln?

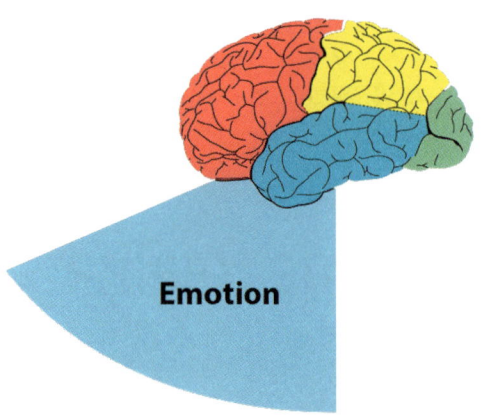

Abbildung 14.1
Emotionen bilden sich oft tief im Cortex und den tiefer liegenden Hirnarealen.

Ein wenig leben (Realität und Wesentlichkeit)

Nachfolgend denken wir auf drei Ebenen über Emotionen nach:

1. **Ansprache**

    Was spricht die Kunden sofort an? Ein exklusives Angebot? Eine Funktion, mit der sie eine ihrer Mikroentscheidungen abhaken können? Welche spezifischen Ereignisse oder Stimuli (zum Beispiel eine Passwortabfrage oder Suchfunktion) sind während der Kundenerfahrung mit emotionalen Reaktionen verbunden?

2. **Verbesserung**

    Wodurch wird sich das Leben der Kunden verbessern und in den nächsten sechs Monaten und später einen sinnvollen Mehrwert bieten?

3. **Wünsche wecken**

    Womit können Sie im Lauf der Zeit die tiefsten Ziele und Wünsche Ihrer Kunden wecken (und sie bei der Erreichung dieser Ziele unterstützen)? Welche Emotionen sind mit ihrem momentanen und dem angestrebten Selbstbild verbunden (etwa ein guter Vater sein, Millionärin werden, Zuverlässigkeit im Beruf)? Was befürchten sie?

Obwohl all diese emotionalen Aspekte sehr unterschiedlich sind, ist es äußerst wichtig, sie in unserem gesamten UX-Design zu berücksichtigen. Wir müssen herausfinden, was unsere Kunden auf einer tiefen Ebene über sich selbst denken, wodurch sie sich gesellschaftlich anerkannt fühlen und welches ihre größten Ängste sind. Die Herausforderung besteht dann darin, Produkte sowohl für die unmittelbaren emotionalen Reaktionen als auch für die tief sitzenden Wünsche und Ängste zu entwickeln.

> **ANMERKUNG**
>
> Es mag verlockend sein, sich auf die Vorteile unserer Produkte zu konzentrieren. In diesem Zusammenhang müssen wir jedoch auf Daniel Kahneman zurückkommen: Uns Menschen missfallen Verluste mehr, als wir Gewinne schätzen. Deshalb ist es äußerst wichtig, Ängste zu berücksichtigen. Es können kurzfristige Befürchtungen sein, dass man zum Beispiel ein Produkt nicht rechtzeitig per Post erhält, aber auch längerfristige Ängste, zum Beispiel nicht erfolgreich zu sein. Wenn Sie nicht nur das letztendliche Streben der Menschen ansprechen, sondern auch ihre eigentlichen Befürchtungen, können Sie einen größtmöglichen Mehrwert bieten.

FALLSTUDIE: KREDITKARTENDIEBSTAHL

Herausforderung: Wir beschäftigten uns im Auftrag eines Finanzinstituts mit Identität und Identitätsbetrug. Dabei kontaktierten wir Personen, deren Identität missbraucht worden war. Für sie war es eine hochemotionale Erinnerung, dass sie ihr Traumhaus kaufen wollten und zurückgewiesen wurden, weil jemand anderes betrügerisch eine Hypothek mit ihrer Identität aufgenommen hatte. Das Haus war mit sehr tiefgründigen Gedanken verbunden, etwa dem »Zuhause für immer«, in dem sie alt werden und ihre Kinder großziehen wollten, sowie dem negativen Gefühl der ungerechtfertigten Ablehnung. Alles in allem empfanden sie aufgrund ihrer Erfahrungen starke Ängste und Misstrauen gegenüber Finanzinstituten.

Ergebnis: In allen Fällen – ob es sich nun um die Verweigerung eines Immobilienkredits oder die Ablehnung einer Kreditkarte beim Einkaufen handelte – rief der Begriff »Kredit« bei diesen Verbrauchern starke Emotionen hervor. Für sie war es entscheidend, dass wir Wege fanden, nicht nur ihre individuellen Entscheidungsprozesse, sondern auch ihre Wahrnehmung und ihr Misstrauen gegenüber Finanzinstituten im Allgemeinen zu beeinflussen. In diesem Fall fanden wir heraus, dass es

Sinn machte, die Produkte und Dienstleistungen so darzustellen, dass sie nicht direkt an Finanzinstitute gebunden waren. Dadurch konnte eine Distanz zu den starken emotionalen Erfahrungen entstehen.

Träume (Ziele, Lebensphasen, Ängste) analysieren

Die folgende Fallstudie ist ein Beispiel dafür, dass sich Träume, Ziele und Ängste in jedem Lebensabschnitt ändern können.

FALLSTUDIE: PSYCHOGRAFISCHES PROFIL

Herausforderung: In meiner Branche erstellen wir manchmal »psychografische Profile«, um Verbrauchergruppen zu segmentieren (und sie besser zu erreichen). Ein konstruiertes, aber repräsentatives Beispiel sehen Sie in Abbildung 14.2. Es geht um die Fragen, die wir im Auftrag eines bereits in Kapitel 6 erwähnten Kreditkartenunternehmens gestellt haben. In diesen Interviews kamen wir von den kurzfristigen zu den längerfristigen Emotionen und den letztendlichen Zielen der Menschen. Solche Interviews können wie eine Therapie wirken (für die Teilnehmer, nicht für uns).

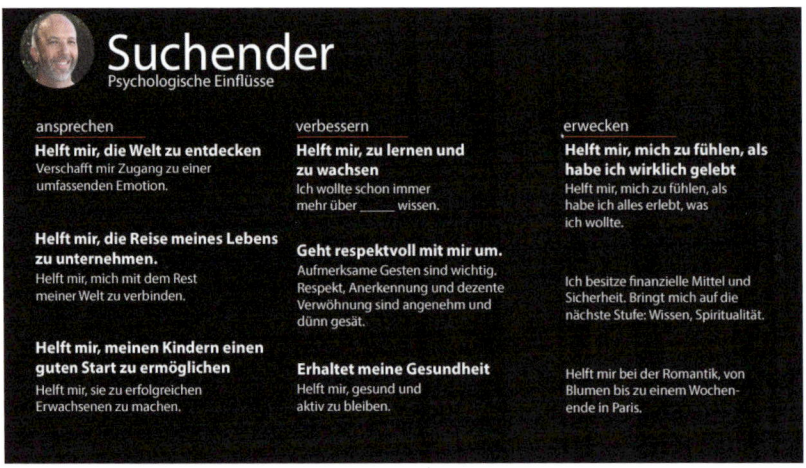

Abbildung 14.2
Beispiel für eine Persona, die sich darauf konzentriert, was einen Kunden anspricht, bestätigt und stimuliert

Ergebnis: Wie Sie in der ersten Spalte erkennen können, hatten die Inhalte, die diese Konsumentengruppe ansprachen – ältere, möglicherweise im Ruhestand befindliche Menschen, eventuell mit erwachsenen Kindern –, mit ihrer wiedergewonnenen Freizeit zu tun. Dazu gehörten etwa eine Reise nach Australien oder die Unterstützung der Kinder im frühen Erwachsenenalter beim Karrierestart, Hauskauf und so weiter.

Im Lauf der Kontextinterviews konnten wir über die kurzfristigen Ziele hinausgehen (zum Beispiel eine Reise nach Australien) und zu den eigentlichen Verbesserungswünschen kommen, etwa Klavierspielen lernen, großartiger Service und Respekt bei Hotelaufenthalten oder die Verbesserung/Erhaltung der Gesundheit.

Anschließend drangen wir zu der Erkenntnis vor, was die Zielgruppe auf noch längere Sicht in ihrem Leben erreichen wollte. Viele Teilnehmer dieser Fokusgruppe dachten über den materiellen Erfolg hinaus. Sie strebten nach Wissen, Spiritualität, Engagement oder einem nachhaltigen Einfluss auf das Gemeinwesen – der nächsten Stufe der Selbstverwirklichung, die ihre tiefsten Gefühle weckte. Neben den Wünschen erkannten wir auch eine gewisse Angst davor, dass diese Ambitionen nicht erfüllbar wären. All diese Emotionen wollten wir in unseren Produkten und Dienstleistungen für diese Zielgruppe ansprechen.

Den Zeitgeist erkennen (personen- versus personaspezifisch)

Im Zusammenhang mit den Emotionen beachten wir auch die unterschiedlichen Persönlichkeiten unserer Zielgruppe, den tiefer gehenden Unterstrom ihrer momentanen und der Identität, die sie erreichen möchten.

FALLSTUDIE: HINDERNISLAUF

Herausforderung: Es kommt nicht jeden Tag vor, dass man aus beruflichen Gründen an einem schlammigen Adventure Race teilnimmt. Bei der in Abbildung 14.3 dargestellten Veranstaltung waren viele Teilnehmer Polizisten oder ehemalige Soldaten – alle sehr engagierte Sportler, wie Sie sich vorstellen können. Unser Kunde erkannte jedoch die Möglichkeit, auch Familien und »Otto Normalverbraucher« anzusprechen.

Ergebnis: Als wir die Teilnehmer an einem dieser Rennen beobachteten (eine wirklich kontextuelle Untersuchung, möchte ich hinzufügen – wir waren von Kopf bis Fuß mit Schlamm bedeckt), erkannten mein Team und ich, dass alle Läufer am Ende des Rennens und auch währenddessen ein fantastisches Leistungsgefühl empfanden. Es war klar, dass es eine sehr tiefe psychische Erfahrung war, ein Hindernis zu überwinden (sei es, durch eiskaltes Wasser zu laufen oder unter Stacheldraht hindurchzukriechen), und dass dies Metaphern für andere Hindernisse in ihrem Leben waren, die sie ebenfalls überwinden konnten.

Abbildung 14.3
Leidenschaft bei einem Hindernislauf

Durch die Beobachtung dieser emotionalen Aspekte wurde deutlich, dass wir sie nicht nur für engagierte Sportler, sondern auch für normale Menschen nutzen konnten (das meine ich nicht in herabsetzender Weise – wenn selbst ich einfacher Psychologe den Lauf geschafft habe, besteht Hoffnung für alle!). In der Folge nutzten wir emotionale Inhalte wie den Lauf für eine bestimmte Sache (etwa eine Gruppe von Krebsüberlebenden oder Kriegsveteranen, die ihre posttraumatische Belastungsstörung überwunden haben), jemandem hilfreich zur Seite zu stehen, die Teilnahme mit einem Freund oder die gemeinsame Anmeldung von Familienmitgliedern, Nachbarn oder Fitnessstudio-Mitgliedern. Wir wussten, dass solche tieferen Emotionen für die Menschen maßgebliche Gründe waren, sich selbst anzumelden und auch Freunde dazu einzuladen.

Verbrechen aus Leidenschaft

Erinnern Sie sich an das Satisficing-Konzept? Es liegt irgendwo im Spannungsfeld zwischen befriedigend (satisfactory) und ausreichend (sufficing). Bei dieser Satisfizierung geht es um Emotionen und die einfachste oder offensichtlichste Lösung, wenn wir überfordert sind. Es gibt hier viele Möglichkeiten, und unsere Interaktionen mit digitalen Schnittstellen bilden da keine Ausnahme.

Vielleicht wirkt eine Webseite zu überfüllt, also verlassen wir sie und wenden uns einem bewährten Favoriten zu. Möglicherweise werden uns so viele Optionen für ein Produkt präsentiert (oder Kandidaten auf dem Wahlzettel?), dass wir einfach diejenigen auswählen, die am auffälligsten dargestellt werden, ohne dass wir auf die Details achten. Vielleicht kaufen wir etwas über unserer Preisklasse, nur weil wir uns gestresst fühlen und keine Zeit haben, weiterzusuchen. Sie wissen schon.

FALLSTUDIE: VERRÜCKTE MÄNNER UND FRAUEN

Aufgabe: Ich möchte Ihnen von einer Gruppe junger Werbefachleute berichten, mit denen wir eine Kontextuntersuchung durchführten. Ihr erster Job nach dem College war in einer renommierten Werbeagentur in Downtown New York City. Sie fanden das alle sehr cool und waren begeistert über ihre Karrieremöglichkeiten. Häufig mussten sie zahlreiche Werbeeinblendungen für einen Großkunden kaufen und gaben an einem Tag sage und schreibe 10 Millionen Dollar für Werbung aus. Als wir diese jungen Werbeleute beobachteten, erkannten wir starke Emotionen. Sie waren ängstlich, weil ein Fehler bei ihrer Aufgabe – welche Anzeigen zu schalten waren und auf welchen Sendern – ihre Karriere und damit auch den Lebensstil und die Personas, die sie für sich entwickelt hatten, möglicherweise beenden würde. Ein Fehlklick würde ihren ganzen Traum platzen lassen und sie in Schande stürzen (so glaubten sie zumindest). Es gab ein Analysetool, das sie benutzen konnten, aber weil sie so nervös waren, hielten sie sich lieber an alte Gewohnheiten (Satisfizierung) und vertrauten dem automatisierten System einfach nicht (selbst wenn es ihre eigene Leistung übertraf).

Ergebnis: Wir optimierten das Analysetool so, dass es alle Statistiken der Werbekampagne anzeigte, die die Kunden auf einen Blick benötigen. Wir gestalteten es sehr leicht verständlich und verwendeten visuelle Elemente wie Balkendiagramme und Farben, die die Aufmerksamkeit erregten. Angesichts der vielen Emotionen, die auf die Entscheidungen einwirkten, wollten wir sicherstellen, dass dieses Instrument eindeutig aufzeigte, was als Nächstes zu tun war.

Beispiele aus der Praxis

Werfen wir einen Blick auf die Haftnotizen, die für den Bereich Emotionen relevant sind (Abbildungen 14.4 bis 14.7):

»Findet es toll, dass die Produktbewertungen nach Beliebtheit geordnet sind.«
Kommentare mit Wörtern wie »toll« oder »schrecklich« sollten nicht unbedingt zu Emotionen zusammengefasst werden, da ihre Bedeutung immer vom Kontext abhängt. Dieser Kommentar bezieht sich auf ein bestimmtes Designmerkmal, sodass Sie Sichtbarkeit oder Wegfindung in Betracht ziehen könnten, oder sogar Erinnerung, falls der Kommentar mit einer Erwartung des Kunden zu tun hat. Ich bin noch etwas hin- und hergerissen, aber ich denke, die Emotion der Begeisterung könnte in diesem Fall der stärkste Faktor sein.

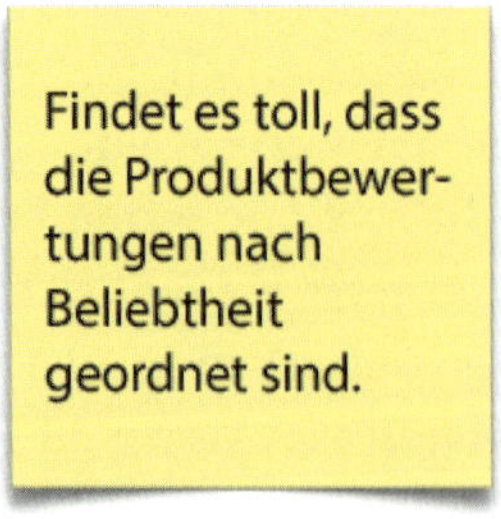

Findet es toll, dass die Produktbewertungen nach Beliebtheit geordnet sind.

Abbildung 14.4
Beobachtung: Emotionale Begriffe deuten nicht immer auf eine emotionale Antwort hin.

»Will, dass seine Kleidung auf seine Stellung (Senior Vice President) hinweist.«

Der soeben betrachtete Kommentar bezog sich auf eine unmittelbare Emotion, die an einen bestimmten Stimulus gebunden war. Dieser hier veranschaulicht jedoch die tieferen Emotionen, die ich erwähnt habe. Sicher könnte man sagen, dass es sich eher um einen oberflächlichen Kommentar handelt – diese Person sucht offensichtlich lediglich nach einer bestimmten Art von Kleidung. Ich würde jedoch behaupten, dass sich ein tief sitzender Wunsch widerspiegelt, eine bestimmte Person oder ein bestimmtes Bild darzustellen und von anderen in diesem Licht wahrgenommen zu werden. Ich denke, der Kommentar umfasst den Wunsch, machtvoll zu erscheinen, eine bestimmte Art Auto zu fahren – oder was auch immer diese Person sich als Ausdruck von »Erfolg« vorstellt.

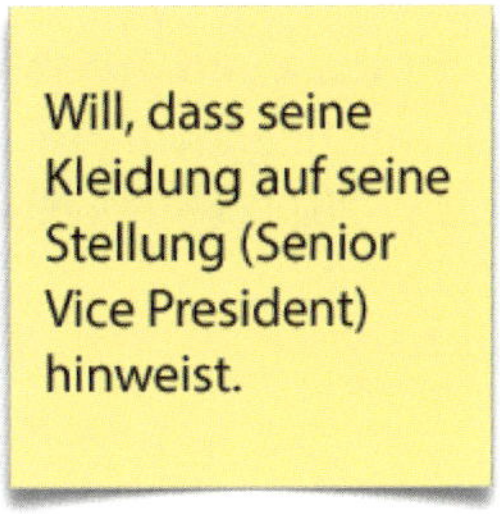

Abbildung 14.5
Beobachtung:
Hinweise auf tiefere Motivatoren

> Will, dass seine Kleidung auf seine Stellung (Senior Vice President) hinweist.

»Sagt, Rezensionen sind ein Betrug, der Shop denkt sie sich aus. ›Ich glaube ihnen nicht!‹«

Das liest sich für mich wie reine Emotion. Glaubwürdigkeit und Vertrauen scheinen im Zusammenhang mit E-Commerce-Sites große Hürden für diesen Benutzer darzustellen. Wie können Bewertungen so präsentiert werden, dass diese Befürchtungen ausgeräumt werden?

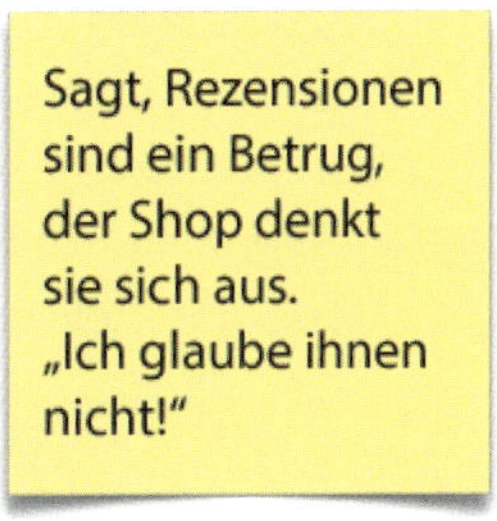

Abbildung 14.6
Beobachtung:
Starke emotionale Antwort, die möglicherweise nichts mit dem Produkt selbst zu tun hat

> Sagt, Rezensionen sind ein Betrug, der Shop denkt sie sich aus. „Ich glaube ihnen nicht!"

ANMERKUNG

Denken Sie daran, das Feedback Ihrer Benutzer in seiner Gesamtheit zu berücksichtigen. Zusätzlich zu diesem Kommentar über Rezensionen bemerkte dieser Kunde auch, dass er Angst habe, »wieder Schiffbruch zu erleiden«, und dass er eine Möglichkeit suchte, Produkte so zu vergleichen wie etwa bei Consumer Reports, einer großen Verbraucherorganisation, ähnlich Stiftung Warentest. Insgesamt können wir annehmen, dass diese Person Vertrauensprobleme mit jedem E-Commerce-System hat. Hier sollten wir überlegen, was wir tun können, um die Website für verunsicherte Kunden vertrauenswürdig zu machen.

»Befürchtet, versehentlich etwas zu kaufen.«

Dieser Kommentar enthält keine speziellen Hinweise auf Interaktionsprobleme, die zu der Befürchtung führen, versehentlich etwas zu kaufen. Ich würde ihn deshalb als eine unmittelbare emotionale Reaktion bezeichnen und nicht als eine tiefer sitzende.

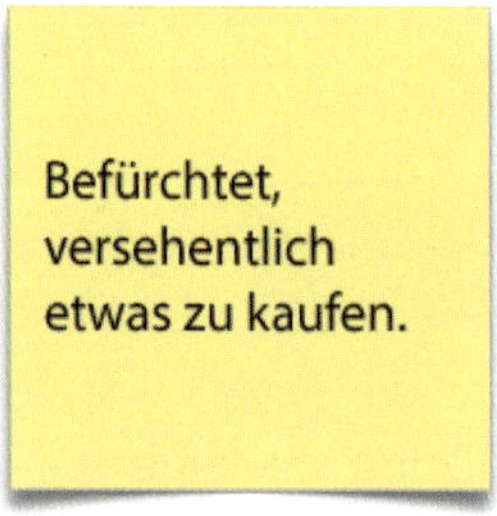

Abbildung 14.7
Beobachtung: unmittelbare emotionale Reaktion

Konkrete Empfehlungen

- Stellen Sie während des Interviews eine Reihe von Fragen, die systematisch von harmlos bis hin zu aussagekräftig reichen (zum Beispiel: Welche Kreditkarten stecken in Ihrer Brieftasche? Was machen Sie gerne an den Wochenenden? Was macht Sie am glücklichsten? Welche Ziele haben Sie sich für dieses Jahr gesetzt? Wie sieht Erfolg für Sie aus? Was würde Sie am ehesten daran hindern, Ihre Ziele zu erreichen?).

- Ermitteln Sie, wie die Ziele des Kunden in diesem Fall (zum Beispiel der Einkauf von Kleidung) in das Gesamtbild seines Lebens passen (zum Beispiel jemanden zum Heiraten zu finden, sich wieder jung fühlen, sich kompetent fühlen und ernst genommen werden).
- Achten Sie beim Aufbau einer Persona darauf, dass die Lebensphase und die großen Ängste erfasst werden (zum Beispiel ältere Personen, die Sorge haben, nach einem neuen Job suchen zu müssen). Ängste sind mächtige Triebkräfte weg von der Logik.
- Schätzen Sie ein, wie viel von der Entscheidung des Kunden abhängt (wenn Sie versehentlich das falsche Büromaterial kaufen, wird man Ihnen kaum kündigen, wenn Sie eine Wahlanalyse vermasseln, vielleicht schon).

[*Teil III*]

Die sechs Erfahrungsebenen auf Ihre Designs anwenden

Als ich für meine Doktorarbeit lernte, hatte ich einen sehr angesehenen Professor, der in einem dreistündigen Seminar nach zweieinhalb Stunden sagte: »Na und?! Und jetzt?« Dies erzeugte bei allen Absolventen Angst und Schrecken, aber eigentlich wollte er in einer etwas provokativen Weise sagen: »Warum sollte mich das kümmern? Was habe ich davon?«

Im dritten Teil geht es um das »Na und?« der sechs Erfahrungsebenen. Was machen wir mit den Daten, nachdem wir sie gesammelt haben? Was haben Sie davon? Wie gelangen Sie von einem Beweisstück zu einer Erkenntnis? Und wie sollten diese Erkenntnisse Ihr Produkt- und Dienstleistungsdesign beeinflussen? Wie können wir dieses Wissen einsetzen, um unseren Kunden zu nutzen und sie zu beeinflussen?

Einfach ausgedrückt – wie können wir als UX-Designer all dieses Wissen über den Endverbraucher nutzen, um bessere Produkte und Dienstleistungen zu entwickeln?

In den folgenden Kapiteln sehen wir uns an, wie wir die Daten über die sechs Erfahrungsebenen anwenden können, wie herausfinden, ob unsere Benutzeroberfläche funktioniert, und wie wir sie neu gestalten, um der idealen Erfahrung unserer Zielgruppe gerecht zu werden. Wir beachten auch Praxisbeispiele, in denen das kognitive das digitale Design beeinflusst hat.

Schließlich beschäftigen wir uns damit, wie wir das alles in unseren täglichen Prozess integrieren. Ich saß mit den Entwicklern im Schützengraben – also vertrauen Sie mir. Ich biete Ihnen Munition für den Fall, dass Ihr Chef oder Ihre Entwickler diesen Ansatz ablehnen.

[15]

Sinngebung

In Teil II haben wir Daten aus Kontextinterviews gesammelt und in den Rahmen der sechs Erfahrungsebenen eingeordnet. Jetzt können wir uns den nächsten großen Zielen zuwenden:

- Suche nach Gemeinsamkeiten zwischen den sechs Erfahrungsebenen (Kenntnisstand, Angstgefühle und so weiter).
- Zielgruppensegmentierung nach ihren Bedürfnissen (zum Beispiel Anfänger versus erfahrene Fachleute, Supervisoren versus Analysten, Eltern versus Kinder) sowie relevanten Aspekten (zum Beispiel Wortverwendung, Mikroziele, Grundannahmen) und Erstellung eines psychografischen Profils für jedes Segment.

Das Kapitel schließt mit einem Blick auf ein anderes Klassifizierungssystem (See/Feel/Say/Do beziehungsweise Sehen/Fühlen/Sagen/Tun) und ich erkläre, warum dieses meiner Meinung nach nicht geeignet ist, die Daten für das Produkt- und Dienstleistungsdesign in wirklich sinnvoller Weise zu ordnen.

Gemeinsamkeiten und psychografische Profile

Mithilfe unserer sechs Erfahrungsebenen überprüfen wir nun die Ergebnisse für unsere Beispielnutzer aus Teil II. Wir haben alle Haftnotizen nach Probanden und nach den sechs Erfahrungsebenen geordnet. Jetzt ist es an der Zeit, die Befunde durchzusehen und zu prüfen, ob es Gemeinsamkeiten zwischen ihnen oder in ihrer Denkweise gibt (Abbildung 15.1).

1

Entscheidungsfindung	Sprache	Emotion	Erinnerung	Wegfindung	Sehen
Bedenken: „Und wenn der 5000-$-Sessel beim Transport beschädigt wird?"	Suchte nach „Eames Midcentury Lounge Chair", als er aufgefordert wurde, nach einem Sessel zu suchen.	Will, dass seine Kleidung auf seine Stellung (Senior Vice President) hinweist.	Erwartete, dass die Suche eine intelligente Auto-Ausfüllfunktion enthält.	Erwartete, dass der Klick auf ein Buchcover das Inhaltsverzeichnis anzeigt.	Kann die Merken-Funktion nicht finden.
Findet es toll, dass die Produktbewertungen nach Beliebtheit geordnet sind.	Fand den Warenkorb nicht. Merkte schließlich, dass die „Einkaufstüte" der Warenkorb ist.			Kann den Button zum Abspielen einer Filmvorschau anscheinend nicht finden.	

2

Entscheidungsfindung	Sprache	Emotion	Erinnerung	Wegfindung	Sehen
Will sofort wissen, ob diese Seite PayPal akzeptiert.	Suchte nach „Dewalt Akkuschrauber 20V 2 Gang".	Befürchtung, sich wieder „die Finger zu verbrennen". Möchte vor Klick auf Warenkorb Rückgaberichtlinien sehen.	Möchte Produkte nebeneinander vergleichen, wie bei einem Verbraucherreport.	Kann nicht herausfinden, wie man in Produktbilder hineinzoomt.	Übersah den Link „Zurück zu den Suchergebnissen". Suchte nach einem Zurück-Button.
		Sagt, Rezensionen sind ein Betrug, der Shop denkt sie sich aus. „Ich glaube ihnen nicht!"		Klickte auf Shop-Logo. Fand nicht heraus, wie er zu den Suchergebnissen zurückkehren konnte.	

3

Entscheidungsfindung	Sprache	Emotion	Erinnerung	Wegfindung	Sehen
Will eine einfache Möglichkeit, am Laptop zu kaufen und Filme an den Fernseher zu übertragen.	Will wissen, ob Film in „1080p oder 4K UHD" abgespielt wird.		Erwartet, Filmbewertungen wie bei „Rotten Tomatoes" zu sehen.	Erwartet, dass durch einen Klick auf den Film eine Vorschau abgespielt wird, nicht der eigentliche Film.	Filmergebnisse erscheinen ihm überfült mit vielen Wörtern.
				Möchte die Ergebnisse nach „Film noir" filtern.	Kann nicht erkennen, welche Filme in einer Mitgliedschaft beinhaltet sind.

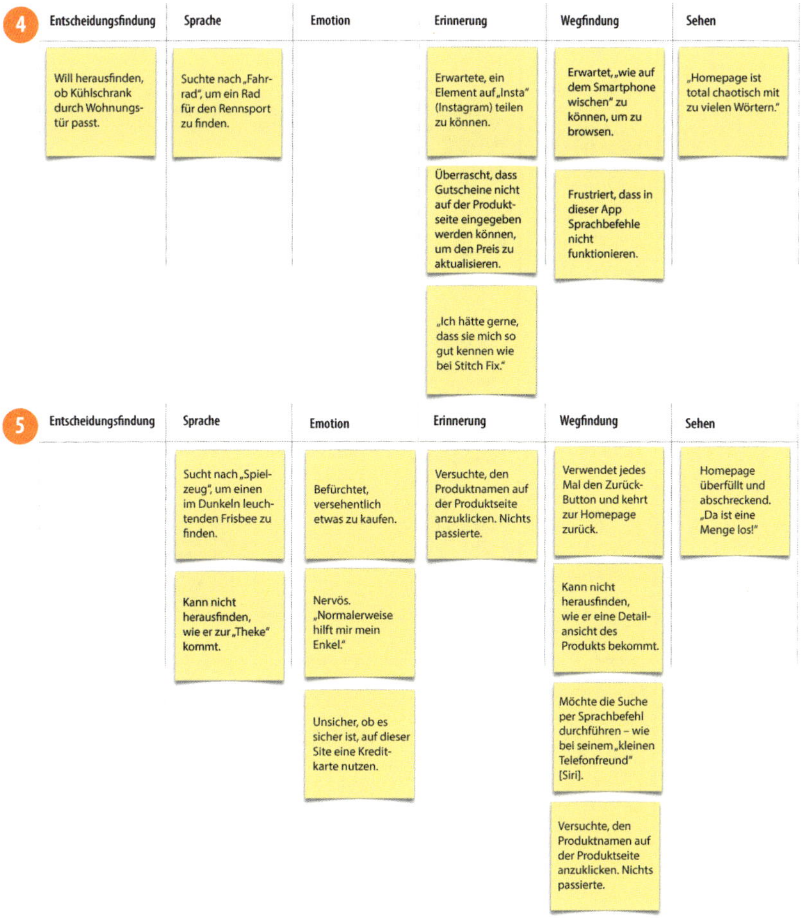

	Entscheidungsfindung	Sprache	Emotion	Erinnerung	Wegfindung	Sehen
4	Will herausfinden, ob Kühlschrank durch Wohnungstür passt.	Suchte nach „Fahrrad", um ein Rad für den Rennsport zu finden.		Erwartete, ein Element auf „Insta" (Instagram) teilen zu können.	Erwartet, „wie auf dem Smartphone wischen" zu können, um zu browsen.	„Homepage ist total chaotisch mit zu vielen Wörtern."
				Überrascht, dass Gutscheine nicht auf der Produktseite eingegeben werden können, um den Preis zu aktualisieren.	Frustriert, dass in dieser App Sprachbefehle nicht funktionieren.	
				„Ich hätte gerne, dass sie mich so gut kennen wie bei Stitch Fix."		
5		Sucht nach „Spielzeug", um einen im Dunkeln leuchtenden Frisbee zu finden.	Befürchtet, versehentlich etwas zu kaufen.	Versuchte, den Produktnamen auf der Produktseite anzuklicken. Nichts passierte.	Verwendet jedes Mal den Zurück-Button und kehrt zur Homepage zurück.	Homepage überfüllt und abschreckend. „Da ist eine Menge los!"
		Kann nicht herausfinden, wie er zur „Theke" kommt.	Nervös. „Normalerweise hilft mir mein Enkel."		Kann nicht herausfinden, wie er eine Detailansicht des Produkts bekommt.	
			Unsicher, ob es sicher ist, auf dieser Site eine Kreditkarte nutzen.		Möchte die Suche per Sprachbefehl durchführen – wie bei seinem „kleinen Telefonfreund" [Siri].	
					Versuchte, den Produktnamen auf der Produktseite anzuklicken. Nichts passierte.	

Abbildung 15.1
Ergebnisse aus Kontextinterviews, geordnet nach den sechs Erfahrungsebenen

Sprache

In der Spalte »Sprache« erkenne ich, dass die Teilnehmer 1, 2 und 3 Begriffe wie »Eames Midcentury Lounge Chair«, »DeWalt Akkuschrauber 20 V 2-Gang« oder »1080p oder 4K UHD« nutzen (Abbildung 15.2). Zwar suchen sie nach sehr unterschiedlichen Dingen, aber alle drei Teilnehmer drücken sich ziemlich differenziert aus. Sie scheinen Fachleute beziehungsweise Experten auf ihrem jeweiligen Gebiet zu sein und verfügen über sehr gute Kenntnisse in diesem Bereich.

	Entscheidungsfindung	Sprache	Emotion	Erinnerung	Wegfindung	Sehen
1	Bedenken: „Und wenn der 5000-$-Sessel beim Transport beschädigt wird?"	Wurde gebeten, nach einem Sessel zu suchen, und suchte nach „Eames Midcentury Lounge Chair".	Will, dass seine Kleidung auf seine Stellung (Senior Vice President) hinweist.	Erwartete, dass die Suche eine intelligente Auto-Ausfüllfunktion enthält.	Erwartete, dass der Klick auf ein Buchcover das Inhaltsverzeichnis anzeigt.	Kann die Merken-Funktion nicht finden.
	Findet es toll, dass die Produktbewertungen nach Beliebtheit geordnet sind.	Fand den Warenkorb nicht. Merkte schließlich, dass die „Einkaufstüte" der Warenkorb ist.			Kann den Button zum Abspielen einer Filmvorschau anscheinend nicht finden.	

← Experten

	Entscheidungsfindung	Sprache	Emotion	Erinnerung	Wegfindung	Sehen
2	Will sofort wissen, ob diese Seite PayPal akzeptiert.	Suchte nach „Dewalt Akkuschrauber 20V 2 Gang".	Befürchtung, sich wieder „die Finger zu verbrennen". Möchte vor Klick auf Warenkorb Rückgaberichtlinien sehen.	Möchte Produkte nebeneinander vergleichen, wie bei einem Verbraucherreport.	Kann nicht herausfinden, wie man in Produktbilder hineinzoomt.	Übersah den Link „Zurück zu den Suchergebnissen". Suchte nach einem Zurück-Button.
			Sagt, Rezensionen sind ein Betrug, der Shop denkt sie sich aus. „Ich glaube ihnen nicht!"		Klickte auf Shop-Logo. Fand nicht heraus, wie er zu den Suchergebnissen zurückkehren konnte.	

	Entscheidungsfindung	Sprache	Emotion	Erinnerung	Wegfindung	Sehen
3	Will eine einfache Möglichkeit, am Laptop zu kaufen und Filme an den Fernseher zu übertragen.	Will wissen, ob Film in „1080p oder 4K UHD" abgespielt wird.		Erwartet, Filmbewertungen wie bei „Rotten Tomatoes" zu sehen.	Erwartet, dass durch einen Klick auf den Film eine Vorschau abgespielt wird, nicht der eigentliche Film.	Filmergebnisse erscheinen ihm überfült mit vielen Wörtern.
					Möchte die Ergebnisse nach „Film noir" filtern.	Kann nicht erkennen, welche Filme in einer Mitgliedschaft beinhaltet sind.

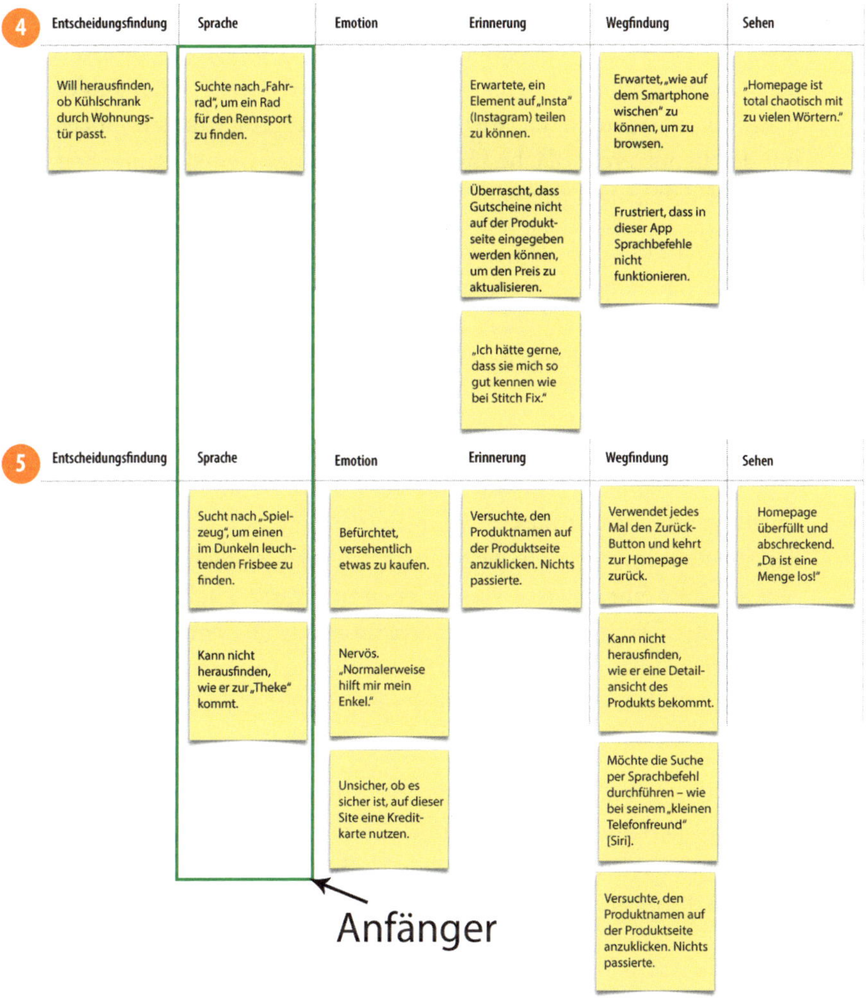

4	Entscheidungsfindung	Sprache	Emotion	Erinnerung	Wegfindung	Sehen
	Will herausfinden, ob Kühlschrank durch Wohnungstür passt.	Suchte nach „Fahrrad", um ein Rad für den Rennsport zu finden.		Erwartete, ein Element auf „Insta" (Instagram) teilen zu können.	Erwartet, „wie auf dem Smartphone wischen" zu können, um zu browsen.	„Homepage ist total chaotisch mit zu vielen Wörtern."
				Überrascht, dass Gutscheine nicht auf der Produktseite eingegeben werden können, um den Preis zu aktualisieren.	Frustriert, dass in dieser App Sprachbefehle nicht funktionieren.	
				„Ich hätte gerne, dass sie mich so gut kennen wie bei Stitch Fix."		

5	Entscheidungsfindung	Sprache	Emotion	Erinnerung	Wegfindung	Sehen
		Sucht nach „Spielzeug", um einen im Dunkeln leuchtenden Frisbee zu finden.	Befürchtet, versehentlich etwas zu kaufen.	Versuchte, den Produktnamen auf der Produktseite anzuklicken. Nichts passierte.	Verwendet jedes Mal den Zurück-Button und kehrt zur Homepage zurück.	Homepage überfüllt und abschreckend. „Da ist eine Menge los!"
		Kann nicht herausfinden, wie er zur „Theke" kommt.	Nervös. „Normalerweise hilft mir mein Enkel."		Kann nicht herausfinden, wie er eine Detailansicht des Produkts bekommt.	
			Unsicher, ob es sicher ist, auf dieser Site eine Kreditkarte nutzen.		Möchte die Suche per Sprachbefehl durchführen – wie bei seinem „kleinen Telefonfreund" (Siri).	
					Versuchte, den Produktnamen auf der Produktseite anzuklicken. Nichts passierte.	

← Anfänger

Abbildung 15.2
Gemeinsamkeiten zwischen den Teilnehmern im Bereich »Sprache« der sechs Erfahrungsebenen

Im Gegensatz dazu hat Teilnehmer 4 offensichtlich nach einem »Fahrrad« gesucht, wollte sich aber in Wirklichkeit nach einem Rad für den Rennsport umsehen. Teilnehmer 5 suchte nach einem leuchtenden Frisbee und gab »Spielzeug« ein. Er verwendete auch den Begriff »Theke« statt »Kasse« oder einen anderen Begriff, der nahelegen würde, dass er sich mit dem Online-Shopping auskennt.

Allein durch die Untersuchung der Sprache können wir erkennen, dass manche Leute über Fachwissen auf diesem Gebiet verfügen, während andere eher Anfänger im Bereich des E-Commerce sind. In der Folge sollte man eventuell prüfen, wie die Experten im Vergleich zu den Einsteigern mit der Benutzeroberfläche umgehen und ob es Gemeinsamkeiten zwischen beiden Nutzergruppen gibt.

Das ist aber nur der Anfang. Wir sollten den Nutzer nicht nur in eine einzige Kategorie einordnen, denn letztendlich versuchen wir, in vielen Bereichen Gemeinsamkeiten zu finden. In einer anderen Dimension oder »Erfahrungsebene« könnte sich derselbe Proband auf ganz andere Weise darstellen.

Nehmen wir die Emotion hinzu (Abbildung 15.3). Aus der Gesamtheit der Ergebnisse erkennen wir, dass Proband 2 und 5 die Situation ziemlich beunruhigend fanden und befürchteten, dass etwas Schlimmes passieren könnte oder dass sie »wieder Schiffbruch erleiden« würden. Wir erkennen definitiv eine gewisse Unsicherheit und Zurückhaltung, den nächsten Schritt zu vollziehen, weil sie sich Sorgen darüber machten, was dann passieren würde. Diese Nutzer brauchen eventuell eine gewisse Bestätigung. Die Probanden 1, 3 und 4 hingegen zeigten keine dieser Emotionen beziehungsweise zögerten nicht.

Könnte es noch andere Bereiche geben, in denen die Teilnehmer 2 und 5 ebenfalls auf einer Linie liegen? Vielleicht ähnelt sich ihre Wegfindung oder die Suche nach Informationen, während die Teilnehmer 1, 3 und 4 diesen Prozess offensichtlich auf eine sachlichere Weise angegangen sind.

Emotion

	Entscheidungsfindung	Sprache	Emotion	Erinnerung	Wegfindung	Sehen
1	Bedenken: „Und wenn der 5000-$-Sessel beim Transport beschädigt wird?"	Suchte nach „Eames Midcentury Lounge Chair", als er aufgefordert wurde, nach einem Sessel zu suchen.	Will, dass seine Kleidung auf seine Stellung (Senior Vice President) hinweist.	Erwartete, dass die Suche eine intelligente Auto-Ausfüllfunktion enthält.	Erwartete, dass der Klick auf ein Buchcover das Inhaltsverzeichnis anzeigt.	Kann die Merken-Funktion nicht finden.
	Findet es toll, dass die Produktbewertungen nach Beliebtheit geordnet sind.	Fand den Warenkorb nicht. Merkte schließlich, dass die „Einkaufstüte" der Warenkorb ist.			Kann den Button zum Abspielen einer Filmvorschau anscheinend nicht finden.	
4	Entscheidungsfindung	Sprache	Emotion	Erinnerung	Wegfindung	Sehen
	Will herausfinden, ob Kühlschrank durch Wohnungstür passt.	Suchte nach „Fahrrad", um ein Rad für den Rennsport zu finden.		Erwartete, ein Element auf „Insta" (Instagram) teilen zu können.	Erwartet, „wie auf dem Smartphone wischen" zu können, um zu browsen.	„Homepage ist total chaotisch mit zu vielen Wörtern."
				Überrascht, dass Gutscheine nicht auf der Produktseite eingegeben werden können, um den Preis zu aktualisieren.	Frustriert, dass in dieser App Sprachbefehle nicht funktionieren.	
				„Ich hätte gerne, dass sie mich so gut kennen wie bei Stitch Fix."		
3	Entscheidungsfindung	Sprache	Emotion	Erinnerung	Wegfindung	Sehen
	Will eine einfache Möglichkeit, am Laptop zu kaufen und Filme an den Fernseher zu übertragen.	Will wissen, ob Film in „1080p oder 4K UHD" abgespielt wird.		Erwartet, Filmbewertungen wie bei „Rotten Tomatoes" zu sehen.	Erwartet, dass durch einen Klick auf den Film eine Vorschau abgespielt wird, nicht der eigentliche Film.	Filmergebnisse erscheinen ihm überfüllt mit vielen Wörtern.
					Möchte die Ergebnisse nach „Film noir" filtern.	Kann nicht erkennen, welche Filme in einer Mitgliedschaft beinhaltet sind.

neutrale → Emotionen

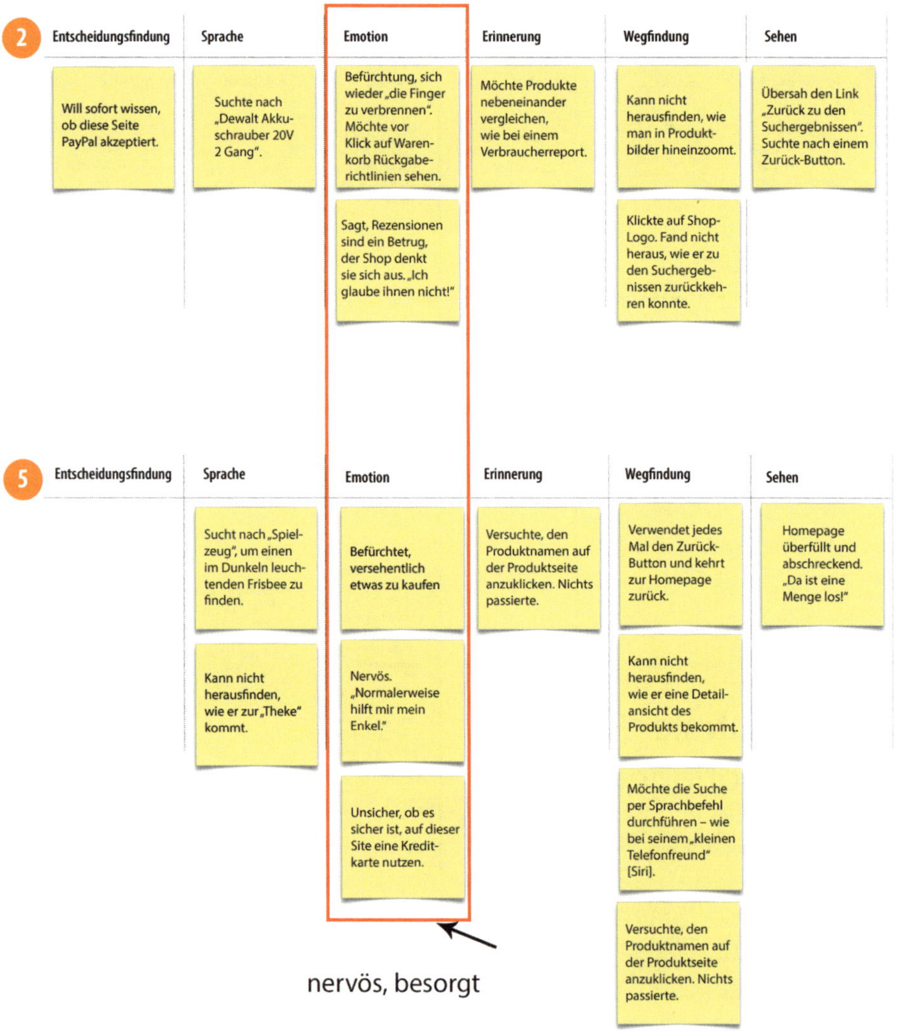

	Entscheidungsfindung	Sprache	Emotion	Erinnerung	Wegfindung	Sehen
2	Will sofort wissen, ob diese Seite PayPal akzeptiert.	Suchte nach „Dewalt Akkuschrauber 20V 2 Gang".	Befürchtung, sich wieder „die Finger zu verbrennen". Möchte vor Klick auf Warenkorb Rückgaberichtlinien sehen.	Möchte Produkte nebeneinander vergleichen, wie bei einem Verbraucherreport.	Kann nicht herausfinden, wie man in Produktbilder hineinzoomt.	Übersah den Link „Zurück zu den Suchergebnissen". Suchte nach einem Zurück-Button.
			Sagt, Rezensionen sind ein Betrug, der Shop denkt sie sich aus. „Ich glaube ihnen nicht!"		Klickte auf Shop-Logo. Fand nicht heraus, wie er zu den Suchergebnissen zurückkehren konnte.	

	Entscheidungsfindung	Sprache	Emotion	Erinnerung	Wegfindung	Sehen
5	Sucht nach „Spielzeug", um einen im Dunkeln leuchtenden Frisbee zu finden.	Befürchtet, versehentlich etwas zu kaufen.		Versuchte, den Produktnamen auf der Produktseite anzuklicken. Nichts passierte.	Verwendet jedes Mal den Zurück-Button und kehrt zur Homepage zurück.	Homepage überfüllt und abschreckend. „Da ist eine Menge los!"
	Kann nicht herausfinden, wie er zur „Theke" kommt.	Nervös. „Normalerweise hilft mir mein Enkel."			Kann nicht herausfinden, wie er eine Detailansicht des Produkts bekommt.	
		Unsicher, ob es sicher ist, auf dieser Site eine Kreditkarte nutzen.			Möchte die Suche per Sprachbefehl durchführen – wie bei seinem „kleinen Telefonfreund" (Siri).	
					Versuchte, den Produktnamen auf der Produktseite anzuklicken. Nichts passierte.	

nervös, besorgt

Abbildung 15.3
Überprüfung der Gemeinsamkeiten der Teilnehmer im Bereich »Emotion« der sechs Erfahrungsebenen

Durch verschiedene Dimensionen können wir die Nutzer vergleichen und herausfinden, wie wir sie bestimmten Gruppen zuordnen können. Wir hoffen, im Idealfall Ähnlichkeiten in mehreren Dimensionen zu finden. Zur Veranschaulichung verwende ich in diesem Buch nur eine winzige Stichprobengröße. Normalerweise wäre der Datensatz viel größer – vielleicht 24 bis 40 Personen. Dann könnten wir mit Gruppengrößen zwischen vier bis zehn Personen rechnen, je nachdem, wie die Segmente ausfallen.

Wegfindung

In puncto Wegfindung hatten die Teilnehmer 1, 2, 3 und 5 Probleme mit der Nutzererfahrung beziehungsweise dem Umgang mit einem Laptop (Abbildung 15.4). Teilnehmerin 4 näherte sich der Erfahrung auf ganz besondere Weise und äußerte den Wunsch, »wie auf dem Smartphone wischen« oder Sprachbefehle verwenden zu können. Dieser Teilnehmerin scheint die Technologie durchaus vertraut zu sein, da sie sie sogar eine Stufe weiterbringen möchte.

Aus der Perspektive der Wegfindung erkennen wir, dass unsere Teilnehmer dieselbe Benutzeroberfläche je nach ihrem Kenntnisstand mit verschiedenen Werkzeugen und unterschiedlichen Erwartungen an Interaktionsdesign und Komplexität betrachten.

	Entscheidungsfindung	Sprache	Emotion	Erinnerung	Wegfindung	Sehen
1	Bedenken: „Und wenn der 5000-$-Sessel beim Transport beschädigt wird?"	Suchte nach „Eames Midcentury Lounge Chair", als er aufgefordert wurde, nach einem Sessel zu suchen.	Will, dass seine Kleidung auf seine Stellung (Senior Vice President) hinweist.	Erwartete, dass die Suche eine intelligente Auto-Ausfüllfunktion enthält.	Erwartete, dass der Klick auf ein Buchcover das Inhaltsverzeichnis anzeigt.	Kann die Merken-Funktion nicht finden.
	Findet es toll, dass die Produktbewertungen nach Beliebtheit geordnet sind.	Fand den Warenkorb nicht. Merkte schließlich, dass die „Einkaufstüte" der Warenkorb ist.			Kann den Button zum Abspielen einer Filmvorschau anscheinend nicht finden.	
2	Entscheidungsfindung	Sprache	Emotion	Erinnerung	Wegfindung	Sehen
	Will sofort wissen, ob diese Seite PayPal akzeptiert.	Suchte nach „Dewalt Akkuschrauber 20V 2 Gang".	Befürchtung, sich wieder „die Finger zu verbrennen". Möchte vor Klick auf Warenkorb Rückgaberichtlinien sehen.	Möchte Produkte nebeneinander vergleichen, wie bei „Verbraucherreport".	Kann nicht herausfinden, wie man in Produktbilder hineinzoomt.	Übersah den Link „Zurück zu den Suchergebnissen". Suchte nach einem Zurück-Button.
			Sagt, Rezensionen sind ein Betrug, der Shop denkt sich sich aus. „Ich glaube ihnen nicht!"		Klickte auf Shop-Logo. Fand nicht heraus, wie er zu den Suchergebnissen zurückkehren konnte.	
3	Entscheidungsfindung	Sprache	Emotion	Erinnerung	Wegfindung	Sehen
	Will eine einfache Möglichkeit, am Laptop zu kaufen und Filme an den Fernseher zu übertragen.	Will wissen, ob Film in „1080p oder 4K UHD" abgespielt wird.		Erwartet, Filmbewertungen wie bei „Rotten Tomatoes" zu sehen.	Erwartet, dass durch einen Klick auf den Film eine Vorschau abgespielt wird, nicht der eigentliche Film.	Filmergebnisse erscheinen ihm überfüllt mit vielen Wörtern.
					Möchte die Ergebnisse nach „Film noir" filtern.	Kann nicht erkennen, welche Filme in einer Mitgliedschaft beinhaltet sind.
5	Entscheidungsfindung	Sprache	Emotion	Erinnerung	Wegfindung	Sehen
		Sucht nach „Spielzeug", um einen im Dunkeln leuchtenden Frisbee zu finden.	Befürchtet, versehentlich etwas zu kaufen.	Versuchte, den Produktnamen auf der Produktseite anzuklicken. Nichts passierte.	Verwendet jedes Mal den Zurück-Button und kehrt zur Homepage zurück.	Homepage überfüllt und abschreckend. „Da ist eine Menge los!"
		Kann nicht herausfinden, wie er zur „Theke" kommt.	Nervös. „Normalerweise hilft mir mein Enkel."		Kann nicht herausfinden, wie er eine Detailansicht des Produkts bekommt.	
			Unsicher, ob es sicher ist, auf dieser Site eine Kreditkarte nutzen.		Möchte die Suche per Sprachbefehl durchführen – wie bei seinem „kleinen Telefonfreund" [Siri].	
					Versuchte, den Produktnamen auf der Produktseite anzuklicken. Nichts passierte.	

Probeme mit der Computerschnittstelle → (Spalte Wegfindung)

15. Sinngebung

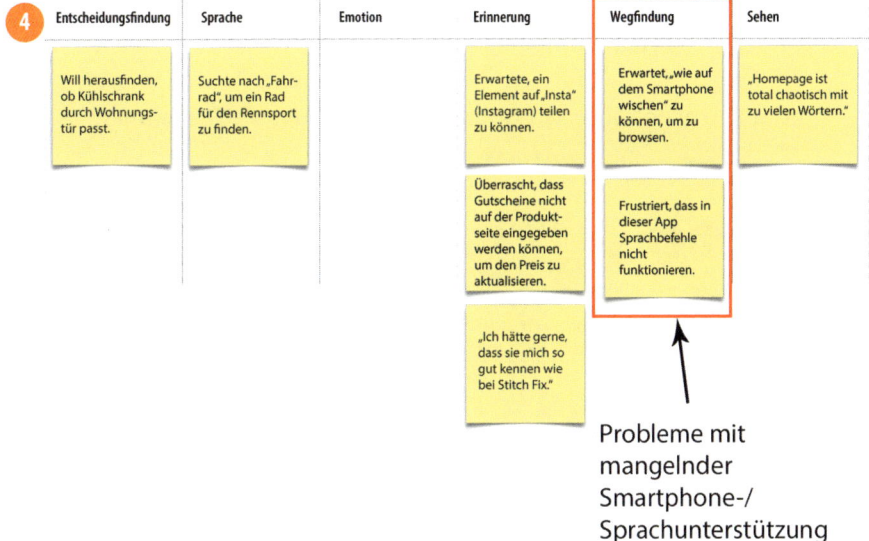

Abbildung 15.4
Gemeinsamkeiten zwischen den Teilnehmern im Abschnitt »Wegfindung« der sechs Erfahrungsebenen

Außer den drei gezeigten gibt es noch weitere Gruppierungsmöglichkeiten. Welche davon sollten sinnvollerweise gewählt werden? Manchmal – oder sogar häufig – mag es Ihnen ganz offensichtlich erscheinen, dass sich bestimmte Personen zusammenfassen lassen. Manchmal gibt es vielleicht bestimmte Gemeinsamkeiten in einer Untergruppe, bei den anderen jedoch keine echte Übereinstimmung.

Die Dimensionen ermitteln

Der beste Weg, den Prozess der Zielgruppensegmentierung zu veranschaulichen, sind Beispiele aus der Praxis. In den folgenden Fallstudien zeige ich Ihnen eine Gruppierung pro Datensatz. Dies soll Ihnen einen Eindruck davon vermitteln, welche Arten von Gruppierungen Sie bilden können.

FALLSTUDIE: DAS GELD DER MILLENNIALS

Bei der Arbeit mit einem weltweiten Online-Bezahldienst (Sie kennen ihn) führten mein Team und ich Kontextinterviews mit Millennials durch. Wir wollten erfahren, wofür sie ihr Geld ausgeben, wie sie es verwalten und was finanzieller Erfolg für sie bedeutet.

Die Haftnotizen in Abbildung 15.5 resultieren aus realen Beobachtungen an den Menschen, mit denen wir uns getroffen haben. Auch hier lautet die Frage: »Wie würde ich diese Nutzer einteilen?« Das Bild zeigt alle nach Personen sortierten Notizen für eine Handvoll Teilnehmer.

Abbildung 15.5
In jeder Spalte werden die relevanten Daten der Teilnehmer dargestellt.

Ihr Wunschlebensstil beeinflusste die finanziellen Entscheidungen ganz deutlich – sobald sie genug gespart hatten, wollten sie das Geld sofort für ein neues, Instagram-taugliches Abenteuer ausgeben. Wir stellten fest, dass Erlebnisse und Abenteuer die tiefsten Ziele (Emotion) dieser Teilnehmer waren und sie glücklich machten. Sie steckten all ihre Zeit und ihr Geld in Abenteuer und Reisen. Letztendlich waren für sie auf dieser tiefen emotionalen Ebene eher Erfahrungen als Gegenstände von Bedeutung.

Eine weitere Beobachtung, die in die Kategorie »Emotion« fällt, war, dass sich die Teilnehmer nicht wirklich durch ihren Job oder andere traditionelle Eigenschaften definierten (wie etwa »Ich bin introvertiert«). Stattdessen schienen sie ihre Identität in den angestrebten Erfahrungen zu finden.

Sozial gesehen waren diese Menschen Impulsgeber und versuchten, andere dazu zu bringen, sich ihren Abenteuern anzuschließen. Neue Angebote und Billigtickets, deren Ticketcodes (Sprache) sie kannten, interessierten sie unmittelbar (Aufmerksamkeit). Sie beherrschen den Umgang mit den sozialen Netzwerken (Instagram, Pinterest), über die sie neue Orte teilten und kennenlernten (Wegfindung, vielleicht im doppelten Sinn: die Fähigkeit, Apps wie Instagram zu bedienen, und physische Wegfindung zu neuen Orten).

Unter Berücksichtigung der sechs Erfahrungsebenen machten wir bei diesen Teilnehmern mehrere Beobachtungen (denken Sie daran, dass wir hier für einen großen Online-Bezahldienst arbeiteten und deshalb besonders daran interessiert waren, die Teilnehmer nach dem Umgang mit ihrem Geld zu gruppieren):

Entscheidungsfindung
   Die Probanden wogen jede finanzielle Entscheidung gegen ihr Ziel ab, neue Erfahrungen zu machen. Sie hatten kein Interesse an einer langfristigen Finanzplanung, da sie sich auf das Leben im Augenblick konzentrierten.

Emotion
   Die Maximierung der Abenteuerbereitschaft war von größter Bedeutung, und alles, was diesem Glück im Weg stand, wurde als negativ betrachtet. Umgekehrt war jedes Zahlungssystem ein Gewinn, das ihnen half, ihren weit gefassten Lebensstil zu erreichen.

Sprache
   Sie verfügten über ein erstaunliches Vokabular und Kenntnisse zu Reise-Websites sowie den Besonderheiten von Fluggesellschaften – sogar die Codes für Flugtarife (wussten Sie, dass Flugtarife Codes haben?) kannten sie. Weil sie Reiseexperten waren, nutzten sie den Fachjargon für Vielfliegermeilen, Gepäcksätze und Mietautos.

Wir haben uns für diese Studie auch andere Zielgruppen angesehen, aber ich möchte Ihnen hier einfach ein Gefühl für eine Gruppierung geben, bei der wir in diesem Fall vor allem Entscheidungsfindung, Emotion und zu einem geringeren Anteil auch die Sprache als wichtigste Faktoren nutzten. Andere Dimensionen wie der Umgang mit Apps (Wegfindung) oder zugrunde liegende Erfahrungen sowie die Metaphern (Erinnerung) waren einfach nicht so wichtig wie der zentrale Begriff des Abenteuers, an dem die Probanden ihr Leben ausrichteten.

Das ist recht typisch. Bei der Zielgruppensegmentierung fallen Dimensionen höherer Ordnung, etwa Entscheidungsfindung und Emotion, tendenziell stärker ins Gewicht als die übrigen Dimensionen der sechs Erfahrungsebenen. Wenn Sie im Rahmen einer Untersuchung für eine schnittstellenintensive Designsituation beispielsweise Grafiker, die mit Adobe Photoshop arbeiten, befragen, finden Sie möglicherweise Gruppierungen, für die Sehen oder Wegfindung wichtiger sind.

FALLSTUDIE: VERTRAUEN IN DAS KREDITWESEN

Das zweite Beispiel betrifft eine Studie, die wir im Namen eines der zehn größten Finanzunternehmen durchgeführt haben. Wir untersuchten, wie viel die Menschen über ihre Kreditwürdigkeit wissen und wie sie davon beeinflusst werden. Wir wollten auch den allgemeinen Kenntnisstand der Menschen über Kredite und Betrug ermitteln.

Wir fanden verschiedene Gruppentypen, aber ich möchte hier nur eine Persona beschreiben: die Gruppe »Ängstlich & unsicher«. Für sie waren Finanztransaktionen deutlich stärker mit Emotionen verbunden als für die durchschnittliche Person. Eine Frau, die wir Ruth nennen wollen, war unglaublich beschämt, als ihre Kreditkarte im Lebensmittelgeschäft abgelehnt wurde, weil jemand tatsächlich ihre Identität missbraucht hatte. Sie erlebte Gefühle von Angst, Ablehnung, Machtlosigkeit, Furcht und Hilflosigkeit.

In diesem Zielgruppensegment steckten Menschen wie Ruth angesichts des Problems einfach den Kopf in den Sand (Emotion). Während andere Menschen eher motiviert wurden, entsprechende Maßnahmen zu ergreifen, mehr über ihre Kreditwürdigkeit zu erfahren und sich selbst zu schützen, waren die Mitglieder des Segments »Ängstlich & unsicher« so erschüttert, dass sie nicht viel unternehmen konnten (Entscheidungsfindung). Sie versuchten, Situationen zu vermeiden, in denen das Problem wieder auftreten könnte, operierten in einem furchtsamen Verteidigungsmodus und nicht in der Offensive (Aufmerksamkeit). Die ängstliche und unsichere Gruppe hielt sich nicht für kreditkundig und dementsprechend äußersten sie sich auch zu Kreditfragen (Sprache).

Das treibende Element dieses psychografischen Profils ist die emotionale Reaktion der Individuen auf eine Situation, in der es um Kreditwürdigkeit geht. Dies führte zu einem unverwechselbaren Entscheidungsmuster, der Sprache eines Anfängers und einem mangelnden Bewusstsein für Möglichkeiten zur Reduzierung ihres künftigen Bonitätsrisikos.

Eigenannahmen hinterfragen

In den soeben vorgestellten Beispielen habe ich Probanden in einer Branche oder einem Zielgruppenpool mithilfe komplexer kognitiver Prozesse wie Entscheidungsfindung, Emotion und Sprache segmentiert. Vielleicht ist Ihr Chef oder ihre Vorgesetzte es hingegen gewohnt, die Zielgruppensegmentierung auf andere Weise durchzuführen (etwa »Wir brauchen Leute, die sich in dieser oder jener Altersgruppe befinden, so und so viel ausgeben, sich in diesen sozioökonomischen Kategorien befinden oder jene Titel haben«). Ich möchte Ihnen helfen, einige dieser Annahmen infrage zu stellen.

Wenn Ihre Analyse einigen bekannten, veralteten Mustern zu widersprechen scheint, sollten Sie sich auf Gegenwind gefasst machen. Scheuen Sie sich nicht, zu widersprechen: »Nein, unsere Daten sagen tatsächlich etwas anderes« – und zeigen Sie diese Daten vor! Stellen Sie dann die alten Annahmen auf den Prüfstand, um herauszufinden, ob sie noch gültig sind.

Wenn möglich, versuchen Sie, eine Probe aus mindestens 24 Personen zu erhalten. Ist eine geografische oder sogar sprachliche Diversität möglich? Umso besser. All diese Überlegungen sind Munition, die Ihnen hilft, die Frage zu beantworten: »War diese Stichprobe überhaupt repräsentativ?« Wenn Sie eine große, vielfältige Stichprobe haben, können Sie sagen: »Ja, das sind weit mehr als ein oder zwei Menschen, die zufällig so denken.«

Manchmal müssen Sie nicht nur die veralteten Vorstellungen von Kollegen, sondern auch Ihre eigenen Vorurteile hinterfragen. Manchmal stellen die Ergebnisse unsere eigenen Ideen und Organisationsmethoden infrage. In diesen Fällen bitte ich Sie nachdrücklich, sicherzustellen, dass Sie die Daten korrekt darstellen und nicht durch die Brille der Prämisse betrachten.

Bereits in Kapitel 7 habe ich Sie gebeten, die Kontextuntersuchung mit einer »Tabula rasa«-Mentalität anzugehen. Lassen Sie Ihre Hypothesen außen vor und seien Sie offen für alles, was die Daten aussagen. Das Gleiche gilt für die Segmentierung der Zielgruppen. Versuchen Sie so gut wie möglich, sich den Daten nicht mit Ihren eigenen Hypothesen anzunähern. Wir wissen aus der Statistik, dass Menschen, die »Ich weiß, dass X wahr ist« sagen, nach einer Bestätigung von X in den Daten suchen – anders als Menschen, die einfach verschiedene Möglichkeiten ausprobieren. Seien Sie der zweite Analytikertyp. Bleiben Sie offen für verschiedene Möglichkeiten.

Versuchen Sie immer, alle anderen Möglichkeiten auszuschließen, anstatt nur nach Informationen zu suchen, die Ihre Hypothese untermauern. Schauen Sie sich die zugrunde liegenden emotionalen Triebkräfte der einzelnen Personen genau an. Wie bewegen sie sich in ihrem Problemraum und was entdecken sie dabei? Welche früheren Erfahrungen beeinflussen sie, und orientieren sich die Segmente an diesen vergangenen Erfahrungen?

Im Falle der Kleinunternehmer aus Kapitel 12 überlegten wir hin und her, was die wichtigsten Merkmale für die Segmentierung der Zielgruppe waren. Einerseits war da die Tatsache, dass die Teilnehmer das Problem aus zwei sehr unterschiedlichen Perspektiven angingen. Da waren die Faktoren Sprache und Kenntnisstand, die sich auch je nach Thema stark unterschieden (zum Beispiel handwerkliche versus betriebswirtschaftliche Kompetenz). Wir erkannten mehrere Muster. Wir mussten letztendlich jedes Muster in den Zielgruppensegmentierungen testen und sicherstellen, dass die Muster wirklich in den Daten widergespiegelt wurden.

Wo immer möglich sollten Sie schließlich versuchen, Ihre Teilnehmer nach der höchstmöglichen Dimension zu organisieren. Auch wenn Sie vielleicht mit Beobachtungen an der Oberfläche beginnen, sollten Sie dann versuchen, tiefer zu gehen, um die eigentlichen Triebkräfte und die zugrunde liegenden Ziele zu erkennen. Als Psychologe gebe ich Ihnen die Erlaubnis, tiefer in das Psychische einzutauchen – in den großen, kraftvollen emotionalen Zustand, der das Entscheidungsverhalten der Menschen beeinflusst.

Das Ende einer veralteten Methode: See/Feel/Say/Do

Wenn Sie sich mit der Empathieforschung auskennen, kennen Sie vielleicht die See/Feel/Say/Do- beziehungsweise Sehen/Fühlen/Sagen/Tun-Karte (Abbildung 15.6). Diese ist bei vielen Arbeitsgruppen beliebt, wenn sie nach einer Möglichkeit suchen, Empathie für den Benutzer zu entwickeln. Sie eignen sich auch, um Kunden in Gruppen einzuteilen.

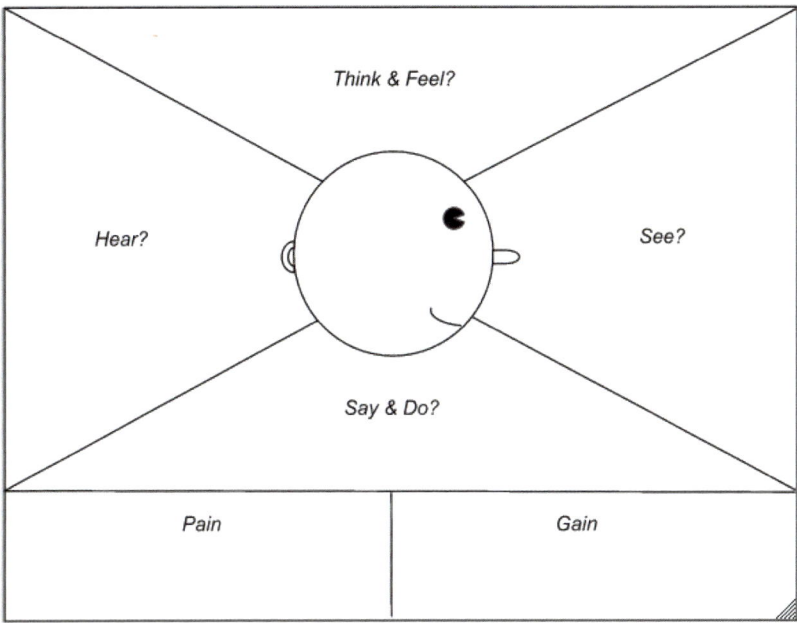

Abbildung 15.6
Kunden-Empathiekarte

Viele Empathie-Forschungsprogramme verwenden ein solches Diagramm. Empathiekarten stellen die folgenden Fragen:

- »Was sieht die Person?«
- »Was fühlt und denkt sie?«
- »Was sagt und tut sie?«
- »Was hört sie?« (in einigen Diagrammen fehlt dieser Punkt)

Das hier gezeigte Diagramm enthält auch eine Pain-/Gain-Komponente mit den Fragen »Mit welchen Dingen hat der Benutzer Probleme?« (Pain = Schmerz) und »Welche Möglichkeiten gibt es, diese Faktoren zu verbessern?« (Gain = Gewinn).

Man könnte hier Ähnlichkeiten mit den sechs Erfahrungsebenen erkennen. Wo ist der Unterschied? Das sehen wir uns nun genauer an.

See

Auf den ersten Blick ist dies ziemlich klar mit dem Sehen verbunden. Erinnern wir uns jedoch: Wenn wir überlegen, was der Benutzer sieht, wollen wir wissen, worauf er tatsächlich schaut oder achtet – nicht unbedingt, was wir ihm präsentieren. Das kann etwas ganz anderes sein. Ich möchte sichergehen, dass wir aus der Perspektive der Zielgruppe denken und dabei berücksichtigen, wohin sie tatsächlich schaut. Hier fehlt eine wichtige Komponente: Was sehen die Probanden nicht? Wir wollen wissen, wonach sie suchen und warum. Es ist wichtig, auch die Aufmerksamkeitskomponente zu berücksichtigen.

Feel

Es mag den Anschein haben, dass dies ein Synonym für Emotion ist – aber überdenken Sie das noch einmal. In solchen Empathiekarten meint »Fühlen« die unmittelbaren Emotionen eines Benutzers in Bezug auf eine bestimmte Benutzeroberfläche. Die Frage lautet: »Was erlebt der Benutzer im Moment?« Wie Sie sich vielleicht von unserer Diskussion über Emotionen her erinnern, sollten wir uns aus gestalterischer Sicht mehr für die tieferen, zugrunde liegenden Quellen der Emotionen interessieren. Was ist das eigentliche Ziel der Benutzer? Warum? Haben sie Angst davor, was passieren könnte, wenn sie nicht in der Lage sind, dieses Ziel zu erreichen? Welches sind ihre größten Bedenken? Mit anderen Worten wollen wir über die oberflächliche Ebene der unmittelbaren Reaktion auf die Benutzeroberfläche hinausgelangen und uns mit den elementaren Bedenken als Auslösern dieser Reaktionen beschäftigen.

Say

Ich fürchte, dass wir zu stark vereinfachen, wenn wir alle Wörter aus dem Mund des Benutzers als »Sagen« kategorisieren. Zu leicht könnte man übersehen, worauf es bei diesen Aussagen eigentlich ankommt. Ich denke auch, dass uns die Möglichkeit entgeht, das tatsächliche Fachwissen der Nutzer anhand der von ihnen verwendeten Wörter zu ermitteln – für das Produkt- oder Dienstleistungsdesign also ungeeignet.

Do
Bei der Wegfindung geht es um die Art und Weise, wie sich die Zielgruppe in der Benutzeroberfläche bewegt oder den Dienst nutzt. Wir fragen beispielsweise: »Wo sind Sie im Moment?« oder »Wie können Sie zum nächsten Schritt gelangen?« Meiner Ansicht nach geht es bei der Wegfindung darum, was der Benutzer tatsächlich tut und was er auf Basis seiner Wahrnehmung von der Funktionsweise der Benutzeroberfläche seiner Meinung nach tun kann. Die Beschreibung des Verhaltens (»Tun«) ist hilfreich, aber für sich alleine nicht ausreichend.

Entscheidungsfindung (fehlt)
Es wird nicht untersucht, auf welche Weise die Benutzer ihr Problem zu lösen versuchen. Bei der Entscheidungsfindung oder Problemlösung müssen wir ermitteln, wie die Benutzer das Problem ihrer Meinung nach lösen können und auf welche Weise sie sich im Entscheidungsraum bewegen können. Zwar stellt »Tun« eine Annäherung dar, allerdings fehlt für mich im See/Feel/Say/Do-Konzept die Entscheidungsfindung.

Erinnerung (fehlt)
Auch die Erinnerung fehlt im See/Feel/Say/Do-Modell. Wir wollen wissen, mit welchen Metaphern die Menschen ihr Problem lösen und welche zu erwartenden Interaktionsstile sie in diese neue Erfahrung einbringen. Wir möchten mehr über ihre bisherigen Erfahrungen und Erwartungen herausfinden, auch über solche, die den Nutzern vielleicht gar nicht bewusst sind, die sie aber durch ihre Handlungen und Worte implizieren (zum Beispiel, wenn sie beim Kauf eines Buchs von ihrer Erfahrung mit Amazon ausgehen oder wenn sie finden, dass es in einem guten Restaurant Kellner und weiße Tischdecken geben sollte). In See/Feel/Say/Do-Diagrammen fehlen die Erinnerungen und Bezugsrahmen der Benutzer.

Ich hoffe, Sie erkennen, dass See/Feel/Say/Do zwar besser ist als nichts, dass jedoch wichtige Schlüsselelemente fehlen und manche Bereiche zudem übermäßig vereinfacht werden. Mit unseren sechs Erfahrungsebenen sind wir besser dran.

Konkrete Empfehlungen

Segmentieren Sie die Zielgruppen mit den folgenden Techniken:

- Sammeln Sie Ergebnisse der Kontextinterviews auf den sechs Erfahrungsebenen.

- Bestimmen Sie, welche Teilnehmer und Aktivitäten Ähnlichkeiten oder Gemeinsamkeiten haben.

- Finden Sie heraus, inwiefern sich die Benutzer in ihren Bedürfnissen unterscheiden, und segmentieren Sie sie nach relevanten Dimensionen.

[16]

Die sechs Erfahrungsebenen im Einsatz: ansprechen, verbessern, erwecken

Nun haben wir Kontextinterviews durchgeführt, interessante Datensätze der einzelnen Teilnehmer gewonnen und den sechs Erfahrungsebenen entsprechend geordnet. Auch die Zielgruppe haben wir in verschiedene Gruppen eingeteilt. Es wird Zeit, diese Daten in der Praxis zu nutzen und darüber nachzudenken, wie sie unsere Produkte und Dienstleistungen beeinflussen sollen.

In diesem Kapitel erkläre ich Ihnen im Einzelnen, was ich mit der Ansprache Ihrer Zielgruppe, der Verbesserung ihrer Erfahrung und der Erweckung ihrer Leidenschaft meine. Eine Zusammenfassung könnte lauten:

- Was würde den Benutzer unmittelbar ansprechen, sodass er sich für das Produkt oder die Dienstleistung entscheidet?
- Welche Aspekte des Produkts oder der Dienstleistung würden den Kunden durch ihren Nutzen und eine ausgezeichnete Langzeiterfahrung zufriedenstellen?
- Inwiefern könnte das Produkt oder die Dienstleistung den Anwendern helfen, ihre tiefsten Ziele und Wünsche zu erreichen?

Wir sehen uns an, welche Daten bezüglich der sechs Erfahrungsebenen wir dazu verwenden können. Und wie immer nenne ich Ihnen einige Beispiele, wie Sie das alles in die Praxis umsetzen können.

Ansprechen: was die Menschen sich zu wünschen glauben

Unser erster Schwerpunkt liegt auf der Kundenansprache. Ein digitaler Bezugspunkt ist die beliebte Website Cool Hunting (*https://coolhunting.com*). Falls Sie die Site nicht kennen: Sie kuratiert im Wesentlichen Artikel und Empfehlungen zu allem Möglichen, von trendigen Hotels über Yogazubehör bis hin zu den neuesten technischen Gadgets. Nach welchen neuen heißen Trends suchen die Menschen, was erscheint ihnen begehrenswert?

In Anbetracht unserer Überlegungen, über Trends hinauszugehen und die tieferen Wünsche der Kunden zu erfüllen, finden Sie das vielleicht etwas oberflächlich. Aber unabhängig von Ihrem Angebot ist es absolut wichtig, dass Sie die Kunden ansprechen können. Diese müssen zunächst das Gefühl haben, dass Ihr Produkt oder Ihre Dienstleistung genau das ist, wonach sie gesucht haben.

Manchmal sind es zwei sehr verschiedene Dinge, was unsere Kunden wollen und was ihnen tatsächlich nützlich sein könnte. Die Aufgabe, die uns in diesem Fall bevorsteht, ist nicht einfach. Wir müssen bereit sein, sie anzulocken und sie mit dem, was sie ihrer Meinung nach wollen, anzusprechen – auch wenn wir wissen, dass etwas anderes für sie viel vorteilhafter sein könnte. Im Idealfall können wir sie nach der Ansprache besser informieren und ihnen so helfen, eine fundierte Entscheidung zu treffen.

Wir müssen die Zielgruppe also dort abholen, wo sie im Moment steht, und berücksichtigen, was sie ihrer Meinung nach will und braucht – selbst wenn das nicht unbedingt der Fall ist. Aber zunächst nehmen wir ihre Aussagen für bare Münze.

Betrachten wir die Daten unserer sechs Erfahrungsebenen, gibt es in meinen Augen drei Dimensionen, die im Zusammenhang mit der Kundenansprache besonders wichtig sind:

Sehen/Aufmerksamkeit
> Wonach halten die bei der Interaktion mit digitalen Produkten und Dienstleistungen beobachteten Menschen Ausschau? Möglicherweise suchen sie nach bestimmten Bildern, Wörtern oder Diagrammen. Vielleicht scannen sie einen bestimmten Abschnitt einer Website, eines Tools oder einer App und erwarten eine bestimmte Funktion. Fragen Sie sich, wonach sie suchen und warum.

Sprache
> Ihre Probanden suchen möglicherweise nach bestimmten Wörtern. Hier sind die tatsächlichen Wörter wichtig, mit denen sie das Gesuchte beschreiben. Ein Kunde sucht vielleicht nach einer »Saldoumbuchung«, obwohl für ihn persönlich die »Kreditberatung« viel vorteilhafter wäre.

Entscheidungsfindung
> Berücksichtigen Sie auch das Problem, das die Kunden zu lösen versuchen, und was sie für die Lösung halten. Wie bereits erwähnt, ist es durchaus möglich, dass das eigentliche Problem eines Nutzers in Wirklichkeit eine ganz andere Ursache hat, als er annimmt. Jemand mit Husten könnte zum Beispiel annehmen, dass Hustenmedizin die Lösung ist, obwohl er eigentlich eine Allergie hat. Bevor wir dem Nutzer das Benötigte anbieten können, müssen wir zunächst sein wahrgenommenes Problem und seine Vorstellung von der Lösung kennen.

Verbessern: was die Nutzer wirklich brauchen

Gehen Sie nun einen Schritt weiter, um das Leben Ihrer Kunden zu verbessern. Besuchen Sie einmal Lifehacker (*https://lifehacker.com*), eine Website, die dem Besucher DIY-Tipps und allgemeine Ratschläge für den modernen Selbstmacher präsentiert. Sie ist ein großartiges Beispiel dafür, wie man einer Zielgruppe Themen präsentiert, die tatsächlich ihren Bedürfnissen entsprechen und ihre Probleme lösen. Um das Leben unserer Benutzer zu verbessern, müssen wir ein Stück weit über ihre eigenen Aussagen hinausgehen und überlegen, wie wir ihr Problem wirklich lösen könnten:

Längerfristige Lösungen
> Denken Sie an Uber oder Lyft. Die Menschen hatten Schwierigkeiten, spätabends ein Taxi zu bekommen. Vielleicht kam das Taxi nicht, sie erlebten einen schlechten Kundenservice oder sie brauchten im Grunde genommen eine einfache Möglichkeit, ein Taxi im Voraus zu bestellen oder eines für ihre Mutter zu organisieren. Durch ein innovatives System können Sie den Benutzern möglicherweise eine längerfristige Lösung für ihr Problem anbieten. Inzwischen gibt es neue Unternehmen, die noch weiter spezialisierte Fahrdienste anbieten,

zum Beispiel für Kleinkinder oder Senioren. Sie können nachverfolgen, wo sich diese gerade befinden, Hallo sagen und herausfinden, wie es ihnen während der Fahrt ergeht.

Völlig neue Dienstleistungen

Möglicherweise benötigen Ihre Kunden ein innovatives Erinnerungs- oder Benachrichtigungssystem. Vielleicht notieren sie sich alles in einem Notizblock, schauen aber nicht immer hinein und vergessen deshalb am Ende, auf dem Heimweg Lebensmittel zu kaufen. Mit ihrem Smartphone beschäftigen sie sich hingegen ständig. Es wäre also effektiver, wenn sie die Erinnerungen oder Notizen ebenfalls darin festhalten würden.

Eine Funktion erlernen

Vielleicht verschwenden Ihre Nutzer Zeit mit der Suche nach bestimmten E-Mails. Sie wissen, dass sich diese im Posteingang befinden, können sie aber einfach nicht finden. Eine Lösung könnte darin bestehen, ihnen eine Abkürzung oder einen Befehl beizubringen, zum Beispiel die Eingabe eines Doppelpunktes und der E-Mail-Adresse des Absenders, um sich so nur E-Mails von dieser Person anzeigen zu lassen. Vielleicht gibt es Möglichkeiten, den Benutzern eine Funktion beizubringen, die sich für sie besser eignet oder die ihnen stundenlange Arbeit erspart.

Innovative Tools

Vielleicht möchten Ihre Kunden persönliche Treffen vereinbaren, aber ihre Zeitpläne passen einfach nicht zusammen. Möglicherweise könnte man sie in die Nutzung eines Video-Chat-Tools einweisen.

All das sind Beispiele für Möglichkeiten, das Verhalten von Menschen zu verändern, ihnen viel Zeit zu sparen und in absehbarer Zeit ein konkretes Problem für sie zu lösen. Schauen wir uns nun an, wie sich hier unsere sechs Erfahrungsebenen einordnen:

Entscheidungsfindung

Es dürfte Sie nicht überraschen, dass wir uns auf den Begriff der Entscheidungsfindung konzentrieren und uns mit den Herausforderungen beschäftigen, vor denen unsere Kunden stehen. Welche weiteren Probleme haben sie im Moment, vielleicht bei der Arbeit oder bei der Fahrt dorthin? Warum haben sie dieses Problem? Ist das öffentliche Verkehrssystem unzureichend oder haben sie nicht gelernt, es richtig zu nutzen? Um eine Lösung für unsere Benutzer zu finden, müssen wir ihr wahres Problem identifizieren. Dies ähnelt sehr stark dem Konzept, das wir bereits im Zusammenhang mit dem Design Thinking diskutiert haben. Sie erinnern sich: Beim Design Thinking geht es um Empathieforschung und wie sie uns helfen kann, das eigentliche Problem zu erfassen.

Erinnerung

Wir möchten auch erfahren, ob der Bezugsrahmen unserer Zielgruppe dem neuesten Stand der modernen Technologien und Werkzeuge entspricht. Vielleicht suchen unsere Benutzer nach einer einfacheren Möglichkeit, einen Bankscheck zu versenden, obwohl es eigentlich besser für sie wäre, wenn sie lernen würden, ihre Rechnungen online zu bezahlen. Da ich viel an digitalen Lösungen arbeite, denke ich darüber nach, wie wir unsere Aufgaben online erledigen können, statt traditionell mit Papier und Stift – oder sogar, wie wir sie mit innovativen statt mit traditionelleren Online-Techniken erledigen können (zum Beispiel mit Textnachricht, Videokonferenz oder KI statt mit E-Mail). Ein Beispiel sind neue Tools, mit denen man Meetings vereinbaren kann. Das Tool antwortet automatisch: »John hat am Dienstag keine Zeit, aber wie wäre es mit Mittwoch?« Oftmals basiert der Bezugsrahmen der Nutzer auf einer veralteten Arbeitsweise und nicht auf dem Verständnis der modernen Werkzeuge, die ihnen zur Verfügung stehen.

Emotion

    Viele Herausforderungen, denen die Menschen begegnen, sind mit starken Emotionen verbunden. Wir wollen herausfinden, wo die Schmerzpunkte in diesen Situationen liegen. Warum ist Ihre Zielgruppe verärgert oder unzufrieden mit der aktuellen Lösung? Wo liegt die Quelle dieses Gefühls? Bei unserem Taxi/Uber-Beispiel könnte das eigentliche Problem sein, dass sich die Nutzer um die Pünktlichkeit, die Zuverlässigkeit oder die Sicherheit ihrer Fahrt sorgen. Wenn wir wissen, dass es um die persönliche Sicherheit geht, dann können wir eine Lösung finden, die diese Befürchtung anspricht und überwindet. Wir wollen auch wissen, was konkret den Schmerzpunkt verursacht – vielleicht braucht der Benutzer beispielsweise die Sicherheit, dass er zu einem bestimmten Zeitpunkt an einem bestimmten Ort ankommt, weil ihn dort sein Chef erwartet.

All diese Überlegungen helfen uns, herauszufinden, was das Leben der Zielgruppe mittelfristig tatsächlich verbessern würde.

Erwecken: hochgesteckte Ziele erreichen

Wenn es uns gelingt, die Nutzer für unsere Produkte oder Dienstleistungen zu gewinnen, indem wir diese an ihren Bedürfnissen ausrichten und gleichzeitig ein längerfristiges Problem lösen, werden sie letztendlich bei der Stange bleiben … solange sie das Gefühl haben, dass das Produkt ihren höher gesteckten Zielen entspricht. Mit »Erwecken« meine ich, dass Sie über die Sinnsuche nachdenken sollen. Was würde es wirklich bedeuten, die Leidenschaft der Zielgruppe zu erwecken? Den schon immer vorhandenen Wunsch, Klavierspielen zu lernen, ein Buch zu schreiben oder das schlammige Abenteuerrennen zu bestehen?

Wir wollen überlegen, welche der sechs Erfahrungsebenen uns helfen können, die hochgesteckten Ziele unserer Kunden zu erreichen:

Emotion

    Wie können wir unserer Zielgruppe die Freiheit geben, ihre Lebensziele zu verwirklichen? Was würde ihnen das Gefühl geben, dass sie »es geschafft« haben? Viel Geld, sodass sie nach Belieben reisen können? Ein Haus, das so groß ist, dass sie zwölf Personen zu einem 5-Gänge-Menü einladen können? Eine Professur? Wir müssen die Triebkräfte der Kunden verstehen. Bei der Lösung ihres Problems können wir ihnen den Weg zu diesem Ziel aufzeigen.

ANMERKUNG

Die Identifizierung der zugrunde liegenden emotionalen Triebkräfte kann auch zu einer positiven Feedbackschleife mit den Kunden beitragen, die unser Produkt oder unsere Dienstleistung zu schätzen wissen. Gibt es konkrete Hinweise darauf, wie wir sie positiv beeinflusst haben? Während des gesamten Lebenszyklus unseres Produkts oder unserer Dienstleistung gewinnen wir Loyalität und Markenbotschafter, indem wir den Kunden den unmittelbaren und längerfristigen Nutzen zeigen und letztendlich verdeutlichen, wie wir ihnen bei ihren großen Zielen helfen. Im Idealfall beginnen unsere Kunden, unser Produkt für uns zu promoten, weil es ihnen so gut gefällt. In meiner Tätigkeit habe ich festgestellt, dass es Möglichkeiten gibt, diesen Lebenszyklus zu steuern. Da wir über die tief verwurzelten Ziele und entsprechenden Emotionen der Menschen sprechen, dauert dieser Lebenszyklus in der Regel Monate. Wir müssen darüber nachdenken, worauf die Nutzer langfristig am meisten hoffen. Was wollen sie wirklich und was könnte sie ihrer Meinung nach am ehesten daran hindern, dies zu erreichen? Welche Identität streben sie wirklich an?

Erinnerung

Die Antwort auf die Frage, was die Kunden erreichen möchten und was sie ihrer Meinung nach daran hindern kann, hat zum Teil auch mit ihren Erinnerungen zu tun. Was bedeutet Erfolg für sie? Vielleicht waren alle Familienmitglieder Handwerker, und die Vorstellung von Erfolg besteht darin, aus dieser Schablone auszubrechen und studieren zu gehen. Menschen definieren ihre Ziele oft durch ihre bisherigen Erfahrungen.

Entscheidungsfindung

Mit der Problemlösung wollen wir herausfinden, was die Kunden für ihr langfristiges Ziel halten. Hier geht es einerseits um Erinnerung, andererseits aber auch um die Schritte, die ihrer Meinung nach nötig sind, um dorthin zu gelangen. Dazu gehören auch die Definition des Problemraums und ihre Vorstellung von der möglichen Navigation in diesem Raum, um das gewünschte Ziel zu erreichen.

Alle diese Konzepte haben wir bereits angesprochen. Hier überlegen wir jedoch, wie wir diese Erkenntnisse so konkretisieren können, dass sie für uns als Marketingspezialisten oder Produktdesigner von praktischem Nutzen sind. Wie könnten wir unsere Zielgruppe für das Produkt begeistern? Was würde sie mittelfristig von der Nutzung abhalten? Was würde sie so sehr zufriedenstellen, dass sie es weiterhin benutzen oder sogar dafür werben würden?

FALLSTUDIE: BAUUNTERNEHMEN

Herausforderung: Wir arbeiteten mit einem Kunden, der Bauprodukte verkaufte – Isolierungen, Betonstahl, elektrische Leitungen und dergleichen. Er führte Werkzeuge und Technologien, die besser funktionierten und billiger waren als viele etablierte Produkte auf dem Markt. Jedoch musste er feststellen, dass die Unternehmen, die die Bauausführung übernahmen, ihre gewohnte Arbeitsweise nicht umstellen wollten.

Unser Kunde hatte Schwierigkeiten, die eingefahrene Zielgruppe für neue Technologien zu gewinnen, die ihr auf lange Sicht zugutekommen würden. Hier nutzten wir einige der sechs Erfahrungsebenen:

Problemlösung

Durch Kontextinterviews mit den Bauunternehmen ermittelten wir, dass diese vor allem auf Effizienz ausgerichtet waren. Normalerweise boten sie die Arbeiten zu Festpreisen an. Das bedeutet, dass sie Geld verloren, wenn ein Projekt länger dauerte als die von ihnen geschätzte Zeit – die sie zudem für andere Projekte aufwenden könnten. Je länger die Arbeit dauerte, desto weniger Gewinn erzielten die Baufirmen, und das bedeutete einen großen Anreiz, die Arbeiten so schnell und effizient wie möglich durchzuführen. Bei der Installation von Rohrleitungen zum Beispiel wollten die Baufirmen sicherstellen, dass es sich – abgesehen von den Kosten oder anderen Faktoren – um die am schnellsten zu installierende Rohrleitung handelte. Die leistungsstarken, preiswerten und neuartigen Rohrleitungen unseres Kunden stellten für diese Baufirmen ein Problem dar, da sie kostbare Zeit aufwenden müssten, um ihr Personal in der Installation zu schulen.

Aufmerksamkeit

Wir haben uns in unseren Beispielen nicht besonders ausführlich mit der Aufmerksamkeit beschäftigt, aber in diesem Fall stellten wir fest, dass die Aufmerksamkeit der Baufirmen von zentraler Bedeutung für die Lösung des Problems unseres Kunden war. Es war klar, dass sie nur darauf achteten, die Projektdauer zu verkürzen. Sie dachten nicht an den langfristigen Vorteil eines Produkts gegenüber einem anderen, sondern an die kurzfristigen Auswirkungen eines schnellen Abschlusses des aktuellen Projekts, damit sie zum nächsten übergehen konnten. Unser Kunde musste seine Produkte so vermarkten, dass sie für diese viel beschäftigten, etwas eingefahrenen Baufirmen attraktiv waren.

Sprache

Wir stellten fest, dass der Produkthersteller und die eigentlichen Installateure in zwei sehr unterschiedlichen Sprachen redeten. Die Produkthersteller verwendeten komplexe technische Begriffe wie »Pro-Seal Magnate«, die die Bauleute eher noch stärker verunsicherten, weil ihnen die Wortwahl nicht vertraut war. Anders ausgedrückt, sie verstanden nicht, was die Hersteller erklärten. Diese Unsicherheit löste auch ein gewisses Misstrauen aus, auf das ich gleich eingehen werde.

Emotion

Wir spürten in diesen Gesprächen einige Ängste. Die Baufirmen befürchteten, dass das neue Material nicht so gut funktionieren würde und dass sie von vorne beginnen und alles neu installieren müssten. Natürlich war es deshalb für sie sinnvoll, dass sie sich an das bekannte Produkt hielten, das sie bereits installieren konnten. Wir erkannten jedoch, dass die eigentliche Sorge der Baufirmen darin bestand, das Vertrauen des Generalunternehmers zu verlieren, der die Macht hatte, ihnen Folgeprojekte zuzuteilen. Der Erhalt einer vertrauensvollen Beziehung zum Generalunternehmer war entscheidend für diese Subunternehmen, um ihr Geschäft am Laufen zu halten.

Lösung: Wir machten uns Gedanken darüber, was die Baufirmen bewegte, wie sie ihr wahrgenommenes Problem lösen wollten, über die von ihnen verwendete Sprache und die emotionalen Triebkräfte, die im Spiel waren. Unsere Ergebnisse deuteten auf einen ganz anderen Ansatz für unseren Kunden, den Produkthersteller, hin. Wir empfahlen ihm, sich mehr auf das Zeitersparnispotenzial der neuen Materialien zu konzentrieren als auf alles andere. Beim Branding und der Bewerbung der Produkte wäre es wichtig, die den Baufirmen vertraute Sprache zu sprechen, um ihnen zu verdeutlichen, dass das Produkt schneller installiert werden konnte und wirklich funktionierte. Wir empfahlen dem Hersteller, kostenlose Schulungen und Produktmuster für Baufirmen anzubieten und sogar die Generalunternehmer zu kontaktieren, um sie über die Vorteile der neuen Produkte aufzuklären.

Einige dieser Resultate mögen naheliegend und nicht gerade wie »Aha-Erlebnisse« klingen, aber so geht es uns oft, nachdem wir unsere Daten nach den sechs Erfahrungsebenen analysiert haben. Es mag nichts Weltbewegendes herauskommen, doch wenn ein Kontextinterview auf eine Überlegung hinweist, die wir sonst vielleicht – insbesondere mithilfe von traditionellen Kanälen der Zielgruppenforschung – übersehen hätten, kann sich dadurch die Art und Weise völlig verändern, wie wir unsere Produkte entwickeln und verkaufen.

Bisher hatte der Kunde keinen dieser Faktoren berücksichtigt. Mit den sechs Erfahrungsebenen konnten wir ihn auf bestimmte Aspekte hinweisen, beispielsweise die fragilen Beziehungen zwischen Subunternehmern und Generalunternehmern und was diese Auftragnehmer durch ihre Sprache und Emotionen vermittelten. Mit diesen Erkenntnissen konnten wir Empfehlungen für ein System aussprechen, bei dem die Verkaufsförderung um diese kognitiven und emotionalen Triebkräfte herum konzipiert war.

FALLSTUDIE: VERMÖGENDE PRIVATPERSONEN

Herausforderung: Ein Kunde aus der Finanzbranche wollte herausfinden, welche Art von Produkten oder Dienstleistungen er wohlhabenden Privatpersonen anbieten könnte. Mein Team und ich machten uns auf den Weg, um die unerfüllten Bedürfnisse dieser Zielgruppe zu entdecken. Folgendes fanden wir heraus:

Aufmerksamkeit

Anders als bei unseren Baufirmen fiel uns nicht direkt ins Auge, worauf sich unsere Zielgruppe konzentrierte, sondern worauf sie sich nicht konzentrierte. Es ist eine krasse Untertreibung, zu sagen, dass diese Gruppe viel zu tun hatte. Ob junge Berufstätige, erwerbstätige Eltern oder Erwachsene im Ruhestand – ihre Tage waren vollgestopft mit Verpflichtungen und Aktivitäten. Sie lebten im Büro, sie hatten einen Personal Trainer, sie holten ihre Kinder von der Nachmittagsbetreuung ab, sie kochten, leisteten ehrenamtliche Arbeit, trieben Sport. Sie versuchten ständig, so viel wie möglich zu erreichen und das Beste aus ihrem Leben herauszuholen. Aufgrund all der konkurrierenden Verpflichtungen, Bedürfnisse und Prioritäten in verschiedenen Richtungen war die Aufmerksamkeit unserer Zielgruppe ziemlich zersplittert.

Emotion

Es war klar, dass allen Mitgliedern dieser Zielgruppe Produktivität und Erfolg wichtig war. Im weiteren Verlauf verzeichneten wir jedoch je nach Lebensphase deutlich unterschiedliche zugrunde liegende Ziele. Die jungen Berufstätigen verdienten viel Geld, und viele von ihnen waren gerade erst dabei, sich selbst und ihre persönliche Definition von Erfolg und Glück zu entdecken. Wie Sie sich vorstellen können, hatten die Leute mit kleinen Kindern eine ganz andere Vorstellung von diesen Begriffen. Sie konzentrierten sich auf den Erfolg der Familieneinheit und wollten sicherstellen, dass ihre Kinder alles hatten, was sie brauchten, vom Fußballtraining bis zum Studium. Obwohl die Mitglieder dieser Gruppe sich übermäßig auf das Familienleben konzentrierten, waren sie auch um den Verlust ihres Selbstgefühls besorgt. Die älteren Erwachsenen kehrten zum ursprünglichen Gedanken der Selbstfindung zurück. Ein Herr, der sich stärker mit Musik beschäftigen wollte, baute seinen Keller zu einem Proberaum aus, damit seine Freunde und er dort üben konnten. Ein anderer beschloss, seinen Traum von Kulturreisen zu verwirklichen; obwohl ihm klar war, dass das vielleicht nicht »cool« war, machte es ihn wirklich glücklich.

Sprache

Die Unterschiede der tiefen, zugrunde liegenden Lebensziele der Menschen spiegelten sich auch ihrer Sprache wider. Als wir die jungen Berufstätigen baten, »Luxus« zu definieren, erwähnten sie Erste-Klasse-Tickets, einmalige Erlebnisse an exotischen Orten bis hin zu ihren tieferen Zielen der Selbstfindung. Die Menschen mit Familien sprachen darüber, dass sie irgendwo zum Abendessen ausgehen wollten, wo die Kinder draußen herumlaufen konnten und sie sich keine Sorgen um das Geschirr machen mussten, dass sie ihre Ziele des familiären Zusammenseins erreichen wollten oder auch einfach nur ihre geistige Gesundheit als Eltern behalten wollten. Ältere Erwachsene wie der vorhin erwähnte Herr sprachen davon, die Reise ihres Lebens zu unternehmen und ihre tieferen Ziele zu erreichen, sich zu fühlen, als hätten sie wirklich gelebt und alles erlebt, was sie sich wünschten. Wie wir mittlerweile wissen, kann selbst ein einfaches Wort (wie etwa »Luxus«) für die verschiedenen Zielgruppen ganz unterschiedliche Bedeutungen haben.

Ergebnis: Die Erkenntnisse, die wir mithilfe der sechs Erfahrungsebenen gewonnen hatten, waren der Schlüssel zur Entwicklung von Produkten, die speziell auf die Bedürfnisse der verschiedenen Gruppen wohlhabender Privatpersonen zugeschnitten waren. Als wir unsere Empfehlungen an den Kunden weitergaben, konzentrierten wir uns auf die wichtigste Quintessenz: Die älteren Erwachsenen wurden im Vergleich zu den anderen Bevölkerungsgruppen nur unzureichend berücksichtigt.

Als wir uns mit der Vermarktung von Kreditkarten und anderen Finanzprodukten beschäftigten, stellten wir fest, dass entweder junge Berufstätige angesprochen wurden (etwa mit Skydiving in Oahu) oder Familien (beispielsweise mit Uni-Sparplänen). Es gab überraschend wenige Angebote für ältere Erwachsene und die finanziellen Mittel, die sie für ihre Selbstfindung benötigten. Glücklicherweise standen uns jetzt Daten für alle sechs Erfahrungsebenen zur Verfügung. Diese konnten wir unserem Kunden präsentieren, um hier Abhilfe zu schaffen.

Konkrete Empfehlungen

- Sprechen Sie die Zielgruppe durch die Bewerbung, Marketing-Aktionen und das Markenversprechen eines Produkts an.

- Achten Sie auf die Aspekte »Aufmerksamkeit« und »Sehen«. Wonach sucht die Zielgruppe? Womit könnten Sie sie anlocken? Mit welchen Worten beschreibt sie, wonach sie sucht?

- Verbessern Sie das Leben der Menschen durch das von Ihnen entwickelte Produkt- oder Dienstleistungsdesign.

- Beschäftigen Sie sich mit Entscheidungsfindung/Problemlösung, Erinnerung und Bezugsrahmen. Welches Problem müssen Ihre Kunden eigentlich lösen, und wodurch werden sie es letztendlich lösen? Müssen sich ihre Bezugsrahmen und Perspektiven ändern – und wenn ja: inwiefern? Welche Teile der ursprünglichen Metaphern funktionieren? Welche nicht?

- Erwecken Sie die Lebensziele der Menschen.

- Achten Sie auf tiefere Emotionen. Was wird bei dieser Zielgruppe auf Widerhall stoßen und einen Bezug zu ihren größten Zielen und Ängsten herstellen? Welche Produktbereiche können helfen, ihre Befürchtungen zu zerstreuen? Wie können Sie die Kunden bei der Erreichung ihrer Ziele unterstützen?

[17]

Schnell erfolgreich sein, oft erfolgreich sein

Zwar befürworte auch ich die branchenüblichen Build-Test-Learn-Zyklen; aber ich glaube, dass die aus den sechs Erfahrungsebenen gewonnenen Informationen Sie schneller zu einer erfolgreichen Lösung führen können.

In diesem Kapitel beschäftigen wir uns mit dem Double-Diamond-Modell für den Designprozess und ich zeige Ihnen, wie Sie anhand der sechs Erfahrungsebenen die Bandbreite der möglichen Optionen eingrenzen und sich die Auswahl des optimalen Designs erleichtern. Wir befassen uns auch mit »Learning by Making«, dem Prototyping und dem Vergleich neuer Dienstleistungen oder Produkte mit denen der Mitbewerber.

Bis jetzt haben wir uns vor allem in unsere Zielgruppe eingefühlt, um das Problem aus der Perspektive der betroffenen Menschen zu verstehen. Die Zeit, die wir uns für die Analyse der Daten genommen haben, ist lohnenswert und hilft uns, das Problem klarer zu artikulieren, die Lösung zu identifizieren und den Designprozess zu steuern, um Streuverluste zu vermeiden.

Ich stelle den bekannten Begriff »fail fast, fail often« (»schnell scheitern, oft scheitern«) infrage, weil ich glaube, dass der Ansatz der sechs Erfahrungsebenen die Anzahl der benötigten Iterationszyklen reduzieren kann.

Divergentes und konvergentes Denken

Viele digitale Produkt- und Dienstleistungsdesigner sind mit dem Double-Diamond-Modell vertraut. Kurz gesagt setzt es sich aus vier Begriffen zusammen: entdecken, definieren, entwickeln, liefern (Abbildung 17.1).

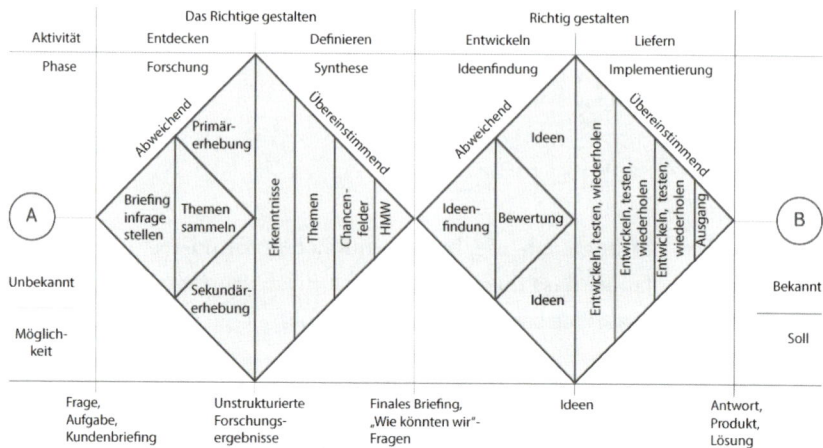

Abbildung 17.1
Der Double-Diamond-Designprozess

Das Double-Diamond-Modell erscheint Ihnen möglicherweise kompliziert. Deshalb sollten Sie unbedingt verstehen, wie Sie mithilfe der sechs Erfahrungsebenen zielgerichteter arbeiten können. Auf die verschiedenen Abschnitte der Entdeckungsphasen wie etwa die Verknüpfung der Unternehmensziele mit den Benutzerzielen gehe ich in diesem Buch nicht näher ein, es gibt jedoch zahlreiche aktuelle Literatur zu diesem Thema, falls Sie sich genauer damit beschäftigen möchten.

Erster Diamant: Entdeckung und Definition (»Das Richtige gestalten«)

Das Double-Diamond-Modell beginnt mit der Entdeckungsphase, in der wir versuchen, uns in die Zielgruppe einzufühlen und ihre Probleme zu verstehen. Darauf folgt die Definitionsphase – wir finden heraus, auf welches dieser Probleme wir uns konzentrieren sollten.

Die sechs Erfahrungsebenen passen grundsätzlich in den Entdeckungsprozess. Sie bieten eine ausgefeilte, aber effiziente Möglichkeit, mehr über die kognitiven Prozesse und das Denken der Kunden zu erfahren und

Empathie für ihre Bedürfnisse und Probleme zu entwickeln. Wir führen Untersuchungen durch, damit wir unsere Kunden besser verstehen, Erkenntnisse gewinnen, Konzepte und spezifische Potenzialbereiche schaffen können. Wenn Sie an das letzte Kapitel zurückdenken, können wir mit unseren Untersuchungsergebnissen folgende Fragen beantworten:

- Welche Anreize gibt es für unsere Kunden (mit welchen Worten beschreiben sie, was sie sich wünschen und wofür sie sich interessieren)?
- Was würde ihr Leben verbessern (wodurch könnten sie ihr Problem lösen und einen tieferen Bezug zu unserem Produkt oder unserer Dienstleistung aufbauen)?
- Was würde ihre Leidenschaft wecken (sie begeistern und ihnen das Gefühl geben, etwas Wichtiges für sich selbst zu erreichen)?

Auch wenn sich der größte Teil dieses Kapitels auf den zweiten Diamanten konzentriert, möchte ich betonen, dass unsere Primärerhebung eine Fundgrube ist, die uns helfen kann, bestimmte Potenzialbereiche zu identifizieren. Nach der Analyse des Dreiklangs ansprechen/verbessern/erwecken haben Sie wahrscheinlich einige Einblicke in die vorhandenen Möglichkeiten – ob es nun darum geht, einer Hochzeitsplanerin bei der Finanzplanung zu helfen oder einem Möbeltischler beim Marketing. Jetzt sind Sie bereit, Lösungsmöglichkeiten zu erkunden.

Zweiter Diamant: Entwicklung und Lieferung (»Richtig gestalten«)

Wenn Sie ein Kundenproblem eingekreist haben, das Sie mit Ihrem Produkt oder Ihrer Dienstleistung lösen möchten, gelangen Sie zum zweiten Diamanten. Jetzt ist es an der Zeit, das optimale Design für Ihr Produkt oder Ihre Dienstleistung auszuwählen, mit der dieses Problem gelöst werden kann.

Es gibt eine scheinbar unendliche Anzahl von Lösungswegen, die Sie einschlagen können. Um die Auswahl zu beschleunigen, müssen Sie die Anzahl der potenziellen Lösungswege einschränken. Die sechs Erfahrungsebenen sollen die Entscheidungsfindung unterstützen und damit die Möglichkeiten drastisch reduzieren. Die Antworten auf zahlreiche in der Analyse gestellte Fragen können eine Orientierungshilfe beim Design sein und den Bedarf an Design-Exploration verringern. Hier ein paar Beispiele:

Sehen/Aufmerksamkeit

Erhebungen anhand der sechs Erfahrungsebenen können den Designern zahlreiche Fragen beantworten: Wonach sucht die Zielgruppe? Was zieht ihre Aufmerksamkeit auf sich? Welche Art von Wörtern und Bildern erwartet sie? Wo im Produkt oder in der Dienstleistung sucht sie nach den gewünschten Informationen? Nun können die Designer entscheiden, ob sie dieses Wissen zu ihrem Vorteil nutzen und ob sie bewusst von diesen Erwartungen abweichen möchten.

Wegfindung

Wir erhalten auch wichtige Erkenntnisse zur Gestaltung des Interaktionsmodells, zum Beispiel Antworten auf die folgenden Fragen: Wie stellt sich unsere Zielgruppe die Navigation im Raum vor, auch virtuell (etwa durch einen Flughafen gehen oder eine Handy-App navigieren)? Welche Interaktionsmöglichkeiten erwartet sie von dem Design (zum Beispiel einfach auf etwas klicken, mit drei Fingern scrollen oder zum Verkleinern/Vergrößern kneifen)? Nach welchen Hinweisen oder Brotkrumen hält sie zur Orientierung Ausschau (zum Beispiel ein Hamburger-Symbol, das ein Restaurant darstellt, oder verschiedene Farben auf dem Bildschirm)? Welche Interaktionsmöglichkeiten könnten für sie besonders hilfreich sein (zum Beispiel Doppeltippen)?

Erinnerung

Wir erhalten zudem hochrelevante Informationen über die Erwartungen der Nutzer: Welche bisherigen Erfahrungen beeinflussen ihre Erwartungen an das Design? Welche Designs passen am besten zu diesen Erwartungen? Welche bereits bestehenden Beispiele dienen ihnen als Grundlage für die Interaktion mit dem neuen Produkt? Wir können die Akzeptanz unseres Designs verbessern und Vertrauen in unsere Entwicklung aufbauen, indem wir einen Teil dieser Erwartungen erfüllen.

HABEN WIR DIE INNOVATION BLOCKIERT?

»Aber was ist mit der Innovation?!«, fragen Sie sich vielleicht. Ich sage nicht: »Sie sollen nicht innovativ sein.« Es gibt sicherlich Momente, in denen es angebracht ist, neue Interaktionsformen zu entwickeln, neue Wege, um Aufmerksamkeit zu erregen, neue Paradigmen. Ich bin der Ansicht, dass Sie zuerst überlegen sollten, ob es irgendwelche Möglichkeiten gibt, innerhalb eines bestehenden Wissensspektrums innovativ zu sein und sich damit viel Mühe zu ersparen. Wenn wir innerhalb der bestehenden Beispiele arbeiten, beschleunigen wir die Akzeptanz drastisch. Hier sind einige Punkte, die Sie beachten sollten:

Sprache

Content-Strategen möchten wissen, inwieweit die Kunden Experten auf einem Gebiet sind. Welchen Sprachstil verstehen sie am ehesten (zum Beispiel »vorderer Bereich des Gehirns« oder »anteriorer cingulärer Cortex«)? Welche Sprache erweckt ihr Vertrauen und ist für sie am sinnvollsten?

Problemlösung

Was halten die Nutzer für das Problem? Ist der Problemkreis in Wirklichkeit größer, als sie glauben? Wie müssten sich ihre Erwartungen oder Überzeugungen ändern, damit das Problem tatsächlich gelöst werden kann? Zum Beispiel könnte ich annehmen, dass ich nur einen Führerschein zum Mieten eines Autos brauche, aber dann stellt sich heraus, dass ich in Wirklichkeit auch einen Personalausweis oder Reisepass vorlegen muss. Welche Rückmeldungen zum Prozessfortschritt wünschen sich die Nutzer?

Emotion

Wie können wir den Menschen so bei der Problemlösung helfen, dass diese mit ihren Zielen übereinstimmt und sogar einen Teil ihrer Ängste zerstreut? Wir sollten ihnen zunächst zeigen, dass wir uns ihrer kurzfristigen Ziele annehmen. Anschließend sollten sie erkennen, dass der Umgang mit unserem Produkt im Einklang mit ihren ebenfalls vorhandenen übergeordneten Zielen steht.

Es gibt so viele Elemente der sechs Erfahrungsebenen, die Ihnen als Designer helfen können, anhand der vorliegenden Erkenntnisse konstruktive Ideen zu entwickeln – und das bedeutet, dass Ihre Konzepte in der Testphase mit größerer Wahrscheinlichkeit erfolgreich sein werden. Sie bewegen sich nicht mehr einfach in einem weiten, offenen Ideenfeld, sondern verfügen über all diese Anhaltspunkte, welche Richtung Ihre Designs einschlagen sollten.

Das bedeutet auch, dass Sie mehr Zeit mit dem Gesamtkonzept oder dem Branding verbringen können, statt über das grundlegende Interaktionsdesign diskutieren zu müssen.

Learning While Making: der Design-Thinking-Ansatz

Den Begriff »Design Thinking« erwähne ich mehrfach in diesem Buch. Dieser Ansatz wurde durch das Designstudio IDEO populär gemacht und lässt sich auf frühere Ideen zurückführen, die sich mit der Formalisierung von Prozessen im Industrie-Design beschäftigten. Das Konzept wurzelt unter anderem in der bekannten Arbeit des Psychologen und Sozialwissenschaftlers Herbert Simon zur systematischen Kreativität und Problemlösung aus den 1970er-Jahren. Auf seine Untersuchungen zur Entscheidungsfindung habe ich bereits verwiesen.

Stellen Sie sich vor, Sie entwickeln eine Kamera, die einem Chirurgen während einer Operation die Augen ersetzt. Natürlich handelt es sich dabei um ein Werkzeug, das Sie sehr sorgfältig konstruieren müssen, damit sichergestellt ist, dass es präzise gesteuert werden kann. Bei der Konstruktion des Prototyps erfahren die Entwickler der Kamera eine Menge über die Bedeutung von Gewicht, Handhabung und so weiter. Es gibt eine Vielzahl von Dingen, die Sie erst herausfinden können, wenn Sie mit der Herstellung Ihres Produkts beginnen. Deshalb ist diese Ideenphase buchstäblich ein »Thinking by Design«.

Unterschätzen Sie nicht die Bedeutung frühzeitiger Skizzen der Interaktionen und Serviceabläufe. Bill Buxton, einer der leitenden Forscher von Microsoft, schreibt darüber sehr aufschlussreich in seinem Buch *Sketching User Experiences: Getting the Design Right and the Right Design*. Er ist der Meinung, dass jeder Designer, der sein Geld wert ist, imstande sein sollte, sieben bis zehn Problembehebungsansätze in zehn Minuten zu finden – keine vollständig durchdachten Lösungen, sondern schnelle Skizzen verschiedener Lösungen und Stile. Bei der Durchsicht helfen solche Skizzen, zu verstehen, welche Designrichtungen sinnvoll und einer weiteren Erkundung würdig sein könnten.

Wie Buxton bin ich der Meinung, dass die rasche Skizzierung von Prototypen sehr hilfreich ist und Ihnen zeigen kann, wie unterschiedlich die Lösungen ausfallen können. Bei der Durchsicht können Sie dann die Potenziale, Probleme und kleinen Goldstückchen in den einzelnen Skizzen erkennen.

Achten Sie darauf, dass Sie diese Phase ausgehend von den sechs Erfahrungsebenen mit den zuvor erläuterten Einschränkungen und Prioritäten angehen. Dann werden diese Rahmenbedingungen Sie nicht einschränken, sondern Ihnen tatsächlich die Freiheit geben, einen Konsens zu einem möglichen, für die Zielgruppe optimalen Lösungsraum zu finden. Sie werden in der Lage sein, die Prototypen durch evidenzbasierte Entscheidungsfindung zu beurteilen, wobei Sie sich darauf konzentrieren können, was Sie über den Kunden erfahren haben, statt sich auf die Meinung der am höchsten bezahlten Person (HIPPO = Highest Paid Person's Opinion) zu verlassen.

Als Nächstes nenne ich Ihnen ein Beispiel, warum Erhebungen so wichtig sind, bevor Sie in die eigentliche Entwicklung einsteigen.

FALLSTUDIE: TUN WIR ES EINFACH!

Ich arbeitete mit einer Gruppe an einem Designsprint. Nachdem ich meine geplante Vorgehensweise erläutert hatte, sagte der CEO: »Tolles Verfahren, aber wir wissen bereits, was wir entwickeln müssen.« Im Allgemeinen weiß ein Team zu diesem Zeitpunkt jedoch nicht, was es zu entwickeln hat, oder wenn sich wirklich alle bereits auf eine bestimmte Richtung eingeschossen haben, gibt es dafür möglicherweise keine belastbaren Gründe.

Der CEO wollte aber loslegen und in die Entwicklung einsteigen, also gingen wir direkt zum Design über, um zu sehen, was passieren würde. Ich bat ihn und sein Team, ihre Lösungen rasch zu skizzieren, damit ich sehen konnte, was sie eigentlich entwickeln wollten.

Wie Sie an den Schaubildern in Abbildung 17.2 erkennen können, fielen die »Lösungen« völlig verschieden aus – die einzelnen Teammitglieder nahmen die Zielgruppe und das Problem ganz unterschiedlich wahr. Schnell erkannte der CEO, dass sie nicht so gut aufeinander abgestimmt waren, wie er gedacht hatte. Er bat uns freundlicherweise, nun doch lieber systematisch vorzugehen.

Abbildung 17.2
Völlig unterschiedliche Vorstellungen von einer Website deuten darauf hin, dass die Teammitglieder noch nicht aufeinander abgestimmt sind.

Achten Sie nicht auf den Mann hinter dem Vorhang: Prototyp und Test

In der Kontextuntersuchung achten wir darauf, worauf sich die Augen unserer Zielgruppe richten, wie die Nutzer mit unserem Produkt oder unserer Dienstleistung interagieren, welche Wörter sie verwenden, welche Erfahrungen sie in der Vergangenheit gesammelt haben, welche Probleme sie lösen möchten und was ihre Anliegen oder großen Ziele sind. Meiner Ansicht nach können wir im Build-Test-Learning-Zyklus überlegter vorgehen, wenn wir diese Erkenntnisse berücksichtigen.

Für die Prototypenphase greifen wir auf eine Vielzahl unserer Methoden der Kontextuntersuchung mithilfe der sechs Erfahrungsebenen zurück. Wir beobachten, wohin die Augen beim Prototyp 1 und beim Prototyp 2 wandern. Wir sehen uns an, wie die Kunden mit unserem Produkt interagieren möchten und was uns das über ihre Erwartungen sagt. Wir achten auf die Wörter, die sie bei diesen speziellen Prototypen verwenden, und darauf, ob der von uns verwendete Wortlaut ihrem Fachwissen entspricht. Welche Erwartungen haben sie an den Einsatz des Prototyps oder bezüglich des zu lösenden Problems? Inwiefern widersprechen wir diesen Erwartungen oder bestätigen sie? Was lässt die Zielgruppe zögern, mit dem Produkt zu interagieren? (Weiß sie beispielsweise nicht genau, ob die Transaktion sicher ist oder ob das Hinzufügen eines Artikels zum Warenkorb bedeutet, dass sie ihn bereits gekauft hat?)

Im Prototyping-Prozess schließt sich der Kreis und wir nutzen frühzeitig die Erkenntnisse aus unserer Empathieforschung. Wir konzipieren einen Prototyp oder eine Serie von Prototypen, um unsere Lösung ganz oder teilweise zu testen.

Hier ein paar Beobachtungen und Vorschläge, die Sie dabei beachten sollten:

Der Prototyp sollte nicht zu detailgenau sein.

Mir ist aufgefallen, dass unsere Zielgruppe einen High-Fidelity-Prototyp – einen, der dem Endprodukt, das wir im Kopf haben, so gut wie möglich entspricht – im Grunde genommen für eine vollendete Tatsache hält. Er ist bereits so poliert und geschliffen und fühlt sich so an, als wäre er tatsächlich live, auch wenn er noch gar nicht vollständig durchdacht ist. Der fast fertige Eindruck dieser Prototypen lässt die Beteiligten annehmen, dass es zu spät sei, Kritik zu äußern. Sie sagen vielleicht, dass er ziemlich gut ist oder dass sie eine bestimmte Kleinigkeit verändern würden – aber im Großen und Ganzen könne man ihn so lassen.

Deshalb arbeite ich lieber mit weniger ausgefeilten Prototypen, die noch Ecken und Kanten haben. So bekommen die Probanden das Gefühl, dass sie noch ein Mitspracherecht haben und das Design und den Ablauf beeinflussen können. Die Ergebnisse variieren bei Papierprototypen, daher ist es wichtig, dass Sie in dieser Phase die ideale Genauigkeitsstufe kennen.

Wenn ich beispielsweise einem Kunden Prototypen mit niedriger bis mittlerer Genauigkeit zeige, ziehe ich es vor, nicht die gesamte Farbpalette der Marke zu verwenden, sondern nur Schwarz-Weiß. Ich benutze ein großes X oder eine Handskizze, wo eigentlich ein Bild hingehört. Diese Reduktion ist beabsichtigt. Die skizzenhaften Elemente signalisieren dem Anwender, dass es sich hier um ein frühes, noch in der Entwicklung befindliches Konzept handelt und dass sein Input wertvoll für die Entwicklung des Endprodukts ist. Ich nenne diese Art Prototyp gerne einen »Zauberer von Oz«-Prototyp – kümmern Sie sich nicht um den Mann hinter dem Vorhang.

In einem konkreten Beispiel haben wir untersucht, wie wir eine Suchmaschine für einen Kunden gestalten sollten. Dazu wollten wir zunächst verstehen, wie die Zielgruppe die Suchmaschine nutzen würde. Wir hatten keinen Prototyp zum Testen, also ließen wir sie eine bestehende Suchmaschine verwenden. Wir stellten die Aufgabe, einen Volleyball für ein acht- oder neunjähriges Kind zu finden. Dabei fanden wir heraus, dass die gleichen Suchergebnisse angezeigt wurden, egal ob die Benutzer »Volleyball« oder »Kindervolleyball« eingaben. Und das war in Ordnung, denn wir testeten nicht unbedingt die Genauigkeit des Suchmechanismus, sondern erprobten den Aufbau der Suchmaschine. Wir testeten, wie die Menschen mit der Suche interagierten, welche Arten von Ergebnissen sie erwarteten, in welchem Format/Stil, wie sie die Ergebnisse filtern wollten und wie sie ganz allgemein mit der Suchmaschine interagierten. Alle diese Fragen konnten wir beantworten, ohne tatsächlich einen Prototyp zu testen.

In-situ-Prototyping durchführen

Nachdem Sie nun wissen, dass ich ein Fan von groben oder Low-Fidelity-Prototypen bin, möchte ich betonen, dass Sie trotzdem Ihr Bestes tun sollten, die Menschen in den Modus zu versetzen, darüber nachzudenken, was sie eigentlich benötigen. Bei der Kontextuntersuchung ist es daher wichtig, die Prototypen am tatsächlichen Arbeitsplatz des Anwenders zu testen, damit er sich mit den realen Bedingungen auseinandersetzen kann.

Beobachten, beobachten, beobachten

Hier schließt sich der Kreis. Beim Test des Prototyps beobachten wir die sechs Erfahrungsebenen wie in unserer anfänglichen Untersuchung. Wohin wandern die Augen der Benutzer? Wie versuchen sie, zu interagieren? Welche Wörter verwenden sie in diesem Moment? Welche vergangenen Erfahrungen nutzen sie, um diese Erfahrung einzuordnen? Halten sie sich an diese Erwartungen oder weichen sie von ihnen ab? Haben sie das Gefühl, dass sie das aktuelle Problem tatsächlich lösen können? Einen Schritt weiter, eine subtilere Frage: Haben sie das Gefühl, dass ihre ursprüngliche Wahrnehmung des Problems überholt sein könnte und dass sie jetzt besser dran sind, nachdem sie diesen Prototyp verwenden?

In puncto Emotion geht es bei einem frühen Prototyp normalerweise nicht darum, dem Nutzer zu zeigen, dass er seine tiefsten Lebensziele erreichen kann. Wir können aber in diesem Stadium durch die Befürchtungen der Nutzer einiges lernen. Wenn sie tief verwurzelte Ängste haben, wie die jungen Werbefachleute, die Millionen-Dollar-Beträge für Anzeigenplätze ausgeben, können wir mithilfe des Prototyps beobachten, was die Nutzer am Handeln hindert, wo sie zögern oder was ihnen unklar erscheint.

Test mit Konkurrenten

Ich empfehle dringend, in die frühen Prototypentests nach Möglichkeit auch echte Konkurrenz einzubeziehen. Zum Beispiel probierten wir eine Methode aus, mit der Wissenschaftler nach Fachartikeln suchen konnten.

In diesem Fall hatten wir einen klickbaren Prototyp, in dem die Nutzer Eingaben vornehmen konnten, auch wenn die eigentliche Suchfunktion noch nicht aktiviert war. Wir testeten ihn gegen eine Google-Suche und eine weitere Suchmaschine für akademische Veröffentlichungen. Wie beim Volleyball-Beispiel wollten wir testen, wie wir die Suchergebnisse anzeigen und die Suchoberfläche im Vergleich zu den Mitbewerbern gestalten sollten.

Mit solchen Vergleichstests können Sie viel über neue Möglichkeiten erfahren, mit denen Sie sich vor die Nase Ihrer Konkurrenten setzen können. Scheuen Sie sich nicht davor, auch wenn sich Ihr Tool noch in der Entwicklung befindet. Haben Sie keine Angst davor, dass Sie im Vergleich mit den schicken Produkten Ihrer Mitbewerber – oder im Vergleich mit Ihren eigenen, bestehenden Produkten – Schiffbruch erleiden könnten.

Ich empfehle auch, von Ihren eigenen Prototypen mehrere zu präsentieren. Ich bin mir ziemlich sicher, dass wir jedes Mal, wenn wir den Benutzern einen einzelnen Prototyp zeigten, eine positive Reaktion erhielten: »Das ist ziemlich gut«, »Gefällt mir«, »Gute Arbeit«. Wenn wir jedoch drei Prototypen gegenüberstellen, erhalten wir ein wesentlich substanzielleres Feedback. Die Nutzer sind dann in der Lage, zu artikulieren, welche Teile von Prototyp 1 ihnen einfach gar nicht gefallen, während ihnen diese Bereiche von Prototyp 2 wirklich gut gefallen und dass wir sie eventuell mit jener Komponente von Prototyp 3 kombinieren sollten.

Es gibt eine Fülle von Literatur, die diesen Ansatz untermauert. Der Vergleich zeigt weitere unerfüllte Bedürfnisse oder Nuancen in den Benutzeroberflächen, die die Interviews möglicherweise nicht zutage gefördert haben, oder sinnvolle Funktionen, die keine der bestehenden Optionen bietet.

Konkrete Empfehlungen

- Simulieren Sie das Produkt und testen Sie Ihre Designrichtung mit Anwendern (eingeschlossen der Simulation von KI-Systemen).
- Verwenden Sie die hier beschriebenen Methoden, um Ihr Wissen zur kognitiven Erfahrung der Benutzer zu erweitern (etwa Sehen/Aufmerksamkeit, Wegfindung, Sprache, Erinnerung/Annahmen, Entscheidungsfindung und Emotion).
- Überarbeiten Sie problematische Designs, um sie in Einklang mit den zugrunde liegenden kognitiven Systemen zu bringen und künftige Fehlschläge zu vermeiden, während Sie mögliche Lösungen ausloten und erarbeiten.

Weiterführende Literatur

Buxton, B. (2007). *Sketching User Experiences: Getting the Design Right and the Right Design.* San Fransisco: Morgan Kaufmann.

[18]

Sehen Sie nun, was Sie getan haben?

Herzlichen Glückwunsch! Sie sind bereit, eine Nutzererfahrung zu gestalten, die auf mehreren Ebenen der menschlichen Erfahrung basiert. Und Sie können Ihr Produkt oder Ihre Dienstleistung anhand der sechs Erfahrungsebenen systematischer denn je testen. Machen Sie sich darauf gefasst, dass Sie schneller und mit weniger Diskussionen über die Designrichtung bessere Ergebnisse erzielen werden.

In diesem Kapitel präsentiere ich eine Zusammenfassung aller bisherigen Erkenntnisse. Sie erhalten zudem Beispiele für mögliche Ergebnisse, die Sie bei der Gestaltung auf Basis der sechs Erfahrungsebenen erwarten können.

Zu den einzigartigen Aspekten dieses Ansatzes gehört für mich der Gedanke der Empathie auf mehreren Ebenen. Wir verstehen nicht nur das Problem, das unsere Zielgruppe lösen möchte, sondern berücksichtigen bei unseren Designentscheidungen auch weitere kognitive Systeme. Durch die Fokussierung auf bestimmte Aspekte der Erfahrung (zum Beispiel Sprache, Entscheidungsfindung oder emotionale Qualitäten) wird der Entscheidungsprozess durch die sechs Erfahrungsebenen viel faktenorientierter, als wenn wir uns auf traditionellere Kanäle der Nutzerforschung gestützt hätten.

Zuletzt möchte in diesem Kapitel auf einen Punkt eingehen, den ich bereits in Kapitel 1 erwähnt habe: Alle Elemente zusammengenommen addieren sich zu einer herausragenden Nutzererfahrung – und mit »Erfahrung« meine ich eigentlich die Abfolge mehrerer kleiner Erfahrungen, die wir zusammengenommen als eine einzige, einzigartige Erfahrung betrachten. So besteht beispielsweise die Gesamterfahrung am Flughafen aus vielen kleinen Erfahrungen: vor dem Flughafengebäude aussteigen, einen Automaten zum Ausdrucken der Bordkarte finden, Gepäck einchecken, die Sicherheits- und Passkontrolle durchlaufen, das richtige Terminal finden, zum Gate gehen, einen Snack kaufen und so weiter. Auch in vielen anderen Fällen beinhaltet unsere »Erfahrung« tatsächlich eine Reihe von Erfahrungen, nicht einen einzelnen Zeitpunkt. Diese Erkenntnis müssen wir bei der Gestaltung im Hinterkopf behalten.

Empathie auf mehreren Ebenen

Im Lean-Startup-Jargon kennt man den Begriff GOOB, was für »Get Out Of (the) Building« steht. Im traditionellen Design Thinking betrachtet die Empathie-Forschung zunächst einfach den Kontext, in dem die tatsächlichen Nutzer leben, arbeiten und spielen. Wir müssen uns in unsere Zielgruppe einfühlen, um ihre Bedürfnisse und Probleme wirklich zu verstehen. Es gibt großartige Leute, die das rein intuitiv beherrschen. Für uns Normalsterbliche gibt es Möglichkeiten, solche Untersuchungen zu systematisieren. Wenn Sie meinen Vorschlägen in Teil II dieses Buches folgen, werden Sie nach Ihrer Kontextuntersuchung mit Notizen, Skizzen, Diagrammen und Interviewbändern nach Hause kommen.

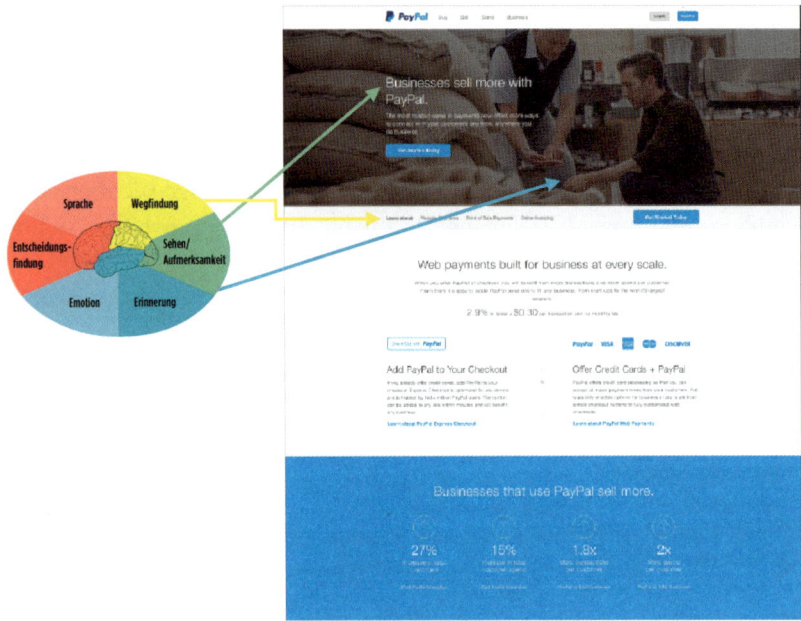

Abbildung 18.1
Die Kenntnis der Nutzerbedürfnisse in den Bereichen »Sehen«, »Wegfindung« und »Erinnerung« beeinflusst das Design der PayPal-for-Business-Website.

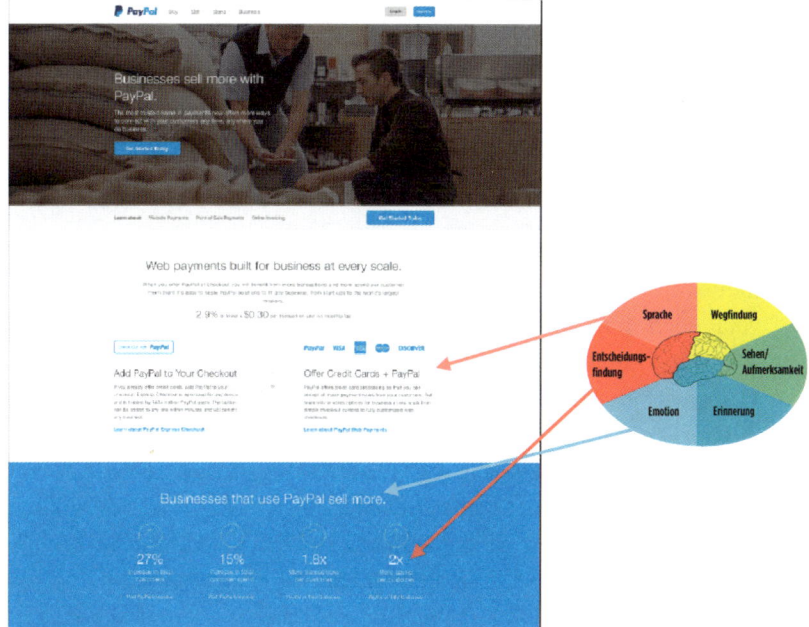

Abbildung 18.2
Die Kenntnis der Nutzerbedürfnisse in den Bereichen »Emotion«, »Sprache« und »Problemlösung« beeinflusst das Design der PayPal-for-Business-Website.

Nicht jede Erkenntnis aufgrund der sechs Erfahrungsebenen muss unbedingt jede Designentscheidung beeinflussen. Nachfolgend zeige ich jedoch ein repräsentatives Beispiel, bei dem meiner Ansicht nach alle Ebenen zum Tragen kommen (Abbildungen 18.1 und 18.2).

In diesem Beispiel arbeiteten wir an der Entwicklung von PayPal für Geschäftskunden. Die Endnutzer waren Kleinunternehmer, die PayPal als Lösung für Kreditkartenzahlungen auf ihren Websites oder im direkten Kundenverkehr in Betracht ziehen könnten. Lassen Sie uns das Design anhand der von uns durchgeführten Interviews und der Beobachtung des Nutzerverhaltens auf den Prüfstand stellen:

Sehen/Aufmerksamkeit
 Wir haben diese Seite so gestaltet, dass oben nur ein Bild zu sehen ist. Es ist dunkler als der Rest der Seite und visuell deutlich komplexer. Unweigerlich wird die Aufmerksamkeit auf dieses Bild gelenkt. Darüber sitzt ein weißer Schriftzug, der viel größer ist als der Rest und

sich von dem dunklen Bild abhebt. Der Blick wird von diesem Textblock angezogen. Zudem wollten wir verdeutlichen, wie sich Kleinunternehmer bei PayPal anmelden können. Deshalb haben wir darauf geachtet, dass der Anmeldebutton durch seine blaue Farbe und seine Form aus dem Hintergrund heraussticht.

Sprache

Der Text oben auf der Seite lautet einfach: »Unternehmen verkaufen mehr mit PayPal«. Die Wortwahl ist sehr einfach. Es gibt keine ausgefallenen Marketingbegriffe. Sie deckt sich Wort für Wort mit den Zielvorstellungen, die uns die Kleinunternehmer genannt haben. Wir sprachen im wahrsten Sinne des Wortes ihre Sprache. Das hatten wir so beabsichtigt. Wir hatten herausgefunden, dass die Mehrheit der Geschäftsinhaber, mit denen wir sprachen, ganz neu im E-Commerce und in der Kreditkartenabwicklung war. Sie wollten PayPal anbieten, weil sie die Kunden auf ihren Websites nicht ausbremsen wollten. Deshalb erstellten wir Buttons mit Beschriftungen wie »PayPal zu Ihrer Kaufabwicklung hinzufügen« und »Kreditkarten + PayPal anbieten« – diese Begriffe stammten eins zu eins aus unseren Interviews. Die Befragten sagten uns, dass ihnen eine einfache Präsentation wichtig sei: warum also die Dinge verkomplizieren und Marketing-Tricks einsetzen?

Erinnerung

Wir wollten die Erinnerung der Nutzer ansprechen und sie zur Interpretation des Bildes anregen. Die Szene scheint sich im hinteren Bereich eines Kaffeeladens abzuspielen. Sie erkennen große Säcke mit Kaffeebohnen und es wirkt so, als würden die beiden zwanglos gekleideten Männer die Bohnen in Augenschein nehmen. Das Bild vermittelt keine große, geschäftliche Atmosphäre. Man denkt eher an ein kleines, Zweipersonen-, vielleicht sogar familiengeführtes Unternehmen, einen kleinen Kaffeeladen, in dem die Besitzer die Namen ihrer Stammkunden kennen.

Wir versuchen, damit einen intimen Eindruck hervorzurufen, zwei Handwerker, die wirklich etwas von ihrem Metier verstehen. Mit nur einem einzigen Bild stellen wir die Weichen und zeigen den Kleinunternehmern, dass sie am richtigen Ort sind.

Wegfindung

> In Hellgrau über dem Falz haben wir eine Navigation hinzugefügt, die den Benutzern zeigt, was sie weiter unten auf der Seite finden: »Learn about us«, »Website Payments«, »Point-of-Sale Payments« und »Online Invoicing«. Diese Navigationsleiste zeigt der Zielgruppe, wo sie sich befindet und wohin sie als Nächstes gelangen kann. Sie zeigt ihnen, worum es auf dieser Seite geht und wie sie damit interagieren können. Eine gleichwertige Navigation haben wir in der responsiven mobilen Version implementiert.

Entscheidungsfindung

> Am Ende des Tages wollen wir die Leidenschaft unserer Zielgruppe wecken und ihnen gleichzeitig rationale Handlungsmotive liefern. Wir kannten das Problem, das diese Geschäftsinhaber zu lösen versuchten: mehr verkaufen. Am Ende der Seite fügten wir vier statistische Angaben von Unternehmen hinzu, die PayPal für ihr Geschäft verwenden, und zeigten, was es bedeutet, mehr zu verkaufen. Geschäftsinhaber brauchen eine sachliche, logische Begründung, bevor sie sich voll und ganz in eine Geschäftsentscheidung stürzen können.

Emotion

> Wir wollten zudem die Zielgruppe für die Möglichkeit begeistern, mehr zu verkaufen. Wir nutzten das unmittelbare Ziel der Nutzer, mehr zu verkaufen (Ansprache), und betonten in unserem Mockup zweimal, dass Unternehmen mit PayPal mehr verkaufen. Die Aussage verstärkt, dass unsere Zielgruppe mehr verkaufen könnte, was grenzenlose Möglichkeiten für ihr Leben (Verbesserung) und damit sogar für ihr allgemeines Erfolgs- und Identitätsgefühl eröffnet. Wir wollten die Sehnsucht wecken, den unternehmerischen Erfolg zu vergrößern.

Evidenzbasierte Entscheidungsfindung

In dem gerade betrachteten Beispiel kamen alle sechs Erfahrungsebenen zum Einsatz. Wir haben dabei gelernt, wie wir eine evidenzbasierte Entscheidungsfindung nutzen können, wenn wir ein Produktdesign ausarbeiten oder eine Designrichtung festlegen. Selbstverständlich bin ich der Überzeugung, dass dieser Prozess uns einen viel transparenteren Einblick liefert als traditionelle Prototyping-Formen und Benutzertests.

Allerdings gelangten wir nicht über Nacht und auch nicht einmal zur Hälfte durch unsere Kontextinterviews zu diesem Mockup. Sicher lieferte uns unsere Analyse der sechs Erfahrungsebenen einige Muster und Hinweise. Der Weg zum tatsächlichen Design war jedoch langsamer und allmählich. Wir probierten viele Iterationen aus und trafen dabei Mikroentscheidungen auf Basis von Kundenfeedback. Wir berücksichtigten vergleichbare Sites und ihre Schwachstellen, um sicherzustellen, dass wir besser waren als alle anderen. Ich bin der Überzeugung, dass wir vieles durch den bloßen Prozess der Erarbeitung solcher Designs beziehungsweise durch »Design Thinking« lernen können.

Abbildung 18.3 zeigt einige frühe Skizzen der verschiedenen Ideen, die wir für die fertige Seite hatten. Dazu gehörten Elemente wie Ablauf, Funktionalität und Grafiken. Wir begannen mit zahlreichen Skizzen und Möglichkeiten, beschäftigten uns mit Ideenfindung, Rapid Prototyping und überlegten uns Alternativen. Nachdem wir die Vielfalt der Möglichkeiten durch Benutzertests und unsere eigenen Beobachtungen eingeschränkt hatten, gelangten wir von unseren wirklich einfachen Skizzen über Schwarz-Weiß-Modelle und klickbare Prototypen zu den sehr detaillierten Prototypen, die Sie weiter vorne im Kapitel gesehen haben.

Abbildung 18.3
Starke Konzepte finden, die mit den Kundenbedürfnissen übereinstimmen

Erfahrung im Zeitablauf

Das soeben gezeigte Beispiel ist eine Momentaufnahme der Entscheidung eines Anwenders, sich zu einem bestimmten Zeitpunkt bei PayPal für Geschäftskunden zu registrieren. Ich möchte nun noch einen Schritt weiter gehen und Ihnen zeigen, dass die sechs Erfahrungsebenen während des gesamten Lebenszyklus einer Entscheidung anwendbar sind und im zeitlichen Ablauf durchaus nicht statisch sein müssen, sondern vielmehr flexibel sein können.

Das Dienstleistungsdesign ist ein gutes Beispiel für den Lebenszyklus einer Entscheidung. Abbildung 18.4 zeigt Haftnotizen mit allen Fragen, die wir von Geschäftsinhabern zum Thema gehört haben, ob sie PayPal für Geschäftskunden beim Eröffnen eines Online-Shops in Betracht ziehen würden.

Abbildung 18.4
Erstellung einer Customer Journey Map mit allen Mikrofragen der Kunden vor der Kaufentscheidung

Als wir uns die Fragen in ihrer Gesamtheit ansahen, erkannten wir, dass sie von einer ziemlich elementaren Ebene (»Ist es das, was ich brauche?«) über Folgefragen (»Ist der Preis fair?«) und Implementierungsfragen (»Funktioniert das mit meinem Website-Provider?«) bis hin zu Emotionen wie Befürchtungen (»Was passiert, wenn jemand das System hackt?«) reichten. Wir gliederten die Fragen in mehrere wichtige Schritte entlang des Entscheidungskontinuums.

Die Fragen, Bedenken und Einwände der Menschen werden mit der Zeit immer konkreter. Wenn Sie Ihr System testen, sollten Sie darauf achten, wann sich bestimmte Fragen stellen. Dann können Sie ein System konzipieren, das die Informationen genau zum richtigen Zeitpunkt präsentiert und Fragen beantwortet. Möglicherweise sollten Sie unmittelbar vor dem Kauf dem Kunden komplexere Informationen präsentieren, weil er jetzt bereits die wesentlichen Unterschiede Ihres Angebots zu den von ihm momentan genutzten Produkten kennt. Jetzt können Sie die letzten Fragen beantworten, die sich auf Befürchtungen beziehen, die ihn noch vom Kauf abhalten.

Verschiedene Blickwinkel

Zusammenfassend möchte ich Sie erstens ermutigen, den Begriff der Nutzererfahrung als multidimensional und multisensorisch zu verstehen. Wir können und sollten diese vielfältigen Dimensionen und Ebenen in der Empathieforschung und im Design nutzen.

Wenn Sie zweitens auf Mikroentscheidungen innerhalb Ihres Produkts oder Ihrer Dienstleistung stoßen, sollten Sie bedenken, dass es selbst für solche scheinbar kleinen Schritte eine logische Erklärung in Ihren Interviews geben könnte. Akzeptieren Sie diese Gründe, besonders angesichts der HIPPO-Opposition – und nutzen Sie Ihre eigene Kreativität. Die von mir empfohlene, evidenzbasierte Design-Methode ermöglicht viel Kreativität in einem wahrscheinlich recht erfolgreichen Wirkungsbereich.

Betrachten Sie schließlich Ihr Produkt oder Ihre Dienstleistung nicht nur als einmalige Sache. Sehen Sie sie vielmehr als einen Prozess, der mehrere Personen über mehrere Zeiträume hinweg betrifft. Denken Sie an die sechs Erfahrungsebenen Ihres Produkts – die Aufmerksamkeit der Nutzer, ihre Interaktion mit dem Produkt, ihre Erwartungen an diese Erfahrung, die Wörter, mit denen sie sie beschreiben, welches Problem sie lösen möchten und was sie wirklich bewegt – all das ist ständig in Bewegung. Je mehr die Nutzer durch Ihr Produkt oder Ihre Dienstleistung erfahren, desto kompetenter werden sie, und dann müssen sich Ihre Kundenansprache, Ihr Wortgebrauch und so weiter ebenfalls ändern.

Konkrete Empfehlungen

Berücksichtigen Sie die Erfahrung Ihrer Benutzer im Laufe der Zeit:

- Wie wird sich ihr Verhalten mit der Zeit ändern, wenn sie Erfahrungen mit dem Produkt und in diesem Bereich gesammelt haben?
- Wie wird sich ihr Problemkreis im Lauf der Zeit verändern?
- Wie werden sich ihre Sprache und die Semantik der Wörter verändern?

[19]

Wie man den Menschen verbessert

Als Kind sah ich die Wiederholungen einer Fernsehsendung aus den 1970er-Jahren über einen NASA-Piloten, der einen schlimmen Unfall hatte. Die Wissenschaftler waren jedoch guter Dinge: »Wir können ihn wiederherstellen; wir haben die Technologie dafür«. Der Pilot wurde zum »Sechs-Millionen-Dollar-Mann« (das wären heutzutage etwa 40 Millionen Dollar). Er bekam ein Auge mit fantastischem Zoomblick; ein Arm und beide Beine waren bionisch, sodass er 60 Meilen pro Stunde laufen konnte und große Kräfte entwickelte. In der Serie nutzte er seine übermenschliche Kraft als Agent für das Gute.

Es war eine der ersten großen Serien, die zeigte, was durch die Fusion von Technologie und Mensch möglich wird. Ich weiß nicht, ob die Serie genauso erfolgreich gewesen wäre, wenn sie den Namen »Der Sechs-Millionen-Dollar-Cyborg« getragen hätte – aber das wäre zutreffend gewesen: eine Mensch-Maschine.

Heute bieten das Wiederaufleben von KI und ML und der Hype darum ganz neue Möglichkeiten. Wenn Sie im Bereich Produktmanagement, Produktdesign oder Innovation tätig sind, haben Sie ganz sicher schon alle möglichen Prognosen über diese Möglichkeiten gehört. Hier möchte ich die vielleicht mächtigste Kombination anführen: die Unterstützung der menschlichen Denkleistung durch ML-gestützte Erfahrungen – nicht, um die physischen Fähigkeiten des Sechs-Millionen-Dollar-Mannes zu erschaffen, sondern die mentalen Fähigkeiten, die in der Fernsehserie nicht thematisiert wurden.

Symbolische KI und der KI-Winter

Auch wenn Sie sich dieser Tatsache möglicherweise nicht bewusst sind: Während ich dies schreibe, befinden wir uns zumindest in der zweiten Phase des Hypes und der Verheißungen rund um die KI. In den 1950er- und 1960er-Jahren behauptete Alan Turing, dass mit Nullen und Einsen mathematische Schlussfolgerungen jeglicher Art möglich seien, was darauf hindeute, dass Computer formale Überlegungen anstellen könnten. Von da an fragten sich Neurobiologen und Informatiker, ob es angesichts der Ähnlichkeit mit der Fähigkeit von Gehirnneuronen, ein Aktionspotenzial auszulösen oder eben nicht (im Grunde genommen eine Eins oder eine Null), die Möglichkeit geben könne, ein künstliches, denkfähiges Gehirn zu erschaffen. Turing schlug den Turing-Test vor: Wenn Sie einer Entität Fragen stellen und diese Antworten gibt, die sich nicht von denen eines Menschen unterscheiden lassen, dann hat sie den Test bestanden und kann als KI betrachtet werden.

Nun begannen weitere Forscher wie Herbert Simon, Allen Newell und Marvin Minsky, intelligentes Verhalten zu untersuchen, das sich formal darstellen ließ, und den Aufbau von »Expertensystemen« mit einem Weltverständnis zu erforschen. Ihre mit künstlicher Intelligenz ausgestatteten Maschinen bewältigten einige grundlegende Sprachaufgaben und analoge Denkmuster und konnten zum Beispiel Dame spielen. Es gab kühne Vorhersagen, dass innerhalb einer Generation das KI-Problem weitgehend gelöst sein würde.

Leider erwies sich der Ansatz in einigen Bereichen als vielversprechend, in anderen stieß man jedoch an Grenzen. Das lag teilweise daran, dass man sich auf Symbolverarbeitung, sehr weitreichendes Denken, Logik und Problemlösung konzentrierte. Der symbolische Denkansatz war in anderen Bereichen, etwa Semantik, Sprache und Kognitionswissenschaft, erfolgreich, aber man beschäftigte sich viel mehr mit dem Verständnis der menschlichen Intelligenz als mit dem Aufbau einer allgemeingültigen KI.

In den 1970er-Jahren war der Wissenschaft das Geld für die KI-Forschung ausgegangen und man erkannte ihre wirklichen Grenzen – der sogenannte »KI-Winter« brach an.

Künstliche neuronale Netze und statistisches Lernen

In den 1970er- und 1980er-Jahren begann man, ganz anders an die KI heranzugehen. Die Idee, ein »künstliches Gehirn« zu schaffen, kam auf. Wissenschaftler aus verschiedenen Bereichen der Kognitionswissenschaft (Psychologie, Linguistik, Informatik), insbesondere David Rumelhart und James McClelland, betrachteten das Problem aus einem völlig anderen, »subsymbolischen« Blickwinkel: Statt zu versuchen, vom Menschen nutzbare Repräsentationen zu entwickeln, könnte man vielleicht gehirnähnliche Systeme mit vielen einzelnen Prozessen (wie etwa Neuronen) konstruieren, die sich gegenseitig hemmen oder anregen konnten (wiederum wie Neuronen) und die mit »Back-Propagation« oder Fehlerrückführung ausgestattet waren, um die Verbindungen zwischen den künstlichen Neuronen in Abhängigkeit davon zu verändern, ob die Ausgabe des Systems korrekt war.

Dieser Ansatz war aus folgenden Gründen radikal anders: (a) Die Verarbeitung war viel »gehirnähnlicher«, weil die Verarbeitung parallel erfolgte (PDP), statt seriell wie bei einer Reihe von Computerbefehlen; (b) er konzentrierte sich viel stärker auf statistisches Lernen, und (c) die Programmierer lieferten keine explizite Informationsstruktur, sondern versuchten, das PDP-System durch Versuch und Irrtum lernen und die Verteilung der künstlichen Neuronen selbst anpassen zu lassen.

Mit diesem PDP-Modell verzeichnete man interessante Erfolge in der Verarbeitung und Wahrnehmung natürlicher Sprache. Anders als bei den symbolischen Ansätzen der ersten Welle trafen die Wissenschaftler keine Annahmen darüber, wie die ML-Systeme die Informationen darstellen würden. Google TensorFlow und Facebook Torch basieren auf solchen Systemen. Parallele Prozesse sind heute auch für selbstfahrende Autos und Sprachschnittstellen verantwortlich.

Angesichts der unglaublichen Ressourcen, die in Mobiltelefonen und der Cloud zur Verfügung stehen, verfügen moderne Systeme über die Rechenleistung, von der Newell und Simon wahrscheinlich nie zu träumen gewagt hätten. Aber auch wenn in der natürlichen Sprach- und in der Bildverarbeitung große Fortschritte erzielt wurden, sind diese Systeme noch lange nicht perfekt, wie Abbildung 19.1 zeigt.

Es gab viele aufregende Prognosen über die Macht der KI und ihre unaufhaltsame Intelligenz. Obwohl die Systeme immer besser werden, hängen sie stark von Daten ab, die für ihr Erlernen zur Verfügung stehen, und sie haben immer noch Grenzen.

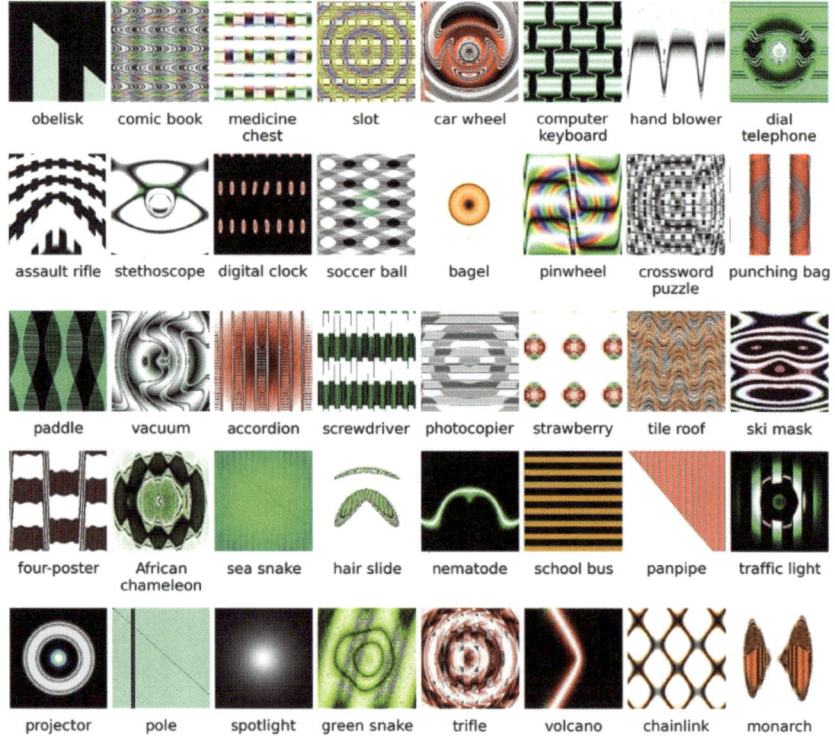

Abbildung 19.1
Suboptimale, von einem ML-Algorithmus zugewiesene Bildunterschriften

Das habe ich nicht gesagt, Siri!

Sie haben vielleicht auch schon Ihre Erfahrungen mit Sprachbefehlen gemacht: Diese können auf der einen Seite unheimlich leistungsstark sein, auf der anderen Seite haben sie aber auch deutliche Grenzen. Es ist beeindruckend, dass sie überhaupt Sprache erkennen können. Dabei handelt es sich um ein schwieriges Problem, und es hat sich gezeigt, dass es tatsächlich gelöst werden kann. Wir haben solche Systeme auf die Probe gestellt und Apple Siri, Google Assistant, Amazon Alexa, Microsoft Cortana und Hound untersucht. In unserer Testanordnung baten wir die Teilnehmer, sich einen Befehl oder eine Frage mit vorgegebenen Begriffen auszudenken (bei den Begriffen »Cincinnati, morgen, Wetter« hätten die Teilnehmer etwa fragen könnten: »Hey Siri, wie wird das Wetter morgen in Cincinnati?«).

Um es kurz zu machen: Wir fanden heraus, dass die Systeme recht gut Fragen zu grundlegenden Fakten beantworten konnten (beispielsweise zum Wetter oder der Hauptstadt eines Landes), aber ernsthafte Probleme mit zwei ganz selbstverständlichen menschlichen Begabungen hatten: Erstens können Menschen problemlos Ideen verknüpfen (zum Beispiel Bevölkerung, Land mit Eiffelturm – wir denken gleich an Frankreich). Als wir den Systemen die Frage »Wie viele Einwohner hat das Land mit dem Eiffelturm?« stellten, antworteten sie im Allgemeinen mit der Bevölkerungszahl von Paris oder gaben einfach eine Fehlermeldung aus. Außerdem können wir Zusammenhänge herstellen. Wenn man die Systeme »Wie ist das Wetter in Cincinnati?« fragte, gefolgt von der Frage »Und morgen?«, konnten sie in der Regel dem Gesprächsverlauf nicht folgen.

Weiterhin fanden wir heraus, dass die Menschen eine deutliche Präferenz für den Umgang mit denjenigen KI-Systemen hatten, die auf die menschenähnlichste Weise reagierten – selbst wenn diese Systeme etwas Falsches ausgaben oder nicht antworten konnten (zum Beispiel »Ich weiß noch nicht, wie ich das beantworten soll«). Die größte Zufriedenheit konnten wir bei den Probanden feststellen, wenn das System sie so ansprach, wie sie es selbst angesprochen hatten.

Aber ist Siri wirklich clever? Intelligent? Es kann eine Erinnerungsnotiz erstellen und Musik einschalten, aber man kann es nicht fragen, ob es eine gute Idee ist, ein bestimmtes Auto zu kaufen, oder wie man aus einem Escape Room herauskommt. Es verfügt über begrenzte, ML-basierte Antworten und ist nicht »intelligent« in einer Weise, dass es den Turing-Test bestehen würde.

Die sechs Erfahrungsebenen und KI

Interessanterweise war die erste KI-Welle durch ihre Stärke bei Analogien und Argumenten (Erinnerung, Entscheidungsfindung und Problemlösung) geprägt, und der neuere Ansatz ist bei der Sprach- und Bilderkennung (Sehen, Aufmerksamkeit, Sprache) viel erfolgreicher. In der Regel werden diejenigen Systeme bevorzugt, die eher menschenähnliche Reaktionen liefern (Emotion).

Ich hoffe, Sie erkennen, worauf ich hinauswill. Die aktuellen Systeme beginnen, die Grenzen der rohen Kraft, der rein statistischen, subsymbolischen Repräsentation, aufzuzeigen. Zwar sind sie ohne Zweifel erstaunlich leistungsstark und können bestimmte Probleme fantastisch lösen, aber selbst die schnellsten Chips oder die neuesten Trainingsprogramme werden die Ziele der in den 1950er-Jahren angestrebten KI nicht erreichen.

Wenn die Antwort nicht in höherer Geschwindigkeit liegt, wo dann? Einige der renommiertesten Wissenschaftler auf dem Gebiet der ML und KI schlagen vor, dass wir den menschlichen Geist noch genauer unter die Lupe nehmen sollten. Wenn schon Untersuchungen von einzelnen Neuronen und Neuronengruppen im Bereich der Wahrnehmung so erfolgreich waren, wird die Einbeziehung weiterer Repräsentationsebenen vielleicht sogar noch weitere Erfolge auf der symbolischen Ebene von Sehen/Aufmerksamkeit, Wegfindung und Repräsentationen von Raum, Sprache und Semantik, Erinnerung und Entscheidungsfindung bringen.

Genau wie beim traditionellen Produkt- und Dienstleistungsdesign erwarten Sie vielleicht, dass ich den Entwicklern von KI-Systemen dazu raten würde, über zur Ein- und Ausgabe genutzte Repräsentationen nachzudenken und auch Repräsentationen zu testen, die auf verschiedenen symbolischen Ebenen (zum Beispiel Wort-Ebene, semantische Ebene) statt nur auf rein wahrnehmungsbezogenen Ebenen (zum Beispiel Pixel, Phoneme, Klänge) liegen.

Ein wenig Hilfe von meinen (KI-)Freunden

Zwar versuchen KI- und ML-Forscher, unabhängige intelligente Systeme zu entwickeln, doch höchstwahrscheinlich wird man mit KI- und ML-Tools zur kognitiven Unterstützung kurzfristig bessere Erfolge erzielen können. Viele davon befinden sich bereits auf unseren mobilen Geräten. Wir können uns mit ihrer Hilfe an Termine erinnern lassen, Straßenschilder von unserem Smartphone übersetzen lassen, Wegbeschreibungen von Kartenprogrammen erstellen und uns bei der Erreichung unserer Ziele durch Apps ermutigen lassen. Diese zählen für uns Kalorien und helfen uns, Geld zu sparen oder mehr Schlaf oder Bewegung zu bekommen.

In unseren Untersuchungen mit sprachaktivierten Systemen besteht die größte Herausforderung jedoch im Unterschied zwischen der Sprache der Benutzer und der des Systems sowie im Zeitpunkt, zu dem die Unterstützung geleistet beziehungsweise zu dem sie benötigt wird. Wenn wir Tools entwickeln möchten, mit denen Kunden oder Arbeitskräfte ihre Aufgaben durch Erweiterung ihrer kognitiven Fähigkeiten schneller und einfacher erledigen können, dürften die sechs Erfahrungsebenen ein ausgezeichneter Rahmen für die Unterstützung menschlicher Bemühungen durch ML und KI sein.

Sehen/Aufmerksamkeit

KI-Tools, insbesondere solche mit Kameras, könnten hilfreich sein, um die Aufmerksamkeit auf die wichtigen Teile einer Szene zu lenken und relevante Informationen in den Fokus zu rücken (zum Beispiel welche Formelemente unvollständig sind). Wenn solche Werkzeuge wissen, wonach Sie suchen, könnten sie relevante Wörter auf einer Seite oder Bereiche einer Szene hervorheben. Die Möglichkeiten sind vielfältig. Wenn Sie zum ersten Mal ein Hotelzimmer betreten, möchten Sie wissen, wo sich die Lichtschalter befinden, wie man die Raumtemperatur einstellt und wo man seine Geräte aufladen kann. Stellen Sie sich vor, Sie schauen durch eine Brille und diese Dinge werden in Ihrem Sehfeld hervorgehoben.

Wegfindung

Angesichts der Erfolge von Lidar und automatisierten Fahrzeugen dürfte es wahrscheinlich sein, dass solche Heads-Up-Displays auch die Aufmerksamkeit auf die gewünschte Autobahnausfahrt lenken könnten, auf den versteckten U-Bahn-Eingang oder den Laden, den Sie im Einkaufszentrum suchen. Ähnlich wie bei Computerspielen könnten Sie zwei Ansichten einstellen – die unmittelbare Szene vor Ihnen und eine Vogelperspektive der Gegend und ihren Standort in diesem Raum.

Erinnerung/Sprache

Wir arbeiten mit einer Reihe großer Einzelhändler und Finanzinstitute zusammen, die eine Personalisierung ihrer digitalen Angebote anstreben. Durch die Erkenntnisse aus Suchbegriffen, Klickströmen, Kundenkontakten und Umfragen lassen sich Organisation und Terminologie des Systems schnell auf den Einzelnen zuschneiden. Video ist ein gutes Beispiel: Während einige Kunden gerade erst am Anfang stehen und eine gute Kamera für ihre YouTube-Videos benötigen, suchen andere eventuell nach bestimmten ENG-Kameras (Electronic News Gathering) mit 4:2:2-Farbunterabtastung und so weiter. Keine der Gruppen interessiert sich in ihren Suchanfragen für die Angebote, die für die andere Gruppe bestimmt sind. Die Sprache und die Details, die die einzelnen Gruppen benötigen, unterscheiden sich stark voneinander.

Entscheidungsfindung

Wie Sie gesehen haben, ist die Problemlösung im Grunde ein Prozess, bei dem große Probleme in ihre Bestandteile zerlegt werden und jedes dieser Teilprobleme gelöst wird. In jedem Schritt müssen Sie Entscheidungen über Ihren nächsten Schritt treffen. Der Kauf eines Druckers ist ein gutes Beispiel. Ein Designstudio wünscht sich vielleicht einen Großformatdrucker mit sehr präziser Farbwiedergabe. Eine Anwaltskanzlei benötigt eventuell A4-Drucke mit guter Mehrbenutzerfunktionalität. Eltern mit schulpflichtigen Kindern brauchen wahrscheinlich einen schnellen, langlebigen Farbdrucker, den alle Familienmitglieder nutzen können. Durch die Frage nach den Bedürfnissen des Einzelnen und die Berücksichtigung jeder Mikroentscheidung, die auf diesem Weg getroffen werden muss (Wie hoch ist der Preis? Was kostet der Toner? Können verschiedene Papierformate bedruckt werden? Ist doppelseitiger Druck möglich? Gibt es schon Bewertungen von Familien?), kann die ML/KI es schaffen, die Ziele des Einzelnen zu erkennen. Die Position der einzelnen Person im Problemraum könnte genau vorgeben, was diese Person zu diesem Zeitpunkt gezeigt bekommen soll und was nicht.

Emotion

Vielleicht eine der interessantesten Möglichkeiten sind immer genauere Systeme zur Erkennung von Mimik, Bewegungs- und Sprachmustern, die den emotionalen Zustand des Benutzers ermitteln können. Dadurch könnte man die auf dem Bildschirm dargestellte Informationsmenge sowie die verwendeten Wörter anpassen (vielleicht ist der Benutzer überfordert und möchte einen einfacheren Weg zu einer Antwort).

Die Möglichkeiten sind endlos, aber alle drehen sich um die Ziele des Einzelnen und den Weg, den er seiner Meinung nach dorthin einschlagen muss, wonach er gerade sucht, die Worte, die er erwartet, wie er seiner Meinung nach mit dem System interagieren kann und wohin er schaut.

Ich hoffe, dass Sie und Ihr Team durch die Einkreisung des Problems im Sinne der sechs Erfahrungsebenen alle bisherigen Versuche übertreffen können, Ihre Benutzer mit einer großartigen Erfahrung zu überzeugen. Ich hoffe, dass Sie jeden einzelnen kognitiven Prozess Ihrer Benutzer in der Praxis verstärken können, so wie das fiktive Wissenschaftlerteam die physischen Fähigkeiten des Sechs-Millionen-Dollar-Mannes verbessern konnte.

Konkrete Empfehlungen

- Ziehen Sie verschiedene Möglichkeiten in Betracht, KI-Systeme explizit auf Semantikprozesse zu trainieren (anstatt sie zu ignorieren).
- Denken Sie darüber nach, KI-Systeme explizit auf bestimmte syntaktische Muster zu trainieren, die in Ihren gesammelten Daten nicht so häufig vorkamen.
- Denken Sie über Möglichkeiten nach, die Erkennungsleistung zu steigern (Lenken der Aufmerksamkeit, Förderung bestimmter Interaktionsarten, geeignete Bereitstellung von Informationen und so weiter).

[*Anhang*]

Weiterführende Literatur

Teil I

Ariely, D. (2015). *Denken hilft zwar, nützt aber nichts: Warum wir immer wieder unvernünftige Entscheidungen treffen.* München: Droemer TB.

Brafman, O., & Brafman, R. (2008). *Kopflos: Wie unser Bauchgefühl uns in die Irre führt – und was wir dagegen tun können.* Frankfurt am Main: Campus Verlag.

Cialdini, R. B. (2017). *Die Psychologie des Überzeugens: Wie Sie sich selbst und Ihren Mitmenschen auf die Schliche kommen.* Bern: Hogrefe Verlag.

Evans, J. S. B. T. (2008). »Dual-Processing Accounts of Reasoning, Judgment, and Social Cognition.« *Annual Review of Psychology* 59: 255–278.

Evans, J. S. B. T., & Stanovich, K. E. (2013). »Dual-Process Theories of Higher Cognition: Advancing the Debate.« *Perspectives on Psychological Science* 8(3): 223–241.

Gallistel, C. R. (1990). *The Organization of Learning.* Cambridge, MA: MIT Press.

Gladwell, M. (2005). *Blink!: Die Macht des Moments.* Frankfurt am Main: Campus Verlag.

Intraub, H., & Richardson, M. (1989). »Wide-Angle Memories of Close-Up Scenes.« *Journal of Experimental Psychology: Learning, Memory, and Cognition* 15(2): 179–187. *https://doi.org/10.1037/0278-7393.15.2.179*

Kahneman, D. (2012). *Schnelles Denken, langsames Denken.* München: Siedler Verlag.

LeDoux, J. E. (1996). *The Emotional Brain: The Mysterious Underpinnings of Emotional Life.* New York: Simon & Schuster.

Müller, M., & Wehner, R. (1988). »Path Integration in Desert Ants, Cataglyphis Fortis.« *Proceedings of the National Academy of Sciences* 85(14): 5287–5290.

Pink, D. H. (2019). *Drive: Was Sie wirklich motiviert*. Salzburg: Ecowin Verlag.

Power, M., & Dalgleish, T. (1997). *Cognition and Emotion: From Order to Disorder*. Hove, England: Psychology Press.

Simon, H. A. (1956). »Rational Choice and the Structure of the Environment.« *Psychological Review* 63(2): 129–138.

Thaler, R., & Sunstein, C. (2008). *Nudge: Wie man kluge Entscheidungen anstößt*. Berlin: Ullstein.

Tversky, A., & Kahneman, D. (1981). »The Framing of Decisions and the Psychology of Choice.« *Science* 211(4481): 453–458.

Tversky, A., & Kahneman, D. (1974). »Judgment Under Uncertainty: Heuristics and Biases.« *Science* 185(4157): 1124–1131.

Wong, K., Wadee, F., Ellenblum, G., & McCloskey, M. (2018). »The Devil's in the g-Tails: Deficient Letter-Shape Knowledge and Awareness Despite Massive Visual Experience.« *Journal of Experimental Psychology: Human Perception and Performance*. 44(9): 1324–1335. *https://doi.org/10.1037/xhp0000532*

Teil II

Chipchase, J. (2007). »The Anthropology of Mobile Phones.« TED Talk. Aufgerufen am 15. Januar 2019 auf *http://bit.ly/2Uy9J1A*.

Chipchase, J., Lee, P. & Maurer, B. (2011). »Mobile Money: Afghanistan.« *Innovations: Technology, Governance, Globalization* 6(2): 13–33.

IDEO.org. (2015). »The Field Guide to Human-Centered Design.« Aufgerufen am 15. Januar 2019 auf *http://www.designkit.org//resources/1*.

Teil III

Buxton, B. (2007). *Sketching User Experiences: Getting the Design Right and the Right Design*. San Fransisco: Morgan Kaufmann.

[Index]

A

AI-Winter 210
Alexa (Amazon) 30–31, 213
Amazon Alexa 30–31
Anfänger
    Problemlösung 51–55
    Sprache 47–48, 102–104, 155
Ängste (Kunden) 142
Annahmen
    Eigen- 167
    Empathieforschung 70–71
Anreiz (Emotion) 140, 174, 189
Apple Siri 30, 213
Ariely, Dan 60
Assistant-App (Google) 213
Aufmerksamkeit *siehe* Sehen, Aufmerksamkeit und Automatisierung
Augenbewegungen und Eye-Tracking (Sakkaden)
    Sehschärfe 18–19
    Technologie 90, 95
    Verzögerung 30–31
    visuelle Ausreißer 16–17
Ausgangszustand (Problemlösung) 132
Ausreißer, visuelle 16

B

Benutzeroberflächen
    Benutzerinteraktion beobachten 28–31, 112–114
    Sprachsteuerung 30–31, 213
Blockaden (Probleme) 55–56
Buxton, Bill 192

C

Cancer.gov-Website 47
Chipchase, Jan 69
Cortana (Microsoft) 30, 213
Customer Journey 132, 135, 138, 206

D

Definitionsphase (Double Diamond) 188
Design Thinking
    Empathieforschung 67, 70, 200
    Entscheidungsfindung 203
    Learning While Making 192
Divergentes Denken 188
Double-Diamond-Prozess 187

E

Emotion 85
    Anreiz 140, 174, 189
    Benutzerwünsche, -ziele, -ängste 142
    Empathie bei Designentscheidungen 203
    Empfehlungen 76, 148
    erwecken 140, 178, 189
    Fragen zu Kunden 139
    Haftnotizen kategorisieren 81, 85, 159–160, 165
    Kundensegmentierung 159–160
    Maschinenlernen/künstliche Intelligenz 216
    verbessern 140, 189
Empathieforschung
    auf mehreren Ebenen 200
    Design Thinking 67, 70, 200
    kontextuelle Interviews 67, 72–73, 200
    Vermutungen außen vor lassen 70–71
    Was versus Warum 74–75
    worauf Sie achten sollten 73
    Zielgruppensegmentierung 167
Entdeckungsphase (Double Diamond) 188
Entscheidungsfindung 8–9, 85
    Anreiz 175
    Customer Journey 132, 135, 138, 206

Empathie in Designentscheidungen 203
Empfehlungen 76, 138
Erwecken 179
evidenzbasierte 193, 203
Fragen zu Kunden 131
Haftnotizen 81, 85, 135, 165
Maschinenlernen/künstliche Intelligenz 216
Problemlösung 49–56
zeitnahe Bedürfnisse 133
Entwicklungsphase (Double Diamond) 189
Erfahrung *siehe* Sechs Erfahrungsebenen
Erfolgreich sein 187
    Design Thinking 192
    Double Diamond 187
    Empfehlungen 198
    Prototypen und Tests 194
Erinnerung 8–9, 85
    Double Diamond 190
    Empfehlungen 76, 130
    Erwartungen 41, 114–115
    erwecken 179
    Fragen zu Kunden 121
    Haftnotizen 81, 85, 125–127, 166
    Kontext 69, 88
    maschinelles Lernen/künstliche Intelligenz 216
    mentale Modelle verstehen 40–41
    Müllexperiment 35–38
    Stereotypen 38–39
    verbessern 177
Erwecken (Emotion) 140, 178, 189
Escape Room (Abenteuerspiele) 50, 55
Evidenzbasierte Entscheidungsfindung 193, 203
Experten
    Problemlösung 51–55
    Sprache 47–48, 102–104, 155

F

Facebook Torch 211
F-förmiges Augenbewegungsmuster 14–15
Fokusgruppen 67

Fragen zu Kunden
    Annahmen in Frage stellen 88
    Emotion 139
    Entscheidungsfindung 131
    Gedächtnis 121
    kontextuelle Interviews 79
    Sprache 101
    Vision, Aufmerksamkeit und Automatisierung 89, 96
Framing von Problemen 51–54

G

Gegenstände (auf die Sie bei Interviews achten sollten) 73
Gehirn
    Informationen/Wege 74–75
    künstliche Intelligenz 210
GOOB (Get Out Of Building) 200
Google-Produkte
    Assistant 30, 213
    TensorFlow 211

H

Haftnotizen, Kategorisierungsmethode
    Analyseübung 84
    Beobachtungen notieren 81
    Emotion 81, 85, 159–160, 165
    Entscheidungsfindung 81, 85, 135, 165
    Erinnerung 81, 85, 125–127, 166
    Gemeinsamkeiten und psychologische Profile 153
    Kundensegmentierung 83, 163
    Sehen 81, 85, 97
    Sprache 81, 85, 105, 155, 165
    Teilnehmerergebnisse organisieren 82
    Trends finden 83
    Wegfindung 81, 85, 115–117, 166
Happy Hour 39
Heatmaps 16, 90, 94
Herausstechen, visuelles 16–17
Hound-App (SoundHound) 213
Human-Centered Design Toolkit (IDEO) 70

I

Icons 19
IDEO-Designstudio 70, 192
»Im Moment sein« und Gedächtnis 69
Innovation 191
In-situ-Prototyping 196
Instagram 19
Interviews *siehe* Kontextuelle Interviews

J

Journey Map 138, 206

K

Kommunikation (bei Nutzerinterviews) 73
Konkurrenz, Tests 197
Kontextuelle Interviews 194 *siehe auch* Haftnotizen, Kategorisierungsmethode
   aufzeichnen 102
   Beobachtungen 73
   Empathieforschung 67, 72–73, 200
   empfehlenswerter Ansatz 75–79
   Erinnerung und »im Moment sein« 69, 88
   Gründe für Auswahl 68–70
   häufige Fragen 79
   Kontextinterviews 88
   Nutzerbedürfnisse verstehen 70–75
   Prototypen und Tests 194
   Superuser beobachten 69
   Tabula-rasa-Mentalität 168
   Verhaltensnuancen erkennen 75–76
Kontrast, visueller 16
Konvergentes Denken 188
Kunden *siehe* Nutzerforschung
Künstliche Intelligenz
   Hintergrundinformationen 210
   künstliche neuronale Netzwerke 211
   statistisches Lernen 211

L

Lean-Startup-Methode 200
Learning while Making 192
Lieferphase (Double Diamond) 189

M

Marktforschung *siehe* Nutzerforschung
Maschinelles Lernen (ML) 214
McClelland, James 211
MedlinePlus-Website 104
Mentale Modelle 40–41
Microsoft Cortana 30, 213
Mural (App) 81

N

Navigationshinweise
   Nutzerinteraktionen beobachten 28–31, 112–114
   physischer versus virtueller Raum 27–28
   Sprachschnittstellen 30–31
Neurale Netzwerke, künstliche 211
Nutzerforschung
   Analyse *siehe* Haftnotizen, Kategorisierungsmethode
   analysieren *siehe* Haftnotizen, Kategorisierungsmethode
   Anreiz 140, 174
   Empathieforschung 70–75
   Empfehlungen 75–79, 185
   erwecken 140, 178
   häufige Fragen 79
   kontextuelle Interviews 67–69
   tiefe Wünsche, Ziele und Ängste ermitteln 142

P

Parallele Verarbeitung (PDP) 211
Physischer Raum, Wegfindung 112–115
Post-Its *siehe* Haftnotizen, Kategorisierungsmethode
Predictably Irrational (Ariely) 60

Problemlösung 54
　　maschinelles Lernen/künstliche
　　　　Intelligenz 216
　　Problemdefinition 50–51
　　Probleme unterschiedlich angehen
　　　　51–54
　　Unterziele 51–52, 55–56, 132
Problemraum neu definieren 51–54
Prototypen 193, 204
　　detailgenaue 195, 204
Psychografische Profile 142, 153

R

RealTimeBoard (App) 81
Rumelhart, David 211

S

Schach 51–52
Schnelles Denken (automatischer
　　　Prozess) 27–28
Sechs Erfahrungsebenen 85
　　Dimensionen finden 163
　　Double Diamond 187
　　Emotion *siehe* Emotion
　　Empfehlungen 75–79, 198
　　Erinnerung *siehe* Erinnerung
　　Gemeinsamkeiten und psychologi-
　　　　sche Profile 153
　　Learning while Making 192
　　Sehen, Aufmerksamkeit und
　　　　Automatisierung *siehe* Sehen,
　　　　Aufmerksamkeit und Auto-
　　　　matisierung
　　Sprache *siehe* Sprache
　　Wegfindung *siehe* Wegfindung
Sechs-Millionen-Dollar-Mann (Fern-
　　　sehserie) 209
See/Feel/Say/Do-Diagramm 169
Sehen, Aufmerksamkeit und Automa-
　　　tisierung 8, 85
　　Anreiz 174
　　Empathie bei Designentscheidun-
　　　　gen 202
　　Empfehlungen 76, 100
　　Eyetracking *siehe* Augenbewegun-
　　　　gen und Eye-Tracking
　　Fragen zu Kunden 89, 96
　　Haftnotizen 81, 85, 97

　　Maschinenlernen/künstliche Intel-
　　　　ligenz 215
　　See/Feel/Say/Do-Diagramm 170
　　Sehschärfe 18–19
　　visuelle Ausreißer 16–17
　　visuelle Elemente testen 19
Sehschärfe 18–19
Semantik *siehe auch* Erinnerung
　　Assoziationen 121–129
　　mentale Modelle 40–41
　　semantische Karte 44
　　Stereotypen 38
Siri (Apple) 30, 213
Sketching User Experiences (Buxton)
　　　192
Sprache
　　Anreiz 175
　　Double Diamond 191
　　Empathie in Design-Entscheidun-
　　　　gen 202
　　Empfehlungen 76, 109
　　Expertenstatus 47–48, 155
　　Interviews aufzeichnen 102
　　Kategorisierung mit Haftnotizen
　　　　81, 85, 105, 155, 165
　　Kommunikationsunterschiede
　　　　44–46, 51
　　Maschinenlernen/künstliche Intel-
　　　　ligenz 216
　　sechs Erfahrungsebenen 8–9, 85
　　Worthäufigkeitsanalyse 102–103
　　Zielgruppensegmentierung 155
　　zwischen den Zeilen lesen 102–104
Sprachgebrauch 102–104
Sprachschnittstellen 30–31, 213
»Stalking mit Erlaubnis« *siehe* Kontex-
　　　tuelle Interviews
Statistisches Lernen 211
Stereotypen 38–39
Superuser 69

T

TensorFlow (Google) 211
Test mit Konkurrenten 197
Tests
　　Metaphern für die Interaktion
　　　　finden 28–31
　　Prototypen 194

visuelle elemente für korrekte Identifizierung 19
The Organization of Learning (Gallistel) 21
Tobii-Eye-Tracking-Technologie 14
Torch (Facebook) 211
Träume analysieren 142
Tunesische Ameisen in der Wüste 21–23
Turing, Alan 210
Turing-Test 210

U

Umfragen 67, 74–75
Unbewusste Verhaltensweisen 68, 75
Unterbrechungen (bei kontextuellen Interviews) 73
Unterziele bei der Problemlösung 51–52, 55–56, 132
Usability-Testergebnisse 74–75

V

Verbesserung (Emotion) 140, 189
Verhalten, unbewusstes 75
Vielfalt mentaler Modelle 41
Virtueller Raum, Wegfindung 112–115
Vorlieben und psychologische Profile 153

W

Warum-Information 74–75
Was-Informationen (Gehirn) 74–75

Wegfindung 8, 85
Empathie in Design-Entscheidungen 203
Empfehlungen 76, 119
Erwartungen 26–27, 114–115
Haftnotizen kategorisieren 81, 85, 115–117, 166
Maschinenlernen/künstliche Intelligenz 215
Nutzer-Interaktionen beobachten 28–31, 112–114
See/Feel/Say/Do-Diagramm 171
Sprachsysteme 30–31
Tunesische Ameisen in der Wüste 21–23
Wegweiser 112–113
Wo-Informationen (Gehirn) 112–113
Worthäufigkeitsanalyse 102–103

Z

Zauberer von Oz 196
Ziele (Kunden) 132, 142
Zielgruppensegmentierung
Dimensionen finden 163
Eigenannahmen 167
Emotion 159–160
Empathieforschung 167
Empfehlungen 172
erstellen 83, 123, 153, 163
psychografische Profile 142, 153
Sprache 155
Zielzustand (Problemlösung) 132